3ds Max/VRay

效果图制作完全学习手册

耿晓武 张振华 ◎编著

中国铁道出版社有限公司
CHINA RAILWAY PUBLISHING HOUSE CO., LTD.

内 容 简 介

本书系统讲解 3ds Max/VRay 效果图制作的方法，具体包括 3ds Max 的基本操作，基础建模技术，高级建模技术，VRay 渲染，材质案例，灯光案例，效果图后期处理，室内设计家装和工装等综合应用，在具体介绍过程中均辅以具体的实例，并穿插技巧提示和答疑解惑等，帮助读者更好地理解知识点，使这些案例成为读者以后实际学习工作的提前"练兵"。

在本书的内容表现方面，力求功能讲解简洁实用、语言讲解通俗易懂，知识点都配有相关视频案例讲解，以帮助读者运用和理解；在案例方面，选择经典、代表性强的案例，按照清晰明朗的制作思路来讲解，同时穿插介绍设计的专业知识作为补充和支撑。

本书非常适合入门者自学使用，也适合有软件操作基础，想从事室内设计的人员学习，也可作为应用型高校、培训机构的教学参考书。

图书在版编目（CIP）数据

3ds Max/VRay 效果图制作完全学习手册 / 耿晓武，张振华编著 . —北京：中国铁道出版社，2019.6（2023.8 重印）
ISBN 978-7-113-25518-3

Ⅰ . ① 3… Ⅱ . ①耿… ②张… Ⅲ. ①三维动画软件 – 手册
Ⅳ. ① TP391. 414-62

中国版本图书馆 CIP 数据核字（2019）第 027052 号

书　　名：3ds Max/VRay 效果图制作完全学习手册
　　　　　3ds Max/VRay XIAOGUOTU ZHIZUO WANQUAN XUEXI SHOUCE
作　　者：耿晓武　张振华

责任编辑：张亚慧	编辑部电话：（010）51873035	电子邮箱：lampard@vip.163.com
封面设计：MXK DESIGN STUDIO		
责任印制：赵星辰		

出版发行：中国铁道出版社有限公司（100054，北京市西城区右安门西街 8 号）
印　　刷：北京联兴盛业印刷股份有限公司
版　　次：2019 年 6 月第 1 版　2023 年 8 月第 2 次印刷
开　　本：787 mm×1 092 mm　1/16　印张：18.5　字数：509 千
书　　号：ISBN 978-7-113-25518-3
定　　价：79.00 元

Preface 前言

3ds Max是由Autodesk公司制作开发的，集造型、渲染和制作动画于一身的三维制作软件。广泛应用于广告、影视、工业设计、建筑设计、多媒体制作、游戏、辅助教学以及工程可视化等领域，深受广大三维制作爱好者的喜爱。

内容特点

本书内容以3ds Max 2018中文版本和VRay 3.6中文版本为操作主体，围绕软件操作、渲染设置、家装、工装等方面展开。全书共分为11章，第1章讲解布局设计；第2章~第5章讲解3ds Max的基本操作、建模等知识；第6章讲解VRay渲染设置；第7章~第8章讲解常见的室内材质和灯光实例；第9章讲解效果图后期处理；第10章~第11章讲解室内设计的家装和工装案例。

结合笔者多年积累的专业知识、设计经验和教学经验，考虑到困扰将来从业者所遇到的最大问题，并非是软件的基本操作，而是如何将基础操作熟练掌握，如何将行业特点练习到更加精准。因此，在本书的内容设计方面，不以介绍3ds Max软件的具体操作方法为终极目的，而是围绕实际运用，在讲解软件的同时向读者传达更多深层次的信息——"为什么这样做"，引导广大读者获得举一反三的能力，更多的思考所学软件如何服务于实际的设计工作。

本书内容配有教学视频，结合视频进行反复学习，对于学习中遇到的问题，还可以加入读者交流微信群，进行交流、沟通和解决。

适用对象

本书内容力求全面详尽、条理清晰、图文并茂，讲解由浅入深、层次分明，知识点深入浅出。本书非常适合入门者自学使用，也适合有软件操作基础，想从事室内设计的人员学习，也可作为应用型高校、培训机构的教学参考书。

关于作者

本书由"乐学吧"出品。本着沟通、分享和成长的理念，打造学习设计、分享经验的综合性知识平台。乐学吧的创作人员既有多年的设计领域从业经验，又有多年的授课经验和讲授技巧，能够深入把握广大读者的学习需求，并擅长运用读者易于接受

的方式将知识与技巧表达出来。乐学吧将一如既往坚持以为读者创作各类高品质图书为宗旨，也衷心希望获得广大读者的认可和支持。

阅读建议

广大读者在学习技术的过程中不可避免会碰到一些难解的问题，如果读者在学习过程中需要我们的帮助，请加封面微信好友，拉您进群，与更多群友进行技术交流。

由于编者水平有限，书中难免有欠妥之处，恳求读者批评指正。

编　者

2019年3月

Contents

第4章　高级建模

第5章　相机与构图

第6章 渲染模拟

第7章 室内设计材质案例

3ds Max/VRay效果图制作

完全学习手册

Contents 目录

第 1 章

布局设计

本章要点：

1. 设计禁忌
2. 人体工程学
3. 布局设计

很多初学者认为，进行室内设计的核心工作就是制作漂亮的效果图。这是初学者认识上的一个误区。实际上，在实际室内设计流程的各个环节中，空间的规划和图纸绘制占据更加重要的地位。优秀的设计师们能够以实际的测量数据为基础，将设计创意和业主的要求进行完美融合，从而成就一个好的作品。空间的规划和图纸绘制以及与业主的有效沟通是这个过程中的关键。

1.1 设计禁忌

作为设计师，在进行室内设计时，除了根据现有的房间构造进行设计之外，还需要了解一些设计的禁忌和基本知识，避免不良的空间格局。

在实际进行设计时，也需要尊重业主的意见，将设计、注意事项和业主的要求完美结合，方能找到最佳的设计方案。

1.1.1 常见设计禁忌 ▼

根据业主的建筑户型特点，设计师应当考虑是否存在一些设计禁忌，在与业主沟通后，通过后续装修的方式，将一些突出的问题进行规避和合理的调整，就可以得到特别满意的设计作品。如房间的横梁，在日常进行设计时，通常将横梁作为室内吊顶的一部分，将横梁问题进行合理的转化。

1. 入户门对长走廊

进入业主房间后，直接面对的是一个长长的走廊时，建议在面对入户门的墙面上，悬挂中国结或制作照片墙等装饰，如图1-1所示。

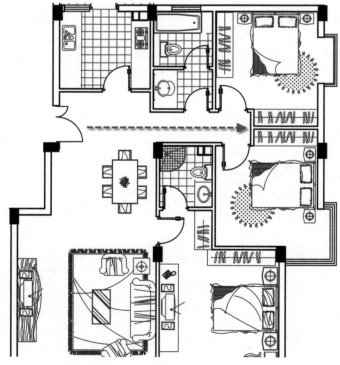

图1-1 面对入户门的墙上装饰

2. 玄关添加

如果进入业主房间以后直接面对一个全开放型空间，在不遮挡采光的前提下，可以在入户门的位置，添加玄关造型，如图1-2所示。

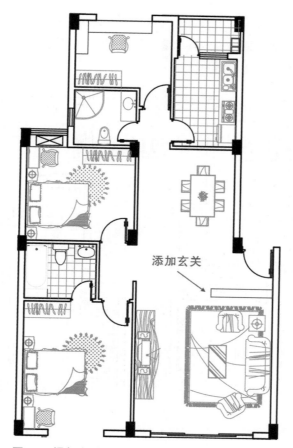

图1-2　添加玄关

添加玄关

3. 入户门直接对卫生间门

从业主的入户门进入室内后，若直接面对的是卫生间门，在室内设计时，设计师需要给出更改设计的建议。条件允许时，可以更改卫生间门的位置，条件不允许时，可以通过将卫生间门做成"假门"样式等方式进行调整，如图 1-3 所示。

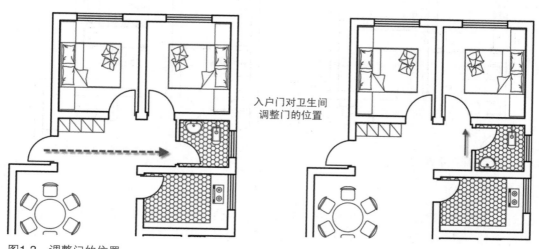

入户门对卫生间调整门的位置

图1-3　调整门的位置

4. 两门对立

在进行室内设计时，室内房间的门应当尽量避免直接对门的设计，条件允许时，可与业主沟通调整其中一个门的位置，如图 1-4 所示。

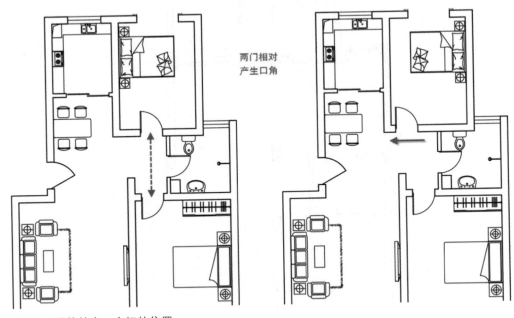

图1-4　调整其中一个门的位置

5. 床头不宜对门口

在进行室内空间布局时，卧室中的床通常是要靠近某一面墙体，在靠近墙体的同时，还需要注意，床头不宜直接面对门口，当发生此类情况时，应当在设计上做出调整，如图 1-5 所示。

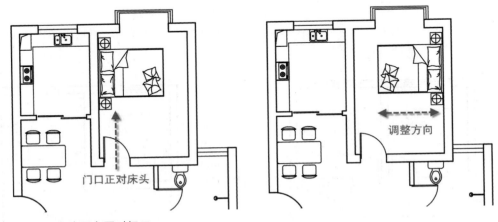

图1-5　床头不宜正对门口

6. 调整卫生间格局

在进行室内设计时，对于主卧带有卫生间的房间，需要注意卫生间门所在的位置，当卫生间门正对着卧室时，需要对卫生间门的位置进行适当调整，同时也需要调整卫生间内部各个洁具的摆放格局，如图 1-6 所示。

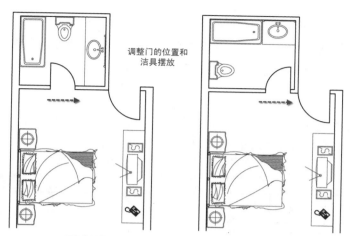

图1-6　调整门的位置和洁具摆放

1.1.2　户型欣赏　▼

在了解了室内设计禁忌以后，接下来看一下什么样的户型是好户型，什么样的设计是好的设计。通常情况下，好的户型包含以下几个元素。

1. 户型方正

户型方正的房子整体利用率高。如果室内有拐角时会占用实际的居住面积。户型方正，无论是设计还是居住，都是最好的选择，如图 1-7 所示。

2. 通风良好

南北通透的房子居住舒适，所谓的南北通透指的是贯穿客厅南北有窗户，能够保证空气对流。另外高层（6 层以上）全南户型也值得考虑，如图 1-8 所示。

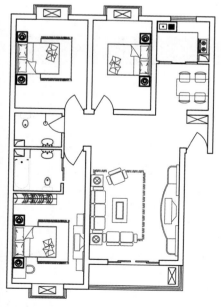

图1-7　户型方正

图1-8　通风性能良好

3. 采光性能

人类居住离不开阳光，住宅在户型上要考虑采光性能，三房以上要考虑双卧朝南，无论是大户型还是小户型，客厅朝南是最佳的选择。两居室也要考虑最起码一个卧室朝南，如图1-9所示。

4. 布局合理

房间户型布局要合理，动静结合。通常情况活动区域与休息区域有明显的分隔，在保持方正、通风、朝向的前提下，实现更好的功能搭配，如图1-10所示。

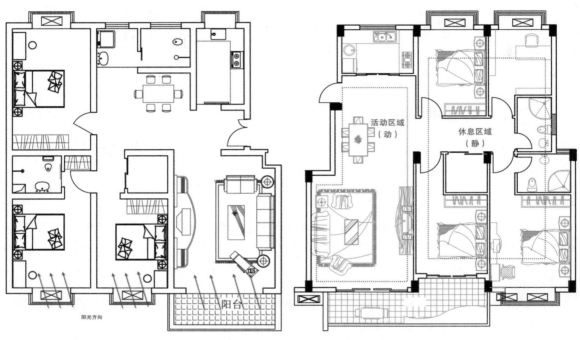

图1-9 日照充足   图1-10 动静结合空间

1.2 人体工程学

人体工程学是一个很广的学术范围。在此处所介绍的人体工程学，主要是指在进行室内设计时，与人相关的家具、空间等的设计应当符合人体工程学的一些基本要求。

对于室内设计人员来讲，与设计相关的人体工程学的相关尺寸需要熟悉并且运用到具体的设计中，以保证设计完成的空间符合居住人员的日常使用和空间活动的一般习惯，确保空间使用中的舒适度。

1.2.1 空间尺寸 ▼

设计师在进行室内空间规划设计时，需要考虑人体尺度，即人在室内完成各种动作时的活动范围。

设计人员要根据人体尺度来确定门的高宽度、踏步的高宽度、窗台阳台的高度、家具的尺寸及间距、楼梯平台、家内净高等室内尺寸，以保证在满足正常空间使用需求的前提下，给空间的使用者提供舒适的空间环境。

1. 墙面尺寸

门或门洞高：2100 ~ 2400mm

踢脚板高：80 ~ 200mm

墙裙高：800 ~ 1500mm

挂镜线高：1600 ~ 1800mm（画中心距地面高度）

2. 公共空间走廊

单边双人走道宽：1600mm

双边双人走道宽：2000mm

双边三人走道宽：2300mm

双边四人走道宽：3000mm

营业员柜台走道宽：800mm

3. 饭店客房

标准面积：

大：25 平方米 中：16 ~ 18 平方米 小：16 平方米

卫生间面积：3 ~ 5 平方米

4. 会议室

中心会议室客容量：会议桌边长 600mm

环式高级会议室客容量：环形内线长 700 ~ 1000mm

环式会议室服务通道宽：600 ~ 800mm

5. 交通空间

楼梯间休息平台净空：等于或大于 2100mm

楼梯跑道净空：等于或大于 2300mm

客房走廊高：等于或大于 2400mm

两侧设座的综合式走廊宽度等于或大于 2500mm

楼梯扶手高：850 ~ 1100mm

门的常用尺寸：宽：850 ~ 1000mm

窗的常用尺寸：宽：400 ~ 1800mm（不包括组合式窗子）

窗台高：800 ～ 1200mm

1.2.2　家具尺寸　▼

在进行正常活动时，需要根据人体尺度来匹配相关的家具尺寸，以满足正常的工作和生活需要。毕竟有时会使用家具进行长时间工作或办公需要。

1. 餐厅家具

餐桌高：750 ～ 790mm

餐椅高：450 ～ 500mm

圆桌直径：二人 500mm 三人 800mm 四人 900mm 五人 1100mm 六人 1100 ～ 1250mm 八人 1300mm 十人 1500mm 十二人 1800mm

方餐桌尺寸：二人 700×850（mm），四人 1350×850（mm），八人 2250×850（mm）

餐桌转盘直径：700 ～ 800mm

餐桌间距：应大于 500mm（其中座椅占 500mm）

2. 酒吧家具

酒吧台高：900 ～ 1050mm 宽：500mm

酒吧凳高：600 ～ 750mm

3. 营业场所

营业员货柜台：厚：600mm 高：800 ～ 1000mm

单背立货架：厚：300 ～ 500mm 高：1800 ～ 2300mm

双背立货架：厚：600 ～ 800mm 高：1800 ～ 2300mm

小商品橱窗：厚：500 ～ 800mm 高：400 ～ 1200mm

陈列地台高：400 ～ 800mm

敞开式货架：400 ～ 600mm

放射式售货架：直径 2000mm

收款台：长：1600mm 宽：600mm

4. 起居室家具

床：高：400 ～ 450mm 床头高：850 ～ 950mm

床头柜：高：500 ～ 700mm 宽：500 ～ 800mm

写字台：长：1100 ～ 1500mm 宽：450 ～ 600mm 高：700 ～ 750mm

行李台：长：910 ～ 1070mm 宽：500mm 高：400mm

衣柜：宽：800 ～ 1200mm 高：1600 ～ 2000mm 深：500 ～ 600mm

沙发：宽：600 ～ 800mm 高：350 ～ 400mm 背高：1000mm

衣架高：1700 ～ 1900mm

5. 卫生间

浴缸：长度：一般有三种 1220、1520、1680mm 宽：720mm，高 450mm

坐便：750×350mm

冲洗器：690×350mm

盟洗盆：550×410mm

淋浴器高：2100mm

化妆台：长：1350mm 宽 450 mm

6. 灯具

大吊灯最小高度：2400mm

壁灯高：1500 ～ 1800mm

反光灯槽最小直径：等于或大于灯管直径两倍

壁式床头灯高：1200 ～ 1400mm

照明开关高：1300 ～ 1400mm

7. 办公家具

办公桌：长：1200 ～ 1600mm 宽：500 ～ 650mm 高：700 ～ 800mm

办公椅：高：400 ～ 450mm 长 × 宽：450×450（mm）

沙发：宽：600 ～ 800mm 高：350 ～ 400mm 靠背面：1000mm

茶几：前置型：900×400×400（高）（mm）；

中心型：900×900×400（mm）、700×700×400（mm）；

左右型：600×400×400（mm）

书柜：高：1800mm 宽：1200 ～ 1500mm 深：450 ～ 500mm

书架：高：1800mm 宽：1000 ～ 1300mm 深：350 ～ 450mm

3 人沙发长：2100 ～ 2300mm 宽：700 ～ 800mm

1.3 布局设计

在进行室内设计时，空间的布局设计是室内设计最基础、最精髓的一步，也是对于初学者而言最难的一步，因为风格、软装都可以借鉴，而平面布局做得好才是真的本领大。因此，在进行室内空间设计时，布局设计才是广大设计师们最需要投入时间和精力的部分。

在进行布局设计时，需要根据实际存在的空间布局、设计方面的禁忌，再结合客户的功能和使用需要，综合起来完成合理的空间布局设计。

1.3.1 原始空间 ▼

在进行室内设计时，对于客户实际存在的原始空间应当进行分析和规划，对于室内空间可以改动和不能动的部分要进行标记，方便在进行设计时可以进行必要、合理的调整。

1. 承重墙

承重墙，顾名思义就是支撑着上部楼层的重量墙体，承重墙起到十分重要的作用，在家居改造中不是说砸就可以砸的，否则可能会影响整栋楼的安危。所以，在房屋改造前对承重墙的区分与改造原则的了解是必要的。

区分承重墙最好的方法就是看建筑图纸，在工程图上承重墙一般会用黑色来区分，在建筑施工图中，圈梁结构中非承重梁下与粗实线部分的墙体都应该是承重墙，如图 1-11 所示。

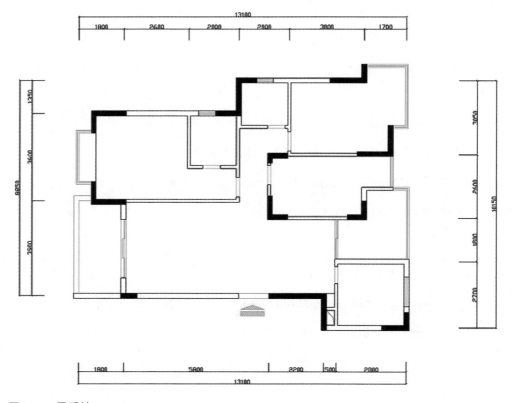

图1-11 承重墙

如果在装修时业主手中没有相关资料，也可以通过墙体的厚度来区分承重墙，厚度在 240mm 以上的墙一般就是承重墙。

在如今的房屋内部建筑中，一般框架结构的房屋墙体都不是承重墙，而砖混结构的房屋所有墙体都是承重墙。当然这需要结合该房屋结构本身情况进行判断，如图 1-12 所示。

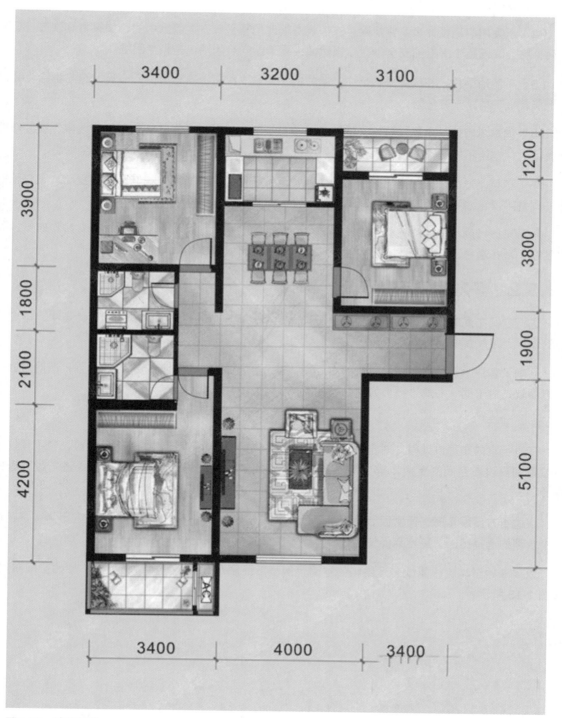

图1-12　砖混结构

2. 承重墙的改造原则

（1）不能拆承重墙：在家居装修中，承重墙是绝对不可以拆的，同时不能在其上开门开窗。除了承重墙不能拆以外，其实一般情况下非承重墙也不一定可以拆，因为有些非承重墙也承担着房屋的部分重量。房屋结构之中只有完全作为隔墙的轻体墙、空心板是可以拆，因为它们不承担任何压力，拆除也不会影响房屋的安全问题。

（2）承重墙门框设计也不宜拆除：在建筑房屋时门框是嵌在混凝土中的，如果将其改造与拆除的话，将会降低整个房屋的安全系数，当然如果要重新安装的话也是相当困难。

（3）不能动梁柱：在房屋结构之中，梁柱的作用是支撑着上层楼板的，一旦改造与拆除将会造成上层楼板下掉，十分危险。

（4）钢筋不能动：房屋建筑中，钢筋是必不可少的一种材料，常常嵌入于墙体之中，在装修埋设管线时，也绝不能破坏到钢筋，否则将对墙体与楼板的承受力造成影响，产生安全隐患。

（5）不可改造的墙：配重墙与承重墙。通常老房子阳台窗户下面的墙其都是配重墙，它与承重墙一样是不仅绝对不可拆除的，同时也不能在上面掏挖大面积的洞口。

（6）可以拆的墙：在房屋建筑户型图之中，一般可以拆的墙体、非承重墙都会有所标明，一般厚度在 10cm 左右，十分薄，不承担任何承重压力，是可以将其拆除与改造的。

1.3.2 多方案展示 ▼

进行空间布局时，需要提前跟客户进行沟通交流，将客户的想法融入具体的设计当中，毕竟再好的设计，最终都需要得到客户（甲方）的认可。

明确了客户的想法以后，接下来的布局设计部分，就需要体现设计师的专业水平，最明显的一个方面就是对于同一布局进行多方案的布局展示。

1. 方案展示

在进行室内布局设计时，对于不可更改的部分，如上下水、管道，在进行设计时，也不建议进行位置的更改或空间的更换，毕竟房屋在土建阶段的基本防水、管道的铺设都已经进行过合理的设计。

在进行方案展示时，通常以 3 种以上不同的布局展现效果最好。通过提供多个方案为客户建议一个合理的选择范围，更容易促使客户做出明确的选择。

以某原始结构为小复式砖混结构的空间为例，下面展示几种不同的设计效果。原始空间布局，如图 1-13 所示。

二层平面方案图

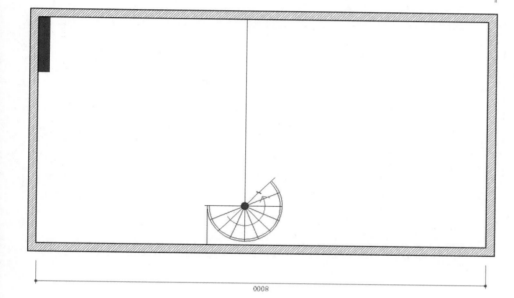

8000

一层平面方案图

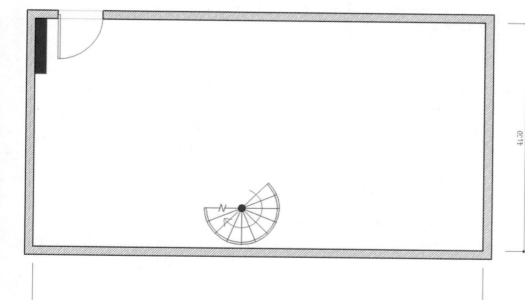

4130

8000

图1-13　原始平面图

在原始结构基础上，分别进行了不同的空间布局设计，单身布局，如图 1-14 所示。

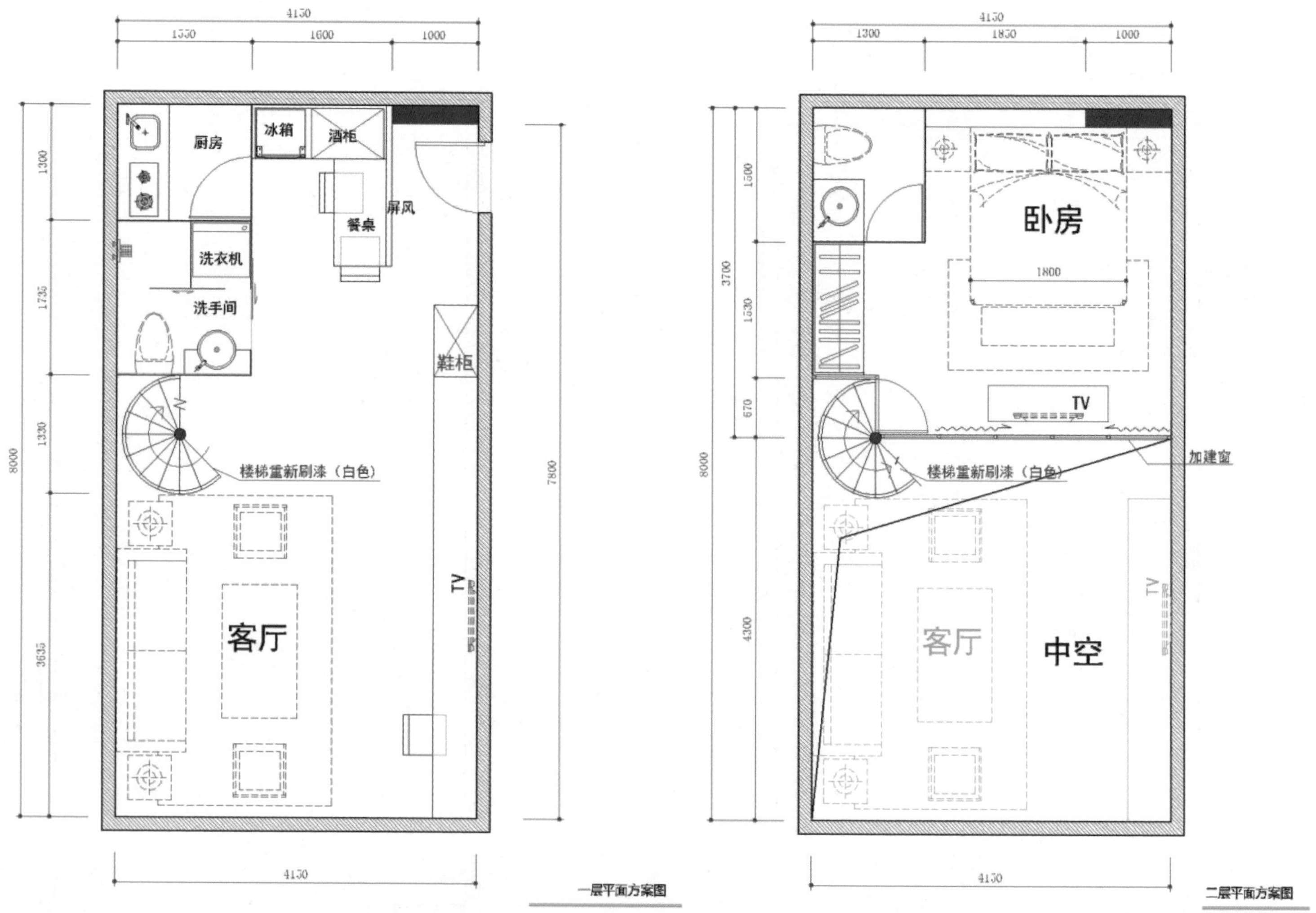

二层平面方案图

一层平面方案图

图1-14 单身布局

年轻情侣的空间布局设计，如图1-15 所示。

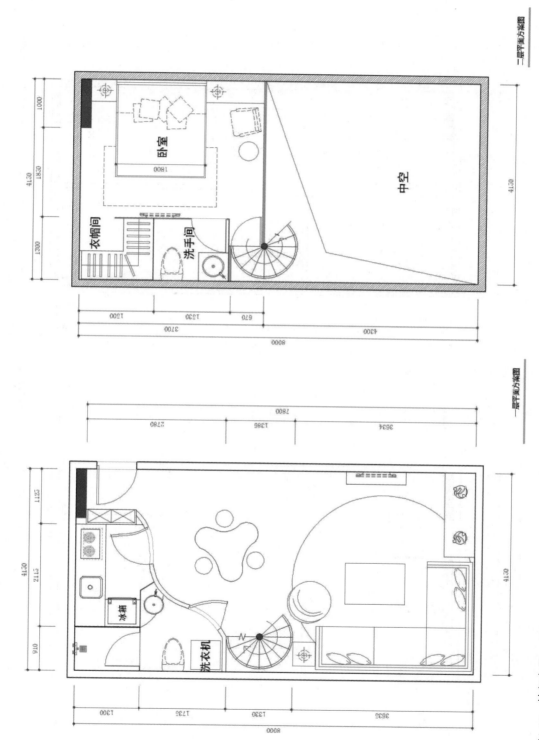

图1-15 情侣布局

15

一家三口的空间布局设计，如图 1-16 所示。

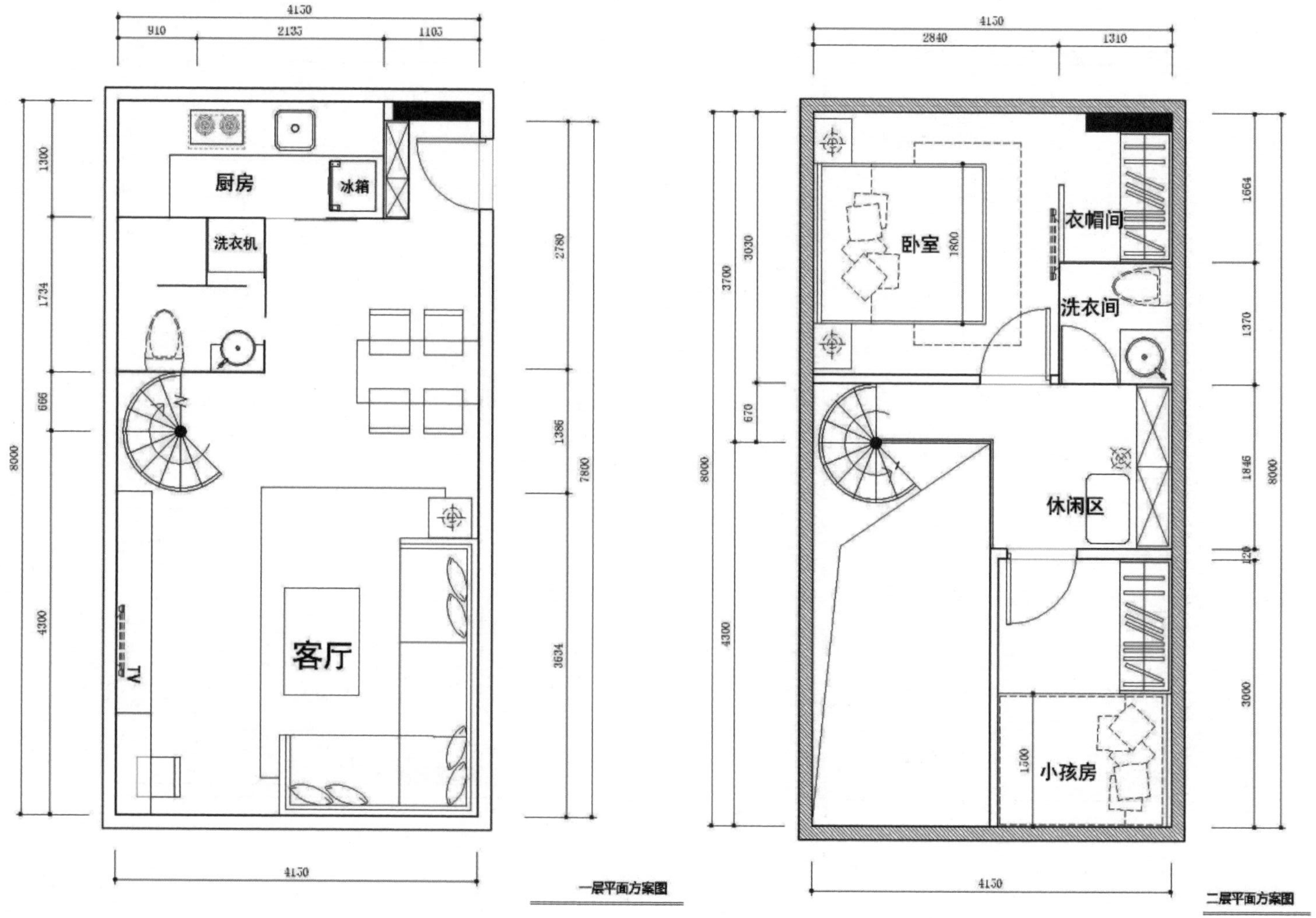

二层平面方案图

一层平面方案图

图1-16 三口之家布局

　　有老人居住的空间布局时，考虑到上下楼的不方便，因此，在设计时，以实用和功能型为主，如图 1-17 所示。

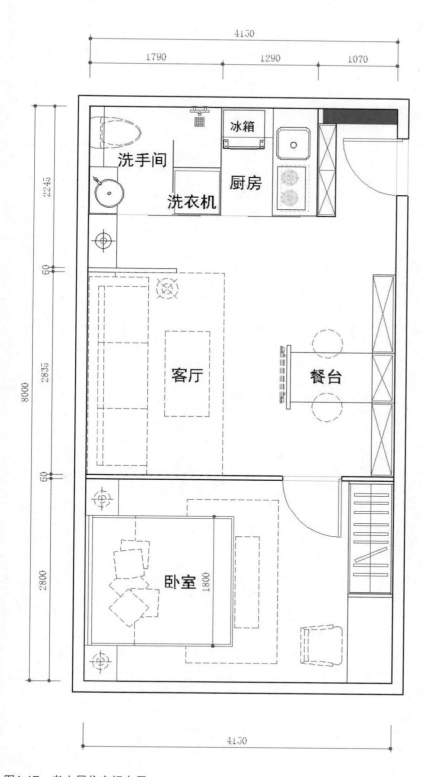

一层平面方案图

图1-17　老人居住空间布局

第 2 章 软件基础操作

本章要点：

① 基本操作

② 复制操作

③ 实战案例

　　"工欲善其事，必先利其器"。通常，在进行软件的学习和应用之前，首先需要对其基础操作进行充分地了解，熟练掌握软件的基础操作后，便可以将更多的时间和精力留给设计创意和构思。

想要快速学习掌握 3ds Max 软件，在软件正确安装后，首先需要对其基础操作做全面的认识和了解。基础操作的掌握，既是支撑完成设计创意的重要基础，也可以通过对软件进行必要的布局调整适合个人的操作习惯，提高工作效率。

在 3ds Max 软件中，物体的创建以及编辑通常使用主工具栏和命令面板来进行。在主界面的命令面板"新建"选项中，包含了常用的几何体、图形、灯光、相机、辅助物体、空间扭曲和实用程序等功能。物体创建完成后，可以通过主要工具栏进行包括选择、移动、旋转、缩放、复制在内的基础操作。

2.1.1　软件界面　▼

在新版本中，软件保持六国语言合一的特点，对于习惯中文版本的用户来讲，可以从开始菜单中选择"Simplified Chinese（简体中文）"，虽然部分汉化不完整，但是已经可以解决常用的问题。进入软件界面时，会发现新版本中所有界面 UI 都进行了全面的设计，如图 2-1 所示。

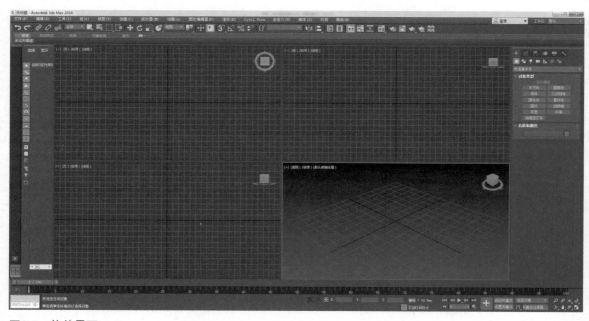

图2-1　软件界面

1. 标题栏

标题栏位于软件主界面的正上方，用于显示文件名和当前软件的版本，右侧包括"最小化"、"最大化"和"关闭"三个按钮。

2. 菜单栏

菜单栏位于标题栏下方，包括文件、编辑、工具、组、视图、创建、修改器、动画、图形编辑器、渲染、Civil View、自定义、脚本、内容和帮助等常用菜单，可以从中选择需要进行的编辑操作。

3. 主工具栏

主工具栏位于菜单栏下方，常用操作工具以图标形式展示，位于界面上方。当屏幕显示宽度超过 1280 像素时，可以完全显示。若小于 1280 像素，鼠标置于中间"灰线"处，单击并拖动鼠标，可以移动主工具栏，按【Alt+6】组合键，可以实现"显示/隐藏"主工具栏的操作。鼠标移动到某图标按钮上时，会出现该图标的中文名称提示，方便使用。

4. 石墨建模工具

石墨建模工具位于主工具栏下方，集成了"可编辑多边形"的全部操作，方便对模型执行高级建模的操作。

5. 视图区

在 3ds Max 界面中，视图区占据了很大区域。视图区用于显示不同方向观看物体的效果。默认时显示顶视图、前视图、左视图和透视图。按【G】键，可以实现"显示/隐藏"视图区网格线操作。

在每个视图左上角分表列出视图名称、显示方式等操作。单击将显示不同的属性设置。当视图边框显示高亮黄色时，表示当前视图为操作主视图，如图 2-2 所示。

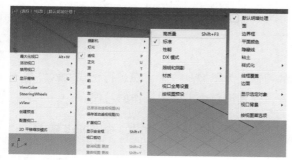

图2-2　视图设置

6. 命令面板

命令面板通常位于软件界面的右侧，包括创建、修改、层次、显示、运动、工具等选项，是进行软件操作的主要工作版块，如图 2-3 所示。

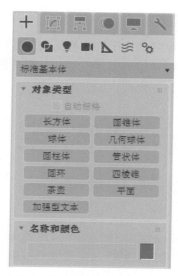

图2-3　命令面板

7. 动画控制区

动画控制区位于界面下方，包括时间帧和动画控制按钮，方便创建关键帧和进行动画设置，如图 2-4 所示。

图2-4　动画控制区

8. 坐标

坐标位于动画控制关键帧下方，用于显示选定对象的轴心坐标位置。单击 ⊞ 按钮，可以将坐标在绝对坐标和相对坐标之间进行切换，如图 2-5 所示。该工具的作用与快捷键【F12】功能类似，如图 2-6 所示。

图2-5　绝对坐标和相对坐标

图2-6　【F12】显示选中物体坐标

9. 视图控制区

视图控制区位于软件界面右下角区域，主要用于对视图进行缩放、移动、旋转等控制操作，如图2-7所示。

图2-7 视图控制区

● ☌当前视图缩放操作：点击该工具在视图中单击并拖动鼠标，实现当前视图的缩放操作。除此之外，也可以通过鼠标滚轮转动，实现以鼠标所在的位置为参照点的中心缩放。

● ☌所有视图缩放操作：点击该工具在视图中单击并拖动鼠标，用于对除摄像机视图以外的所有视图进行缩放。

● ☌当前视图最大化显示：点击该工具后当前视图的所有物体最佳显示。该功能也可以通过组合快捷键【Ctrl+Alt+Z】实现。在使用时，可以从该工具的下拉三角按钮中，设置选择的物体最大化还是整个当前视图最大化。

● ☌所有视图最大化显示：点击该工具后，所有的视图最佳显示。快捷方式为【Z】键。若选择了其中某个物体，按【Z】键，则最大化显示选中的对象。

● ☌缩放区域：用于对物体进行局部缩放。点击该工具后，在视图中单击并拖动鼠标，框选后的区域充满当前视图。

● ☌平移操作：点击工具，在视图中单击并拖动可以进行移动视图的操作。除此之外，还可以通过按下鼠标滚轮并推动鼠标进行。

● ☌旋转观察：用于对透视图进行三维的旋转观察。组合快捷键为【Alt+"平移"】。可以从后面的下拉按钮中，设置旋转观察是以视图为中心进行旋转，或是以选中对象为中心进行旋转，还是以选中对象的子编辑对象中心进行旋转。需要注意的是，三维弧形旋转操作后不能通过【Ctrl+Z】组合键进行撤销，可以通过【Shift+Z】组合键进行还原操作。

● ☌最大化视图切换：用于对当前视图进行最大或还原切换操作。将当前视图最大化显示，能够更方便地观察物体的局部细节。组合快捷键为【Alt+W】。

> **技巧说明**
>
> 随着版本的变化，快捷键会有所不同。同时，3ds Max里面的快捷键有可能与当前电脑中某些软件的快捷键有冲突。

2.1.2 基本参数设置 ▼

由于每个人对软件操作或使用时会有一些自己的习惯，为了提高效率，在进行正式的软件基本操作之前，可以对当前软件的基本参数进行简单设置，使其符合个人日常操作的习惯。

1. 界面设置

在 3ds Max 的界面中，默认颜色相对较深。对于使用低版本界面的用户来讲，可能会有些不习惯，此时可以通过自定义 UI 的方式，将界面切换到相对较亮的界面。

执行"自定义"菜单，选择"加载自定义用户界面方案"，从弹出的界面中可以选择其他的界面样式文件，单击 打开(O) 按钮。操作界面可以进行不同样式的更改，如图 2-8 所示。

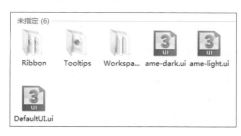

图2-8 加载自定义UI

注意事项

本书的讲解内容都是以"ame-light.ui"界面显示方式，浅灰色为主的显示界面，方便查看内容，特此声明。

2. 单位设置

使用 3ds Max 软件制作效果图时，尺寸单位的设置很重要。精确的单位设置对于后期的材质编辑、灯光调节操作尤为重要，因此在文件正式创建之前，需要先设置场景单位。

执行【自定义】菜单 /【单位设置】命令，

弹出单位设置对话框，将显示和系统单位都更改为"毫米"，如图 2-9 所示。

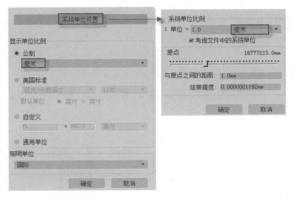

图2-9　单位设置

2.1.3　首选项设置 ▼

在使用软件操作时，有很多常用的设置都需要通过"首选项"来进行调整。该操作需要广大读者多学习和查看，以便在遇到常见错误时可以自行解决。在此简单介绍以下常用内容。执行【自定义】菜单 /【首选项】命令操作。

1. 常规选项

常规选项用于设置常用的操作选项，如图 2-10 所示。

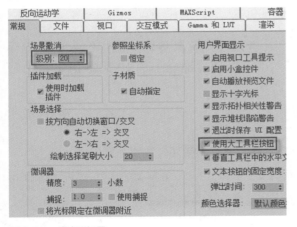

图2-10　常规选项

● 场景撤销级别：用于设置撤销的默认次数。通过组合键【Ctrl+Z】执行撤销操作。

● 使用大工具栏按钮：去掉该选项后，主工具栏将以小图标的方式来显示。单击"确定"按钮后，需要重新启动软件，才能看到更改后的效果。

2. 文件选项

文件选项用于设置文件保存等方面的操作，如图 2-11 所示。

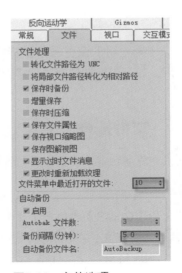

图2-11　文件选项

● 最近打开的文件：用于设置在【文件】菜单 /【打开最近】命令里面显示的文件个数，方便快速查看和选择曾经打开或编辑的文件，包括路径和文件名等信息。

● 自动备份：备份间隔（分钟）选项，用于设置当前文件每隔多长时间进行自动保存。在日常操作中，首先对当前文件手动保存，设置存储的位置和文件名，自动备份的文件会以设置的文件进行覆盖。

3. 视口选项

视口选项用于设置场景视图区等方面的操作，如图2-12所示。

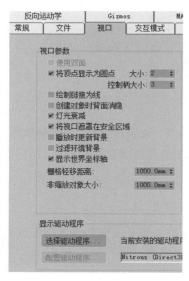

图2-12　视口选项

● 鼠标控制：用于设置当前鼠标操作时所起到的作用。如：中间按钮起"平移/缩放"的作用。

● 显示驱动程序：用于设置当前软件使用的驱动程序与当前计算机中显卡的驱动程序之间的匹配问题。正确的匹配可以提高当前显卡的性能，加快软件的运行速度。

4. Gizmo选项

Gizmo选项用于设置操作的变换轴心，如图2-13所示。

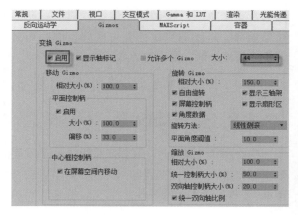

图2-13　Gizmo选项

● 启用：默认该选项为选中状态。选择物体后，使用移动、旋转或缩放时，中间出现变换图标。若不出现，按快捷键【X】或选中该选项即可。

● 大小：设置Gizmo图标的大小。图标大小可以通过键盘上的【+】或【-】键进行调节。

2.1.4　文件操作　▼

在认识完界面和基本设置以后，就可以对当前文件进行保存、新建、重置等操作。

1. 保存

按组合键【Ctrl+S】或执行【文件】菜单/【保存】命令，弹出文件存储界面，选择存储位置和文件名。3ds Max存储文件格式为"*.max"，如图2-14所示。

图2-14　文件保存

2. 重置

在使用软件进行操作时，经常会用到重置操作。通过重置操作，可以将当前视图界面恢复到软件刚刚启动时的界面。将视图显示和比例还原，方便创建物体时各个视图之间的显示比例保持一致。

执行【文件】菜单/【重置】命令，在弹出的重置界面提示下，选择是否存储文件或取消操作。

3. 合并

进行模型的制作，往往都是制作完成主要场景后，将该场景中用到的组件或模型合并到当前文件，提高效果图制作的效率。

执行【文件】菜单/【导入】/【合并】命令，在弹出的界面中，选择 *.max 文件，单击 打开(O) 按钮，从中选择要导入的模型，单击 确定 按钮。完成模型合并，如图 2-15 所示。

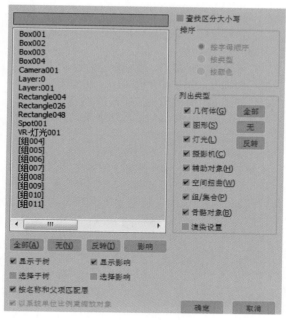

图2-15　合并模型

2.1.5　物体创建　▼

在了解基本界面和参数后，就可以着手进行模型的创建与编辑操作。读者需要先了解软件物体创建的操作流程，才可以更好地丰富建模思路。

1. 物体创建

在命令面板中，选择"新建"选项，几何体类别默认为"标准基本体"，从中选择相关的物体名称按钮，如图 2-16 所示。

在视图中单击并拖动鼠标，根据提示创建物体。不同的物体类型，创建方式不一样。在创建物体时，选择的视图不同，出现的结果也不同，如图 2-17 所示。

图2-16　命令面板

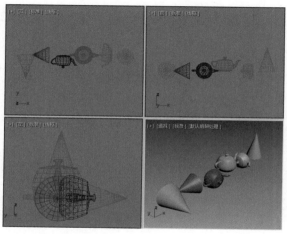

图2-17　初始视图不同

技巧说明

通常具有底截面的物体，如长方体、圆锥体、圆柱体等，在创建时初始视图通常选择底截面能看到的视图。

所谓的初始视图，是指创建物体时，最先选择的视图。对于初学者来讲，初始视图应选择除透视图之外的其他三个单视图。透视图主要用于观察创建物体后的整体效果。那么这三个单视图，到底选择哪一个呢？

举例来说，我们平时在观察一个人时，如果我想知道这个人的眼睛是单眼皮还是双眼皮，在正面（前视图）的这个方向看得最直接。若在侧面（左视图）观察，便不直观。因此，物体创建时，应选择最能够直观、全面观察物体的视图为佳。如创建地面，可选择在顶视图创建。创建前墙可选择前视图创建等。

2. 物体参数

掌握物体的参数，可以更快、更精确的创建物体，在此介绍常用的物体参数的设置，其他参数广大读者可以自行学习。

- 长度：是指初始视图中 Y 轴方向尺寸，即垂直方向尺寸。

- 宽度：是指初始视图中 X 轴方向尺寸，即水平方向尺寸。

- 高度：是指初始视图中 Z 轴方向尺寸，即与当前 XY 平面垂直方向尺寸。

- 分段：也称段数，用于影响三维物体显示的圆滑程度。物体模型在进行编辑时，段数设置的是否合理也将影响物体显示的形状，如图 2-18 所示。

图2-18　不同段数显示效果

- 半径：用于影响有半径参数的模型尺寸大小。如圆柱体、球体和茶壶等。

2.1.6　选择对象 ▼

当物体创建完成需要再次编辑时，通常需要先进行物体选择，再进行对象操作。选择对象包括选择过滤器、单击选择、按名称选择、框选形状等。

1. 选择过滤器 全部 ▼

选择过滤器用于设置过滤对象的类别，包括几何体、图形、灯光、摄像机、辅助对象等。使用时，从列表中选择过滤方式即可。在建模时，该过滤器使用相对较少。在进行灯光调节时，通常需要设置过滤类型为"灯光"，方便选择灯光对象。

2. 单击选择

单击选择快捷键为【Q】键，通过单击物体对象，实现选择操作。单视图中被选中的对象，呈白色线框显示。

3. 名称选择

名称选择快捷键为【H】键，通过物体的名称来选择物体。在平时练习时，物体可以不用在意名称，但在正式制作模型时，创建的物体需要重新命名，彼此关联密切的物体模型，需要对其进行成组设置，以便于进行选择和编辑操作。

按【H】键，弹出按名称选择对话框，如图 2-19 所示。

将光标定位在文本框中，输入对象名称的首字或首字母，系统会自动选择一系列相关的对象。对象名称前有"[ ]",表示该对象为"组"对象。通过界面上方的  按钮,设置显示对象的类别,如几何体、图形、灯光、摄像机等。

图2-19 名称选择

技巧说明

在进行对象选择时,通常会使用相关的组合键。如:

全选:【Ctrl+A】;
反选:【Ctrl+I】;
取消选择:【Ctrl+D】;
加/减选:按住【Ctrl】的同时,依次单击对象可以实现加选,按住【Alt】的同时,依次单击对象实现减选。

4. 框选形状

用于设置框选对象时,框选线绘制的形状。连续按【Q】键或单击后面的"三角"按钮可以

从下拉列表中设置框选的形状,从上往下依次是矩形选框、圆形选框、多边形选框、套索选框和绘制选择区域选项,如图 2-20 所示。

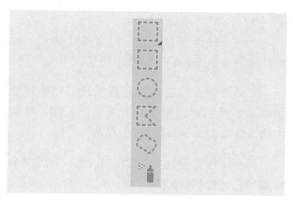

图2-20 框选样式

5. 窗口/交叉

用于设置框选线的属性。默认时框选的线条只要连接对象,即被选中。单击该按钮,呈现状态时,框选的线条需要完全包括对象,才能被选中,如图 2-21 所示。

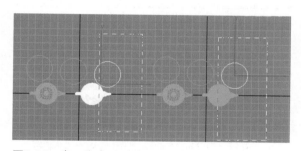

图2-21 窗口和交叉对比

2.1.7 双重工具 ▼

双重工具,顾名思义就是该工具有两个作用。在主工具栏中的双重工具包括"选择并移动"、"选择并旋转"和"选择并缩放"三组。

1. 选择并移动

快捷键为【W】键,通过该工具可以进行选择对象和移动操作。在进行移动操作时,初学者最好还是在单视图中进行。利用【W】选择对象后,出现坐标轴图标,鼠标悬停在图标上时,可以通过鼠标悬停来锁定要控制的轴向,悬停锁定 X 轴,如图 2-22 所示。

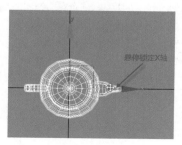

图2-22 悬停锁定X轴

● 坐标轴图标显示：坐标轴图标显示对于锁定轴向很有帮助，若不显示时，需要执行【视图】菜单/【显示变换Gizmo】命令，执行坐标轴图标显示操作。

● 坐标轴图标大小调节：直接按键盘上的"+"键放大显示，"–"键缩小显示。

● 精确移动：在场景建模阶段，精确建模将影响后续的材质编辑和灯光调节。如：将选中的球体向右水平移动50个单位。

利用"W"键选择对象，右击主工具栏中的按钮或按【F12】键，弹出偏移坐标对话框，如图2-23所示。

图2-23 偏移坐标对话框

● 在右侧"屏幕"坐标系中，X轴后面的文本框中输入50并按【Enter】键确认。

● 世界：表示坐标的计算关系是绝对坐标，在确定向右移动50个单位时，需要与现有的数字相加。要使用世界坐标时，则需要输入54.956。

● 屏幕：表示坐标的计算关系是相对坐标，在进行位置移动时，不需要考虑物体现在的坐标是在哪个位置，只需要确认从当前点相对移动了多少数值即可。

⊙ 技巧说明

在屏幕坐标系中，数据的正负表示方向不同，并不是数值的大小。在单视图中，X轴向右为正方向，向左为负方向。Y轴向上为正方向，向下为负方向。Z轴靠近视线为正方向，远离视线为负方向。在透视图中时，需要看坐标轴图标箭头的方向。

选择并移动工具，通常结合"对象捕捉"工具来使用，后面有详细讲解，在此不再赘述。

2. 选择并旋转 ⟳

快捷键为【E】键，通过该工具可以实现对象选择和旋转操作。在旋转对象时，以锁定的轴向为旋转控制轴。为了更好地确定锁定轴向，可以通过坐标轴图标的颜色来判断。红色对应X轴，绿色对应Y轴，蓝色对应Z轴，黄色为当前锁定轴向，如图2-24所示。

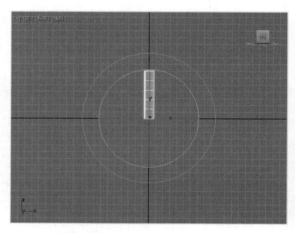

图2-24 锁定轴向

坐标轴图标的大小调节和精确旋转等操作，与"选择并移动"的操作类似，请参考前面内容，在此不再赘述。

选择并旋转工具，通常结合"角度捕捉"工具来使用，后面有详细讲解，在此不再赘述。

3. 选择并缩放工具 ▣

快捷键为【R】键，可以将选择的对象进行等比例、非等比例和挤压等操作。

选择工具后，直接在物体上单击并拖动即可实现缩放操作，等比例缩放和非等比例缩放的区别在于鼠标形状以及悬停在坐标轴图标的位置不同，如图2-25所示。

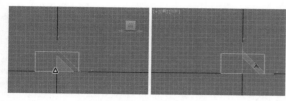

图2-25 等比例缩放和非等比例缩放

4. 选择并放置

使用选择并放置工具，可以将选择的对象精确的放置到选择的曲面物体上。类似于"自动栅格"工具。分为移动和旋转两种操作方式，鼠标置于工具图标上并单击，可以从弹出的下拉列表中选择。

选择并移动放置

在场景中创建曲面对象和需要旋转的物体，选择物体，单击主工具栏中的"选择并放置"图标，单击并拖动到曲面物体表面，选择合适的放置位置，如图 2-26 所示。

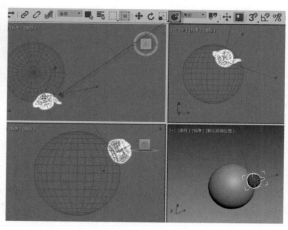

图2-26 选择并放置

选择并旋转放置

选择需要在曲面物体上旋转角度的物体，从主工具栏中选择工具，鼠标在物体上单击并拖动，实现物体在曲面上的自由旋转，此时，控制的视图方式自动切换到"局部"方式，如图 2-27 所示。

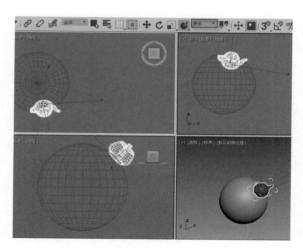

图2-27 选择并旋转放置

2.1.8 捕捉设置 ▼

提到捕捉工具，很多读者并不陌生。在 AutoCAD 软件里进行图形绘制时，捕捉工具可以实现精确的绘制。在 3ds Max 软件中，捕捉工具包括"对象捕捉"、"角度捕捉"和"百分比捕捉"三个工具，"百分比捕捉"平时应用较少，在此，仅介绍"对象捕捉"和"角度捕捉"的使用方法。

1. 对象捕捉

对象捕捉快捷键为【S】键，可以根据设置的捕捉内容，进行 2D、2.5D 和 3D 捕捉。按住该按钮不放，可以从中选择捕捉类型。

捕捉设置

鼠标置于 3° 按钮后，右击，在弹出的界面中，设置捕捉内容，如图 2-28 所示。

图2-28 捕捉内容

参数说明

● 栅格点：在单视图中，默认的网格线与网格线的交点。

● 轴心：设置该选项后，对象捕捉时，捕捉对象轴心。

● 垂足：用于捕捉绘制线条时的垂足。适用于线条绘制。

● 顶点：用于捕捉物体的顶点。与"端点"不同的是，可以捕捉两个物体重叠部分的交点。

● 边/线段：用于设置捕捉对象的某个边或段。平时应用较少。

● 面：用于设置捕捉"三角形"的网格片。在编辑网格或编辑多边形时使用。

● 栅格线：用于设置捕捉栅格线，即网格线。

● 边界框：选中该选项后，捕捉物体的外界边框线条。

● 切点：用于捕捉绘制线条时的切点。

● 端点：用于设置捕捉对象的端点。

● 中点：用于设置捕捉对象的中间点。

● 中心面：用于设置捕捉"三角形"网格

片的中心点。

2D、2.5D和3D关系：

2D：是指根据设置的捕捉内容，进行二维捕捉。适用于顶视图使用。

2.5D与3D的区别：设置完捕捉内容后，是否约束Z轴。约束Z轴的为3D捕捉，不约束Z轴的为2.5D捕捉。

2. 角度捕捉

角度捕捉快捷键为【A】键，根据设置的角度，进行捕捉提示。当设置为30度时，在旋转过程中，遇到30度的整数倍角度，如30度、60度、90度或120度时，都会锁定和提示。通常与"选择并旋转"工具一起使用。

鼠标置于按钮，右击，在弹出界面中设置角度数值，如图2-29所示。

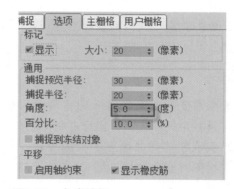

图2-29 角度捕捉

2.2 复制操作

创建完后物体对象后，可以根据实际的需要进行相关的复制操作，用于快速生成具有相同属性或类似内容的物体。

对于模型表现的多个相关的对象，可以对其执行"群组"操作，方便进行统一的移动、旋转和复制等基本操作。

2.2.1 变换复制 ▼

"复制"就是"克隆"，通过复制的方法可以迅速创建多个相同或类似的物体。在 3ds Max 中为我们提供了多种复制对象的方法，如变换复制、阵列复制、镜像复制等。

变换复制

按住【Shift】键的同时，移动、旋转或缩放对象时，可以实现对象的复制操作，如图 2-30 所示。

图2-30 克隆选项

克隆选项：

● 复制：生成后的物体与原物体之间无任何关系。适用于复制后没有任何关系的物体。

● 实例：生成后的物体与原物体之间相互影响。更改原物体将影响生成后的物体，更改生成后的物体将影响原物体。在灯光复制时，适用于同一个开关控制的多个灯光之间的复制。

● 参考：参考的选项物体之间的关联是单向的。即原物体仅影响生成后的物体。反之无效。

● 副本数：用于设置通过复制后生成的个数，该个数不包含原来物体。复制后物体总共的个数，是指副本数加上原来物体的个数。

● 名称：用于设置复制后物体的名称。可以实现经过复制后物体改名的操作。

技巧说明

物体复制的相互关联属性，通常是指更改物体基本参数时会发生变化，如尺寸大小、添加编辑命令等操作。对于更改颜色将不会发生变化，因为物体的颜色只是随机产生的，渲染出图时，需要通过材质来体现。

2.2.2 阵列复制 ▼

通过"变换复制"的方法固然方便快捷，但是很难精确设置复制后物体之间的位置、角度和大小等方面的关系。因此，可以通过"阵列复制"来解决这些不足。阵列复制可以将选择的物体，进行精确的移动、旋转和缩放等复制操作。

1. 基本操作

在选择要复制的物体，执行【工具】菜单/【阵列】命令，弹出阵列对话框，如图2-31所示。

图2-31 阵列复制

2. 参数说明

● 增量：用于设置单个物体之间的关系。如在移动复制时，每个物体与每个物体之间的位置关系。

● 总计：用于设置所有物体之间的关系。例如，在移动复制时总共 5 个物体，从第 1 个到最后 1 个物体之间总共移动 200 个单位。通过单击 ◁ 移动 ▷ 按钮来切换增量和总计参数。

● 对象类型：用于设置复制物体之间的关系，分为复制、实例和参考。

● 阵列维度：用于设置物体经过一次复制后，物体的扩展方向。分为 1D、2D 和 3D，即线性、平面和三维。2D 和 3D 所实现的效果，完全可以通过 1D 进行两次和三次的运算来实现。

● 预览：单击该按钮，阵列复制后的效果可以在场景中进行预览。

● 重置所有参数：在 3ds Max 软件中，阵列工具默认时，记录上一次的运算参数。因此，再次使用阵列复制时，应根据实际情况是否单击该按钮。

3. 阵列应用：直形楼梯

01 执行【自定义】菜单/【单位设置】命令，将单位改为mm。在顶视图中创建长方体，长度为1600mm，宽度为300mm，高度为150mm，如图2-32所示。

图2-32 创建长方体

02 将操作视图切换为前视图（鼠标置于前视图中，右击），执行【工具】菜单/【阵列】命令，在弹出的界面中设置参数，单击"确定"按钮，得到阵列复制后效果，如图2-33所示。

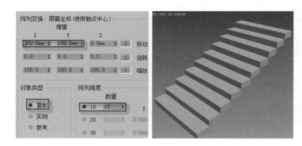

图2-33 设置参数

03 在顶视图中创建圆柱体，半径为10mm，高度为700mm，其他参数保持默认。按键盘中的【S】键，开启对象捕捉，从捕捉方式中选择 ⊿ 按钮，在对象捕捉选项界面中，选择"中点"选项，在前视图中调节圆柱与踏步的位置关系，如图2-34所示。

04 执行【工具】菜单/【阵列】命令，在弹出的界面中，直接单击"确定"按钮即可，参数保持与楼梯复制的一致，得到栏杆效果，如图2-35所示。

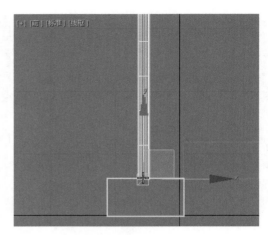

图2-34 调节圆柱位置

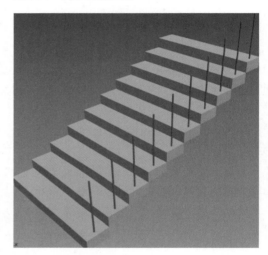

图2-35 栏杆效果

05 在左视图中创建圆柱体对象作为楼梯扶手，半径为30mm，高度约为3500mm。在前视图中，通过"移动"和"旋转"的操作，调节扶手位置，如图2-36所示。

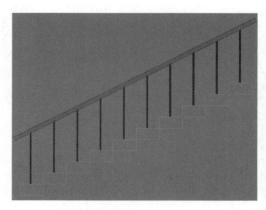

图2-36 扶手创建完成

06 扶手在前视图调节好其中一端的位置后，在命令面板中切换到"修改"选项，根据需要更改高度数值，直到合适为止。选择全部的栏杆和扶手对象，在左视图或顶视图中，按住【Shift】键的同时移动对象进行复制操作，得到最后楼梯效果，如图2-37所示。

图2-37　楼梯结果

🔊 注意事项

在进行阵列复制时，对于相同的结果，操作时选择的视图不同，轴向也会不同。即楼梯复制时，在前视图中为X轴和Y轴，若选择了左视图，轴向为Y轴和Z轴，若选择了顶视图，轴向为X轴和Z轴。因此，在进行阵列复制前，需要根据复制后的结果，选择视图和轴向。

4. 更改轴心

在进行旋转复制操作时，默认以轴心为旋转的控制中心，因此，在进行旋转阵列复制前，应根据实际需要更改对象的轴心，如图 2-38 所示。

01 利用✛工具选择物体，在命令面板中，切换到"层次"选项，单击"仅影响轴"按钮，如图2-39所示。

02 在视图中，使用✛工具移动轴心，轴心移动完成后，需要再次单击"仅影响轴"按钮，将其

关闭。更改完轴心后，再进行旋转阵列复制，可以得到正确的阵列结果，如图2-40所示。

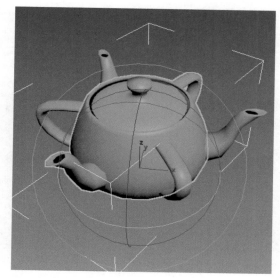

图2-38　默认旋转复制

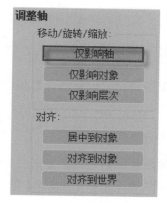

图2-39　仅影响轴

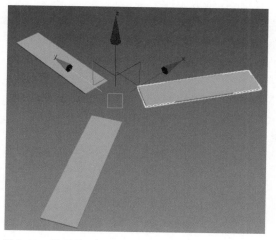

图2-40　旋转阵列

2.2.3　路径阵列　▼

路径阵列也称"间隔工具"，可以将选择的物体，沿指定的路径进行复制排列操作，实现物体在路径上的均匀分布。根据建模的需要，还可以对需要复制的物体进行角度的适当旋转。

01 在场景中创建需要分布物体，在视图中绘制二维图形作为分布的路径线条，如图2-41所示。

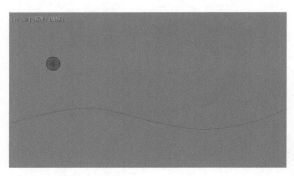

图2-41　创建物体和路径

02 选择球物体，执行【工具】菜单/【对齐】/【间隔工具】命令或按【Shift+I】组合键，弹出间隔工具对话框，单击 抬取路径 按钮，在视图中单击选择路径对象，设置"计数"中的个数，设置对象复制类型，单击 应用 按钮，单击 关闭 按钮，完成路径阵列复制，如图2-42所示。

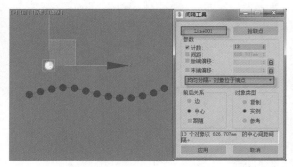

图2-42　间隔工具

2.2.4　镜像复制　▼

镜像复制功能可以将选择的某物体沿指定轴向进行翻转或翻转复制，适用于制作轴对称的造型。

1. 基本步骤

选择需要镜像的物体，单击主工具栏中的 按钮，或执行【工具】菜单/【镜像】命令，弹出镜像对话框，根据实际需要，设置参数，如图2-43所示。

图2-43　镜像复制

2. 参数说明

● 镜像轴：是指在镜像复制时，物体翻转的方向，并不是指两个物体关于某个轴对称。

● 偏移：是指镜像前后，轴心与轴心之间的距离，并不是物体之间的距离。

● 克隆选项：用于设置镜像的选项。若为"不克隆"时，选择的物体仅进行翻转，原物体发生位置变化。其他选项与前面相同，不再赘述。

● 镜像IK限制：用于设置角色模型时，镜像复制过程中IK是否需要设置。

● 变换：默认的镜像方式，可以对选择的物体实现镜像复制。

● 几何体：类似于对选择的物体添加"镜像"编辑命令，实现物体自身的镜像。

2.2.5　对齐　▼

在 3ds Max 软件中，对齐工具的主要作用是通过 X 轴、Y 轴和 Z 轴，确定三维空间中两个物体之间的位置关系，使用对齐、对象捕捉和精确移动，可以实现精确建模。因此，在基本操作中，对齐在精确建模方面起到很重要的作用。

1.　基本步骤

`01` 在3ds Max场景中，创建球体和圆锥体两个对象，通过对齐工具，将球体置于圆锥上方，如图2-44所示。

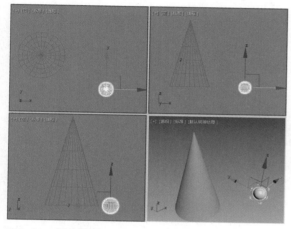

图2-44　创建物体

`02` 选择球体，单击主工具栏中▇按钮，或按【Alt+A】组合键，鼠标靠近另外物体，呈现变形和名称提示时，单击，弹出对齐对话框，设置参数，选择X轴，当前对象为"中心"，目标对象为"中心"，单击"应用"按钮。选择Y轴，当前对象为"最小"，目标对象为"最大"，单击"应用"按钮。选择Z轴，当前对象为"中心"，目标对象为"中心"，单击"确定"按钮。完成对齐，如图2-45所示。

2.　参数说明

●当前对象：在进行对齐操作时，首先选择的物体为当前物体。

●目标对象：选择对齐工具后点击选择的另外物体即为目标对象。

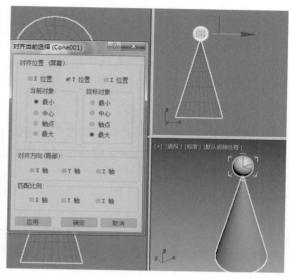

图2-45　对齐界面

●最小：选择对齐方式为最小。即 X 轴方向，最小为左侧，Y 轴方向，最小为下方，Z 轴方向，最小为距离观察方向较远的位置。

●中心：确定两个物体的中心对齐方式。

●轴点：确定两个物体的对齐方式以轴心为参考标准。

●最大：选择对齐方式为最大。与最小相反。即 X 轴方向，最大为右侧，Y 轴方向，最大为上方，Z 轴方向，最大为距离观察方向较近的位置。

🔘 注意事项

在进行对齐过程中，对齐的轴向与选择的当前操作视图有关。如选择左视图进行对齐，球体和圆锥的关系，X轴和Z轴，当前对象为"中心"，目标对象为"中心"，Y轴，当前对象为"最小"，目标对象为"最大"。在对齐过程中，选择的当前物体模型会发生位置上的变化。

2.2.6 群组和选择集 ▼

在日常对模型物体进行编辑时，通常将组成某个模型的单个物体，执行"选择集"或"群组"操作。通过选择集操作，可以将多个物体临时建立起来，方便通过名称来实现选择。通过群组，可以将多个模型组成集合，方便打开、编辑、添加和分离等操作。

1. 选择集

该功能位于主工具栏中。用于定义或选择已命名的对象选择集。若对象选择集已经命名，那么从此下拉列表中选中该选择集的名称，就可以选中选择集包含的所有对象。

当场景中的模型较多时，为了方便快速选择具有某些特征或类别的物体时，可以先创建"选择集"，再次选择该集时，快捷方便。

创建选择集

选择需要建立集合的物体，将光标定位于主工具栏 创建选择集 按钮上，直接输入该选择集的名称，并按【Enter】键。

编辑选择集

通过主工具栏中 按钮，对已存在的选择集进行编辑，可以对已有的选择集进行重命名、添加和删除等操作，如图2-46所示。

图2-46 命名选择集

2. 群组

在对 3ds Max 软件进行操作时，将经常使用的多个模型进行群组，方便再次进行编辑。类似于 AutoCAD 软件中的"图块"。进行群组操作时，主要通过【组】菜单进行，如图 2-47 所示。

图2-47 组操作

● 成组：将选择的多个对象建立成组，方便选择和编辑。

● 解组：将选择的组对象，分解成单一的个体对象。

● 打开：将选择的组打开，方便进行组内对象编辑。组内对象编辑完成后，需要将组关闭。

● 附加：将选择的物体，附加到一个组对象中。与分离操作结果相反。

● 炸开：将当前组中的对象，包括单对象和组对象，彻底分解为最小的单个体对象。

● 集合：用于对当前组合中的子组对象进行编辑。

2.3　实战案例——电视柜造型

　　希望广大读者通过本章节所介绍的内容，能够掌握以下操作案例，通过案例的操作和练习，更好地掌握和熟悉当前章节的知识点。

　　通过运用前面介绍的基础操作和功能，制作简易电视柜模型，如图 2-48 所示。

图2-48　电视柜实例

1. 单位设置和创建物体

　　执行【自定义】菜单 /【单位设置】命令，将 3ds Max 单位改为 mm，在顶视图中创建长方体，长度为 400mm，宽度为 500mm，高度为 200mm，在顶视图中水平再复制 5 个造型，共 6 个长方体，调整位置，如图 2-49 所示。

2. 垂直方向

　　在前视图中，选择左侧长方体，向上保持间距空隙为 30mm 进行垂直方向上的复制，生成左侧电视柜造型，如图 2-50 所示。

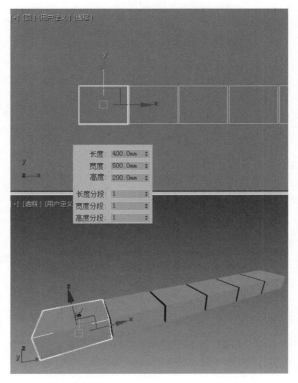

图2-49　创建物体

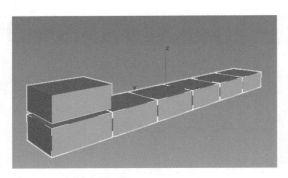

图2-50 左侧造型

在顶视图中，再次创建长方体，长度为380mm，宽度为3120mm，高度为270mm，调整位置生成底部造型，如图2-51所示。

采同样的方法，创建左侧垂直方向影视柜主体部分，并调整其位置关系，如图2-52所示。

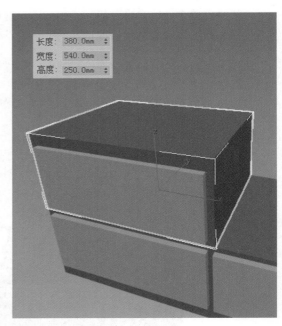

图2-52 左上部分

3. 导入摆件

执行【文件】菜单/【导入】/【合并】命令，导入电视柜的摆件造型，生成最后的电视柜效果，如图2-53所示。

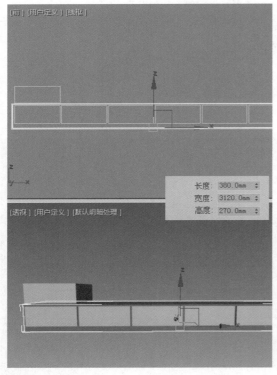

图2-51 调整位置

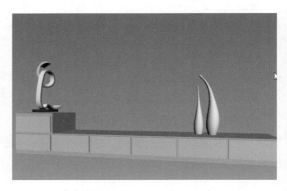

图2-53 电视柜

第 **3** 章

基础建模

本章要点：

① 三维建模

② 二维建模

③ 实战案例

在日常建模时，常见模型可以通过软件本身提供的建模工具来生成，对于需要在基本模型的基础上，添加部分编辑命令方可实现的造型，则需要在选定的物体上添加三维编辑命令，制作符合要求的物体造型。在3ds Max软件中，常见的编辑命令有很多，包括二维命令和三维命令，本章节主要介绍常见的通过命令实现的基础建模方式。

3.1 三维建模

通常，为了获得我们想要的更为复杂的物体造型，需要在基本模型的基础上，通过给物体添加编辑命令的方式，实现对现有物体的变形和调整操作。

3.1.1 编辑器配置 ▼

编辑器是三维设计中常用的对象编辑修改工具，通过调整编辑修改器，可以对基本的三维模型进行编辑调整，包括添加命令和调整命令顺序和参数。

首先，在视图中创建并选中该物体，在命令面板中单击 按钮切换到"修改"选项，单击 按钮，从列表中选择需要添加的命令，还可以对已添加的命令进行展开编辑。

1. 修改器面板

通过【修改器】菜单或"修改器"面板均可以为对象添加编辑修改命令。通过修改器面板添加命令更方便。接下来详细介绍一下修改器列表。

修改器列表用于为选中的对象添加修改命令，单击该按钮可以从打开的下拉列表中添加所需要的命令。当一个物体添加多个修改命令时，集合为修改器堆栈。只有堆栈列表中包含的命令或对象，可以随时返回到命令参数状态，如图3-1所示。

2. 功能说明

● 锁定堆栈 ：保持选择对象修改器的激活状态，即在变换选择的对象时，修改器面板显示的还是原来对象的修改器。保持默认状态即可。

● 显示最终效果 ：默认为开启状态，保持选中的物体在视图中显示堆栈内所有修改命令后的效果，方便查看某命令的添加对当前物体的影响。

● 使唯一 ：断开选定对象的实例或参考的链接关系，使修改器的修改只应用于该对象，而不影响与它有实例或参考关系的对象。若选择的物体本身就是一个独立的个体，该按钮处于不可用状态。

● 删除命令 ：单击该按钮后，会将当前选择的编辑命令删除，还原到以前状态。

● 配置修改器集 ：此按钮用于设置修改器面板以及修改器列表中修改器的显示。

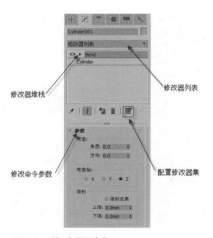

图3-1 修改器列表

3.1.2 个性化修改器 ▼

修改器堆栈用来显示所有应用于当前对象上的修改命令，通过修改器堆栈可以对应用于该对象上的修改命令，如复制、剪切、粘贴、删除编辑命令等操作进行管理。可以通过右击修改器堆栈中命令名称进行操作，如图3-2所示。

1. 显示按钮

在日常使用过程中，可以在修改选项中将常用的编辑命令显示为按钮形式，使用时直接单击按钮，比从"修改器列表"中选择命令更为方便。

单击修改器面板中的 ▣ 按钮，弹出屏幕菜单，选择显示按钮命令，如图 3-2 所示。

图3-2　显示按钮

2. 配置命令按钮

与"显示按钮"操作命令相同，再次单击"配置修改器集"选项，在弹出的界面中从左侧列表中选择编辑命令，单击并拖动到右侧空白按钮中。若拖动到已有名称的按钮，则会覆盖原有编辑命令，通过"按钮总数"可以调节显示命令按钮的个数，如图 3-3 所示。

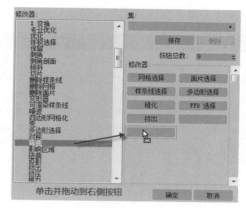

图3-3　配置命令按钮

3.1.3　弯曲 ▼

在 3ds Max 软件中，包含了接近 100 个编辑命令，有的编辑命令适用于三维编辑，如弯曲、锥化等；有的编辑命令适用于二维编辑，如挤出、车削等。在此先介绍常用的三维编辑命令。

弯曲命令用于将对象沿某一方向轴进行弯曲操作，实现整个对象的弯曲效果。其弯曲的效果就如同我们手指的自然弯曲。

1. 基本操作

在顶视图中，创建圆柱体并设置基本尺寸。选中圆柱体，按数字【1】键，直接切换到命令面板的"修改"选项，单击 修改器列表 ▼ 按钮，从下拉列表中选择"弯曲"命令，如图 3-4 所示。

2. 参数说明

●角度：用于设置物体执行弯曲操作后上下截面延伸构成的夹角角度。

●方向：用于设置物体弯曲的方向。在进行更改时，以 90 的倍数进行更改，如 90 或 -90。

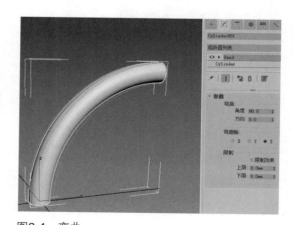

图3-4　弯曲

●弯曲轴：用于设置物体弯曲的作用方向轴。对于选择的物体来讲，只有一个方向轴是合适的，方向轴的选择以物体不扭曲变形为原则。

● 限制：用于设置物体弯曲的作用范围。默认整个选择的物体都执行弯曲操作。通过限制可以设置弯曲命令影响当前选择对象的某一部分。

● 上限：用于设置选择物体轴心 0 点以上的部分受弯曲作用的影响。

● 下限：用于设置选择物体轴心 0 点以下的部分受弯曲作用的影响。设置上限或下限时，需要选中"限制效果"的复选框。

注意事项

在进行弯曲操作时，下限的部分是指从轴心0往下，通常为负数。在更改时，除了输入负数以外，还需要将修改器列表中"Bend"前的"+"展开，选择"Gizmo"，在视图中移动Gizmo位置，更改变换的轴心。

3. 实战应用：旋转楼梯

01 在顶视图中创建长方体作为楼梯的踏步对象，长度2000mm，宽度300mm，高度150mm。在顶视图创建圆柱体作为楼梯栏杆，半径为10mm，高度为700mm，如图3-5所示。

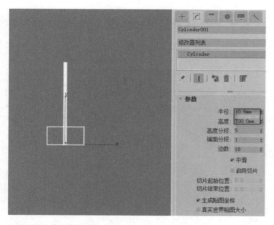

图3-5 创建物体

02 切换前视图为当前视图，选择圆柱体对象，单击主工具栏中的■按钮或按【Alt+A】组合键，在前视图中进行对齐操作，如图3-6所示。

03 在前视图中，同时选择长方体和圆柱，执行【工具】菜单/【阵列】命令，在弹出的界面中

设置参数，如图3-7所示。

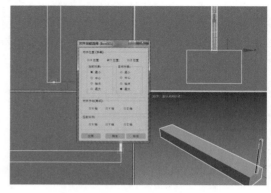

图3-6 对齐

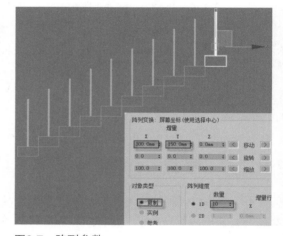

图3-7 阵列参数

04 在左视图中创建圆柱体作为楼梯扶手，半径为25mm，高度约为3000mm，高度分段为50。在命令面板"修改"选项中，添加"弯曲"命令，设置命令参数，如图3-8所示。

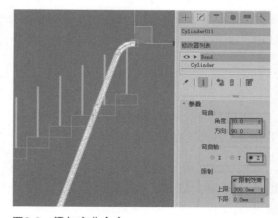

图3-8 添加弯曲命令

05 在前视图中，通过"旋转"和"移动"等操作，调节扶手的位置。当圆柱体高度尺寸不够时，可以在"修改堆栈"中单击列表中的"Cylinder"，返回到圆柱对象，更改高度参数。在左视图中，将扶手与已经绘制完成的栏杆造型进行X轴中心对齐，如图3-9所示。

06 在左视图中，选择栏杆和扶手对象，按住【Shift】键的同时移动对象，复制楼梯的另外一侧造型。选择所有物体，在命令面板中，添加"弯曲"命令，设置参数，生成旋转楼梯造型，如图3-10所示。

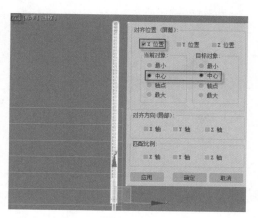

图3-9 左视图对齐

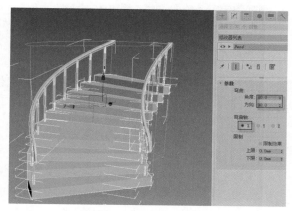

图3-10 旋转楼梯

3.1.4 锥化 ▼

锥化命令用于将选择的三维物体进行锥化操作，即对模型执行上截面缩放或中间造型的曲线化操作。

1. 基本操作

在顶视图中，创建长方体对象，长度为60mm，宽度为60mm，高度为40mm。按键盘中数字【1】键，切换到修改选项，单击 修改器列表 按钮，从弹出的列表中选择"锥化"命令，如图3-11所示。

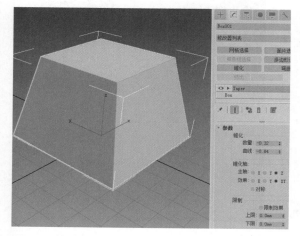

图3-11 锥化

2. 参数说明

● 数量：用于设置模型上截面的缩放程度。当为–1时，上截面缩小为一个点。

● 曲线：用于控制模型中间的曲线化效果。当为正数时，中间侧面凸出，为负数时，中间侧面凹进。若调节曲线参数时，出现橙色变换线框，而模型没有变化，则说明物体的锥化方向段数不足。在修改器堆栈中返回原物体，更改分段数即可。

● 锥化轴：用于设置锥化的坐标轴（主轴）和产生效果的轴（效果）。

● 限制：用于设置锥化的作用范围。与"弯曲"命令中的限制类似。在此不再赘述。

3. 实战应用：桥栏杆

01 执行【自定义】菜单/【单位设置】命令，将3ds Max 软件单位设置为mm。在顶视图中，创建长方体对象，长度为500mm，宽度为500mm，高度为100mm，如图3-12所示。

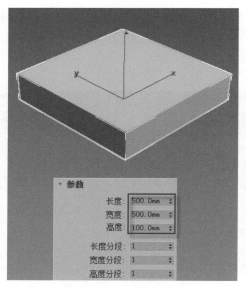

图3-12　创建长方体

02 在前视图中，选择长方体，按住【Shift】键的同时向下移动，复制生成长方体，将高度改为300mm。选择上方原来的长方体，添加"锥化"命令，更改参数，如图3-13所示。

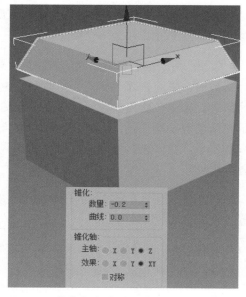

图3-13　锥化长方体

03 在前视图中，选择下方的长方体，按住【Shift】键的同时向下移动复制长方体，将长

方体高度改为300mm，高度分段改为15。添加"锥化"命令，设置参数，如图3-14所示。

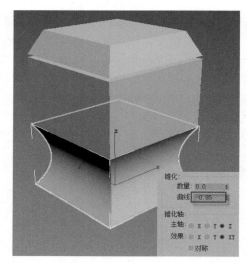

图3-14　锥化中间造型

04 在前视图中，选择从上面开始的第二个长方体，按住【Shift】键的同时向下移动复制长方体，将高度改为2000mm。在前视图中，通过"对齐"工具，将四个长方体确定Y轴位置关系。按【Ctrl+A】组合键，选择所有物体，执行【组】菜单/【成组】命令，如图3-15所示。

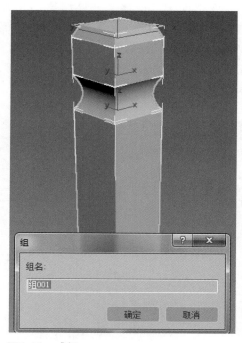

图3-15　成组

05 在前视图中，按住【Shift】键的同时移动组对象，进行复制。在左视图中，创建长方体作为中间的横栏造型，在前视图中，选择右侧桥栏杆和中间两条横栏对象，按住【Shift】键的同时向右移动，复制多个栏杆和横栏。生成一侧桥栏杆，再复制生成另外一侧。最后得到桥栏杆效果，如图3-16所示。

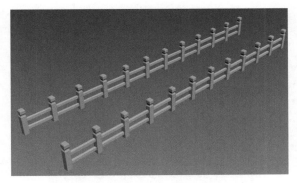

图3-16　桥栏杆

3.1.5　扭曲　▼

扭曲命令用于对选中的对象通过旋转截面来实现扭曲的操作，即以选择物体的某个轴为中心，通过旋转物体截面来改变形状。扭曲生成的造型，不适合在装饰效果图中使用。因为软件设计模型相对容易，而在实际装饰时，仍需要考虑到后期施工的难易程度。所以，扭曲通常用于动画中的某些造型。

1. 基本操作

在顶视图创建长方体对象，长度为20mm，宽度为60mm，高度为200mm，高度分段为30，选择长方体，按键盘数字【1】键，切换到"修改"选项，单击 ▓▓▓ 按钮，从弹出的下拉列表中选择"扭曲"命令，设置参数，如图3-17所示。

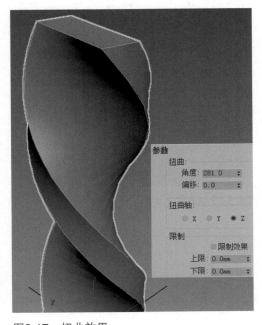

图3-17　扭曲效果

2. 参数说明

●角度：用于设置对象沿扭曲轴旋转的角度。

●偏移：用于设置扭曲的趋向。以基准点为准，通过数值来控制扭曲是靠向基准点聚拢还是散开。数值为正数时表示聚拢，数值为负数时表示散开。

●扭曲轴：用于设置扭曲的操作轴。与前面的三维编辑命令类似，同样也只有一个方向轴是合适的。

●限制：用于设置扭曲的作用范围。与前面"弯曲"命令类似。在此不再赘述。

3. 实战应用：冰激凌

01 在命令面板中，利用 ▓ 类型中的 星形 按钮，在顶视图中单击并拖动，创建星形对象，设置参数，如图3-18所示。

02 在命令面板中，单击 ▓ 按钮，切换到修改选项，单击 ▓▓▓▓ 按钮，从下拉列表中选择"挤出"命令，设置参数，如图3-19所示。

03 在命令面板 "修改"选项中，继续添加"锥化"命令，设置参数，如图3-20所示。

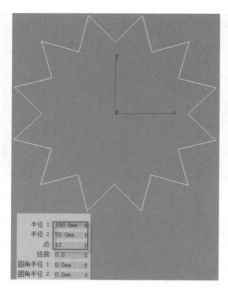

图3-18　创建星形

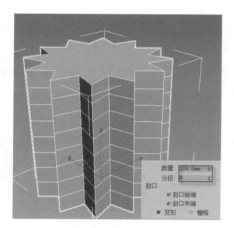

图3-19　挤出星形

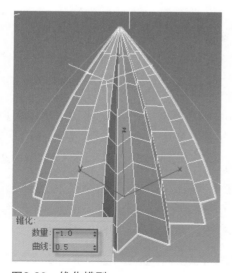

图3-20　锥化模型

04 在命令面板"修改"选项中继续添加"扭曲"命令，设置参数，如图3-21所示。

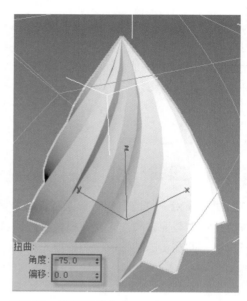

图3-21　添加扭曲命令

05 在命令面板"修改"选项中继续添加"弯曲"命令，对造型进行适当弯曲操作，设置参数，如图3-22所示。

图3-22　最后造型

3.1.6 晶格 ▼

晶格也称"结构线框"命令，根据物体的分段数，将模型执行线框或线框加节点的显示效果。

1. 基本操作

在场景中选择已经编辑过的物体模型，切换到命令面板"修改"选项，添加"晶格"命令，设置参数，如图 3-23 所示。

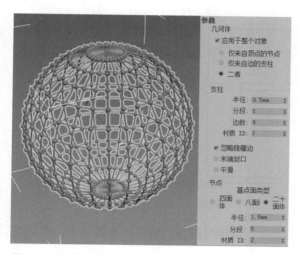

图3-23 晶格显示

2. 参数说明

● 几何体：设置"晶格"命令的应用范围，可以从中选择"仅来自顶点的节点"、"仅来自边的支柱"或"二者"。通过后续的支柱或节点来设置。"应用于整个对象"复选框是针对高级建模中的可编辑网格和可编辑多边形对象使用的。

● 支柱：用于设置"线框"的显示效果。

● 节点：用于设置"网格线交点"的显示效果。

● 贴图坐标：用于指定选定对象的贴图坐标。

3. 实战应用：纸篓

01 在顶视图中创建圆柱体对象，半径为35mm，高度为100mm，端面分段为2，其他参数保持默认，如图3-24所示。

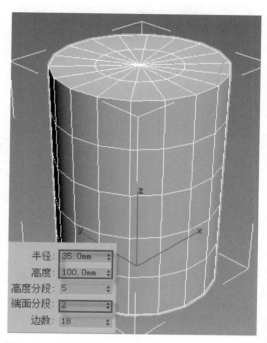

图3-24 创建圆柱

02 选择圆柱体，按键盘数字【1】键，切换到命令面板修改选项，单击 修改器列表 ▼ 按钮，从弹出的下拉列表中选择添加"锥化"命令，设置参数，如图3-25所示。

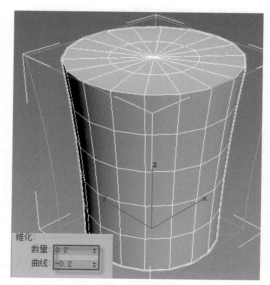

图3-25 添加锥化

03 在修改选项中，继续添加"扭曲"命令，设置参数，如图3-26所示。

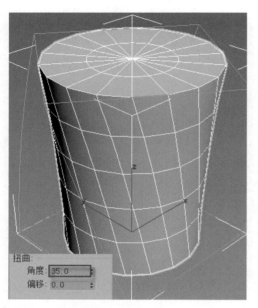

图3-26 添加扭曲

04 将当前视图切换为透视图，右击，在弹出的屏幕菜单中选择【转换为】/【转换为可编辑多边形】命令，按键盘数字【4】键，将编辑方式选择"多边形"方式，选中"忽略背面"选项，在透视图中，选择上方的所有区域，如图3-27所示。

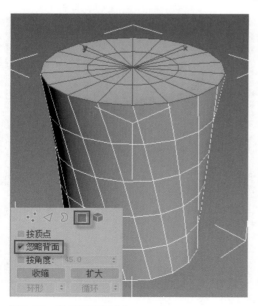

图3-27 选择端面区域

05 按键盘上的【Del】键，将其删除。按主键盘数字键【4】，退出子编辑，添加"晶格"命令，设置参数，如图3-28所示。

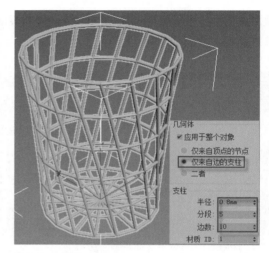

图3-28 晶格

06 将纸篓模型原地"镜像"复制一个，将其旋转，调节垂直方向网格与网格之间的交点，尽量将其连接在一起，实现纸篓造型，如图3-29所示。

图3-29 最后效果

3.1.7　FFD（自由变形）　▼

FFD（自由变形）命令是网格编辑中常用的编辑工具。根据三维物体的分段数，通过控制点使物体产生平滑一致的变形效果。FFD（自由变形）命令包括 FFD2×2×2、FFD3×3×3、FFD4×4×4、FFD 长方体和 FFD 圆柱体五种方式。

1. 基本步骤

首先，在顶视图中创建长方体，在命令面板"修改"选项中，单击 修改器列表 按钮，从弹出的下拉列表中选择 FFD（长方体）命令，如图 3-30 所示。

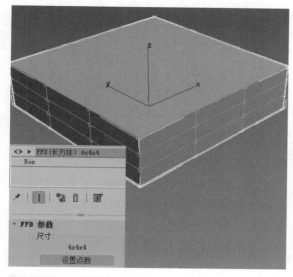

图3-30　FFD长方体

单击"FFD"前的"+"按钮，将其展开，选择"控制点"，在视图中选择点，进行移动操作，如图 3-31 所示。

2. 实战应用：苹果

01 在顶视图中创建球体对象，半径为40mm，其他参数保持为默认，按键盘数字【1】键，切换到命令面板"修改"选项，添加"FFD（圆柱体）"命令，单击参数中的 与图形一致 按钮，如图3-32所示。

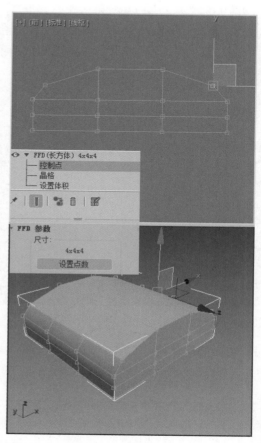

图3-31　FFD编辑

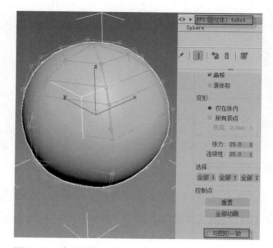

图3-32　与图形一致

02 当前视图切换为前视图，将FFD前的"+"展
开，选择"控制点"，在前视图中，依次选择
球体上面和下面的点，并向中间移动，如图3-33
所示。

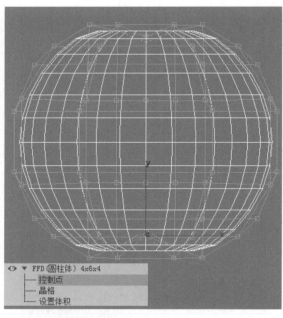

图3-33　移动控制点

03 退出控制点编辑，添加"锥化"命令，设置
参数，如图3-34所示。

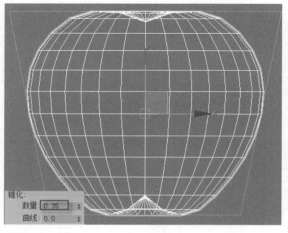

图3-34　锥化

04 在顶视图中，创建圆柱体对象，半径为
2mm，高度为35mm，高度分段为10，如图3-35
所示。

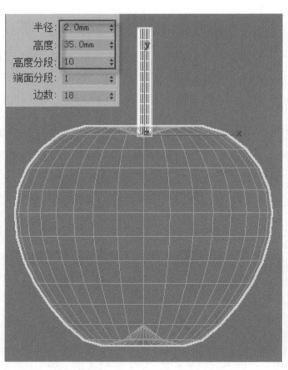

图3-35　创建果柄

05 在修改选项中，依次添加"锥化"命令和
"弯曲"命令，生成弯曲的果柄效果，并调节
位置。将果柄与苹果对象同时选中，在顶视图
中移动复制多个造型，分别调整一下苹果不同
的摆放角度，生成苹果造型，如图3-36所示。

图3-36　苹果造型

3.2 二维建模

在日常使用 3ds Max 软件时，物体的模型通常情况下是先创建二维线条，再将形状合适的图形通过添加"挤出"、"车削"、"倒角"或"倒角剖面"等编辑命令，制作出所需要的模型效果。

3.2.1　二维线条创建 ▽

二维图形顾名思义，就是不具有厚度的图形。根据二维图形没有厚度的这个特点，在创建时，只需要一个单视图即可。因此，在创建二维图形时，通常会将某一个视图最大化显示，方便单独对其进行图形编辑。

1. 基本步骤

在命令面板的"新建"选项中，单击 按钮，切换到图形面板，如图 3-37 所示。

图3-37　二维图形

选择对象名称，在视图中单击并拖动即可创建。不同的物体创建方法有所不同，如矩形，需要在页面中单击并拖动鼠标，通过两个对角点生成矩形，圆环需要单击并拖动多次才能完成。因此，具体的创建方法还需要广大读者去尝试。

2. 线

线对象在创建时相对特殊一些，选择"线"按钮后，在"创建方法"选项中设置拖动的类型，按住【Shift】键时，限制水平或垂直方向，右击结束线条绘制，如图 3-38 所示。

3. 二维对象参数

二维线条创建完成后，需要转换到"修改"选项，查看二维对象对应的参数选项。

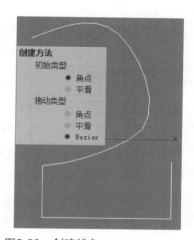

图3-38　创建线条

渲染属性

创建的二维线条对象，在默认状态下按【Shift+Q】组合键执行渲染操作后二维线条不可见。若希望二维图形在渲染时可见，需要手动进行设置，如图 3-39 所示。

图3-39　渲染属性

● 在渲染中启用：选中该选项后，选中的二维线条在渲染时，显示二维线条。

● 在视口中启用：选中该选项后，在视图中可以看到样条的实际效果，方便直观的查看二维线条渲染与显示的关系。

● 显示方式：分为径向和矩形，当为"径向"时，二维线条显示为圆截面，通过"厚度"参数设置线条截面直径。当为"矩形"时，二维线条显示为矩形横截面，通过长度和宽度可以控制矩形横截面的尺寸大小。

插值

插值其实是一个数学运算，如在 1、3、5、7、9 等数字中间插入一个数，让该序列看起来更加平滑一些，需要插入的数字肯定就是 2、4、6、8。通过插值运算，实现序列平滑。在 3ds Max 中，通过插值可以将二维线条拐角部分处理的更加平滑。

● 步数：设置线条拐角区域的"分段"数。值越大，效果越圆滑。

● 自适应：选中该复选框后，线条的拐角处会自动进行平滑。

3.2.2 编辑样条线 ▼

将二维的线条分别进行点、段和线条等三种方式的子编辑，对应的快捷键依次为【1】、【2】、【3】，子编辑完成后需要按对应的数字键，退出子编辑。编辑样条线命令是"线"的默认编辑命令，若选择对象为线条时，直接按【1】、【2】、【3】数字键，则直接进入相关的子编辑。编辑样条线命令是二维图形的重要编辑命令。

选择创建的二维图形，在视图中右击，从弹出的屏幕菜单中选择【转换为】/【转换为可编辑样条线】命令，如图 3-40 所示。

1. 点编辑

创建线条时单击的点或二维图形边缘的控制点，在转换为"可编辑样条线"后对它们的编辑都称为点编辑。

点的类型

创建线条时，单击或单击并拖动生成的点类型可以在"创建方法"选项中进行设置，也可以在图形创建完成后对其进行点类型更改。

选择创建的线条，按主键盘数字【1】键，切换到点的子编辑。在视图中选择点，右击，在弹出的屏幕菜单中选择或更改点的类型，如图 3-41 所示。

● Bezier 角点：当点类型为该种类型时，当前点具有两个独立的控制手柄，可以选择手柄单独进行调节，影响线条的曲线效果。

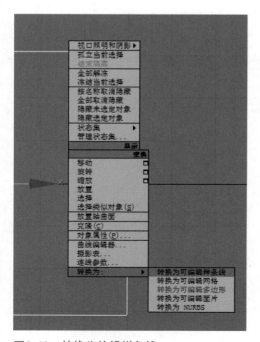

图3-40　转换为编辑样条线

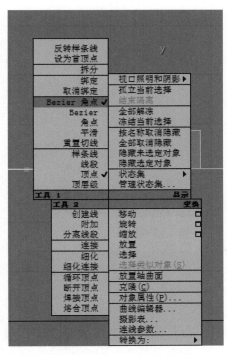

图3-41 点类型

●Bezier：当点的类型为该种类型时，当前点具有两个对称的控制手柄，调节一边手柄，影响整个线条的曲线效果。

●角点：当点的类型为该种类型时，通过当前点的线条没有曲线状态，由两条直线连接当前点。

●平滑点：当点的类型为该种类型时，通过当前点的线条自由平滑。当前点不能控制线条的平滑程度。

具体显示效果，如图 3-42 所示。

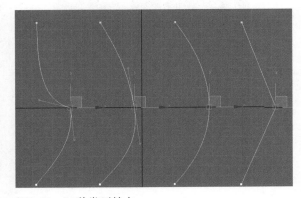

图3-42 四种类型特点

点的添加与删除

●删除：在点的方式下，对于多余的控制点，在选择点对象以后，可以直接按键盘中的【Del】键执行删除操作。

●添加：在点的方式下，单击优化按钮，在线条处出现鼠标变形提示时单击，实现添加点操作，添加后点的类型与邻边上的两个点类型有关，如图 3-43 所示。

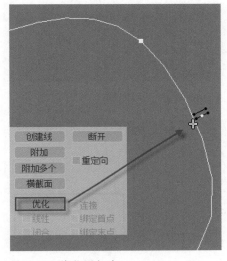

图3-43 优化添加点

点的焊接

在进行样线条编辑时，点的"焊接"使用范围较广。可以将在同一条线上的两个端点进行"焊接"操作；若要焊接的两个端点不在同一条线上时，应该先将两个点各自所在的线条进行"附加"操作，再进行点的焊接。

通过制作心形图案，学习点的焊接操作。

在命令面板新建选项中，单击 按钮，从中选择 线 按钮，按【Alt+W】组合键，将前视图执行最大化显示操作，在视图中单击并拖动鼠标，绘制心形一半形状，调节点类型得到最后图形，如图 3-44 所示。

按主键盘中的数字【1】键，退出点的子编辑，单击主工具栏中 按钮，进行"镜像"复制操作，如图 3-45 所示。

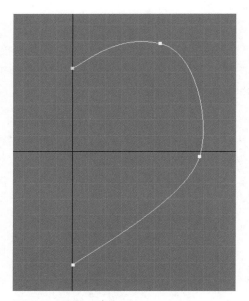

图3-44　绘制一半心形

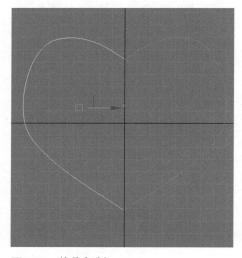

图3-45　镜像复制

调节图形位置，按主键盘数字【1】键，进入点的子编辑方式，单击 附加 按钮，在视图中，鼠标置于另外线条上，当出现鼠标变形提示时，单击。完成"附加"操作，如图 3-46 所示。

右击，退出"附加"操作。在页面中，单击并拖动鼠标，框选需要焊接的两个点，在参数"焊接"后文本框中输入大于两点间距离的值，两个点之间的距离可以以网格进行参考，默认两个网格线之间的距离为 10 个单位。单击 焊接 按钮，如图 3-47 所示。

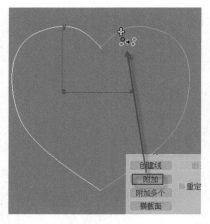

图3-46　线条附加

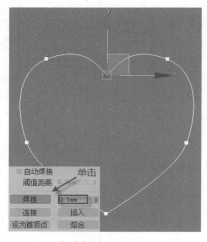

图3-47　完成焊接

用同样的方法，再将上方的两个点进行焊接。若焊接成功，在添加"挤出"命令时，生成的造型为三维模型，如图 3-48 所示。

图3-48　心形图案

在3ds Max软件中进行操作时，所有的按钮式命令，如附加、连接、圆角等，在命令操作完成后，单击鼠标右键，都可以直接退出该按钮命令。只有两个按钮命令除外。一个是层次选项中"仅影响轴"命令，另一个是"编辑多边形"编辑方式中"切片平面"命令。

点的连接

在进行点编辑时，若两个点之间的距离较小时，可以直接使用点的"焊接"来实现。若两个点的距离相对较远时，虽然也可以使用"焊接"功能，但是容易引起线条严重变形。此时，可以通过点的"连接"操作，在两个端点之间补足线条，实现两个端点之间的连接。

点的"连接"在使用时，与"焊接"类似，若两个端点在同一条线时，可以直接进行"连接"操作；若两个点不在同一条线时，需要先进行"附加"操作，再进行点的"连接"操作，操作简单，在此不再赘述。

圆角、切角

在点的方式下，对选定的点进行圆角或切角操作。为方便实现线条形状的编辑，在进行点的圆角或切角操作之前，最好将点的类型改为"角点"，如图 3-49 所示。

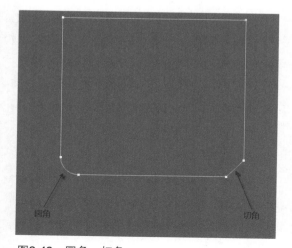

图3-49 圆角、切角

2. 段编辑

在编辑样条线操作中，两个点之间的线条部分，称为段。

创建定长度线条

3ds Max 软件对于线条的编辑并不是很擅长，若要创建水平长度为 100 个单位的线条，用"线"工具创建时，通过参数 ▶ 键盘输入 来实现，创建方式不够灵活。在实际操作中，可以直接创建"矩形"，将一边的长度设置为所需要的尺寸，在"段"的编辑下，删除另外的三个边，得到定长度线条。

01 在命令面板新建选项中，选择 矩形 按钮，在页面中单击并拖动，生成矩形，设置长度或宽度为所需要尺寸，如120mm，如图3-50所示。

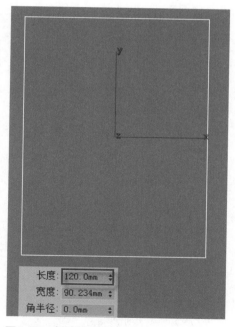

图3-50 创建矩形

02 选择矩形，右击，在弹出的界面中选择【转换为】/【转换为可编辑样条线】，按主键盘数字【2】键，进入"段"的子编辑。选择另外三个边，按键盘上的【Del】键，将其删除。得到所需要垂直方向120mm的线条，如图3-51所示。

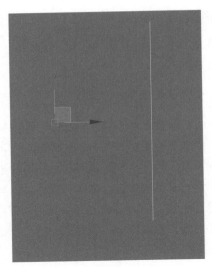

图3-51　生成定长度线条

拆分

将选择的段根据设置的点的个数，进行拆分，如图 3-52 所示。

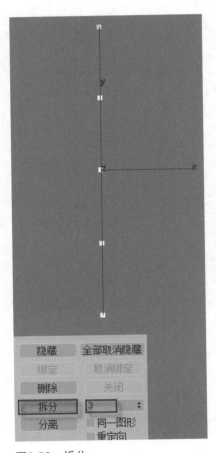

图3-52　拆分

分离

将选择的段分离出来，生成新的物体。根据后面的复选框，设置分离之后的选项，包括"同一图形"、"重定向"和"复制"三种方式，如图 3-53 所示。

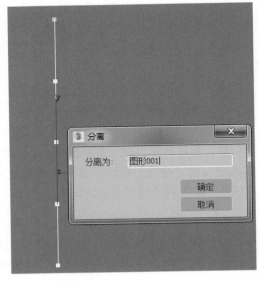

图3-53　分离

3. 样条线编辑

在进行"编辑样条线"操作时，最常用的操作为"点编辑"和"样条线编辑"。样条线编辑操作，通常用于将 AutoCAD 文件导入 3ds Max 软件中，进行效果图制作。

轮廓

对选择的线条进行轮廓化操作。与 AutoCAD 软件中的"偏移"工具类似。将单一线条生成闭合的曲线；将闭合的曲线进行轮廓化操作，在进行轮廓时，数值的正负表示不同方向，选中 中心 选项时，以选择的样条线为准，向两侧扩展，如图 3-54 所示。

布尔运算

布尔运算是将具有公共部分的两个对象，进行"并集"、"减集"和"交集"运算。在执行运算之前，需要先将线条进行"附加"操作，如图 3-55 所示。

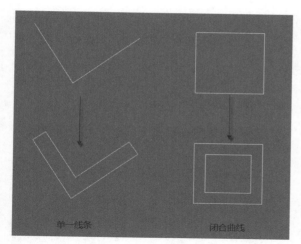

图3-54　轮廓效果

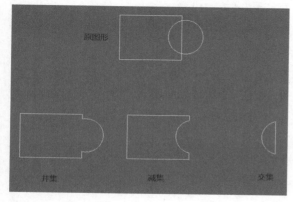

图3-55　布尔运算

修剪

　　将线条相交处多余的部分剪掉，修剪完成后，需要进行点的"焊接"操作。修剪命令在样条线编辑中使用频率相对较高。

01 选择其中一个线条，右击，转换到可编辑样条线操作中，按主键盘数字【3】键，单击 修剪 按钮，鼠标置于线条上，出现形状变形提示时，单击执行修剪操作，如图3-56所示。

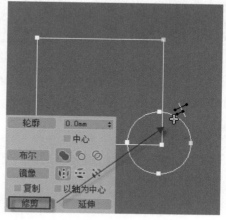

图3-56　修剪

02 修剪完成后，按数字【1】键，切换到点的编辑方式，按【Ctrl+A】组合键，选择所有的点，单击 焊接 按钮，根据默认数值执行点焊接操作即可。

　　布尔与修剪关系：在进行布尔或修剪操作之前，两个对象需要有公共部分；执行完修剪操作后，需要进行点的焊接操作。若两个对象属于包含关系，执行完"附加"操作后，默认为"减集"操作。其他情况的运算都可以使用"修剪"来实现。

3.2.3　挤出　▼

　　通过编辑样条线操作，可以创建符合建模要求的线条。通过对线条添加"挤出"、"车削"和"倒角"等命令，将生成各种各样的模型。

　　将闭合的二维曲线，沿截面的垂直方向进行挤出，生成三维模型。适用于制作具有明显横截面的三维模型。

1. 基本步骤

　　选择已经编辑完成的图形对象，在命令面板"修改"选项中，单击 修改器列表 ▾ 按钮，从弹出的列表中选择"挤出"命令，设置参数，如图 3-57 所示。

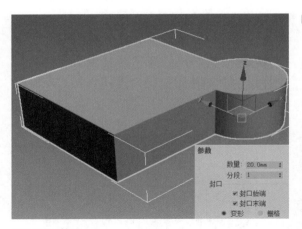

图3-57 挤出

2．参数说明

● 数量：用于设置挤出方向的尺寸数据，影响当前图形挤出的厚度效果。

● 分段：用于设置在挤出方向上的分段数。

● 封口：用于设置挤出模型的上、下两个截面是否进行封闭处理。而"变形"选项用于在制作变形动画时，在运动过程中保持挤出的模型面数不变。"栅格"选项将对边界线进行重新排列，从而以最少的点面数来得到最佳的模型效果。

● 输出：用于设置挤出模型的输出类型。通常保持默认"网格"不变。

3．实战应用：玻璃茶几

01 在前视图中，创建矩形，长度为500mm，宽度为1200mm，如图3-58所示。

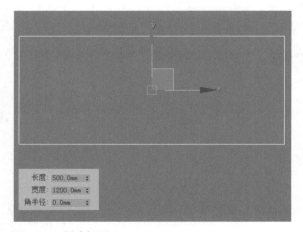

图3-58 创建矩形

02 选择矩形，右击，转换为"可编辑样条线"，按主键盘数字【2】键，切换到"段"的编辑方式，将底边删除，按主键盘数字【1】键，在点的方式下，对上方两个角点进行"圆角"编辑，如图3-59所示。

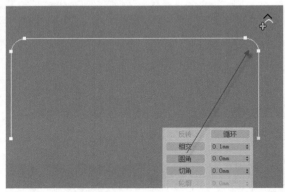

图3-59 圆角

03 右击，退出"圆角"命令，按主键盘数字【3】键，切换到"样条线"方式，选择线条执行"轮廓"操作，设置参数，如图3-60所示。

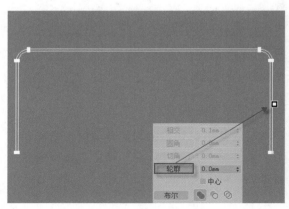

图3-60 轮廓

04 右击，退出"轮廓"命令，按主键盘数字【3】键。退出样条线子编辑。在命令面板"修改"选项中，添加选择"挤出"命令，数量为650mm，如图3-61所示。

05 在顶视图中，参照茶几模型，创建长方体，作为玻璃茶几的中间隔层。调节位置。后续添加材质，设置灯光，渲染出图，得到玻璃茶几模型，如图3-62所示。

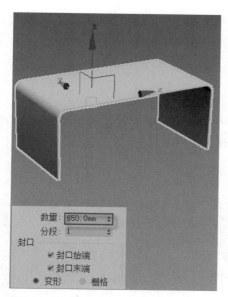

数量：650.0mm
分段：1
封口
　☑ 封口始端
　☑ 封口末端
　● 变形　　● 栅格

图3-61　挤出

图3-62　玻璃茶几

◎ 总结

"挤出"命令，适用于底截面绘制完成后，通过控制模型的高度，得出三维模型。一个模型，只要在合适的视图中创建横截面，即可以通过"挤出"命令来实现。

3.2.4　车削 ▼

将闭合的二维曲线沿指定的轴向，通过旋转生成三维物体的过程，称为车削。车削命令通常用于制作中心对称的造型。

"车削"一词来自于机械加工设备——车床。将毛坯的模型置于车床的两个顶针中间，顶针固定好后，通过电机的旋转，带动毛坯模型转动，旁边的车刀用于控制模型形状。车刀经过的区域将被削掉，剩下的物体生成物体模型。

1．基本操作

在前视图中，创建二维线条，如图 3-63 所示。

在命令面板"修改"选项中添加"车削"命令，设置参数，如图 3-64 所示。

图3-63　创建线条

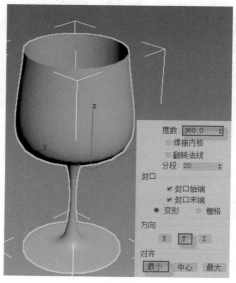

度数：360.0
　■ 焊接内核
　■ 翻转法线
分段：20
封口
　☑ 封口始端
　☑ 封口末端
　● 变形　　● 栅格
方向
　X　Y　Z
对齐
　最小　中心　最大

图3-64　车削

2. 参数说明

● 度数：用于设置车削时曲线旋转的角度数，通常默认为 360 度。

● 焊接内核：在 2009 以前的版本中，通常需要选中该参数。可以去除车削后模型中间的"褶皱"面。

● 翻转法线：选中该参数后，将查看到法线另外一面的效果。

● 方向：用于设置车削时旋转的方向。分为 X 轴、Y 轴和 Z 轴。

● 对齐：用于设置车削时所对应的方向。分为最小、中心、最大三个选项。

3.2.5 倒角 ▼

将选择的二维图形挤出为三维模型，并在边缘应用平或圆的倒角操作。通常用于标志和立体文字制作。

1. 基本操作

首先，在前视图中创建二维文字图形，如图 3-65 所示。

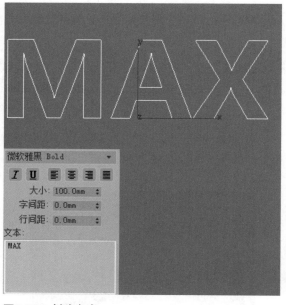

图3-65 创建文字

在命令面板"修改"选项中，添加"倒角"命令。设置参数，如图 3-66 所示。

图3-66 倒角

2. 参数说明

● 封口：用于设置倒角对象是否在模型两端进行封口闭合操作。

● 曲面：用于控制曲面侧面的曲率、平滑度和贴图等参数。

● 避免线相交：用于设置二维图形倒角后，线条之间是否相交。通过"分离"数值，控制分离之间所保持的距离。

● 级别 1、2、3：用于控制倒角效果的层次。高度用于控制倒角时挤出的距离，轮廓用于控制挤出面的缩放效果。

3.2.6 倒角剖面 ▼

倒角剖面命令可以将二维图形在进行倒角的同时，沿指定的剖面线进行。在版本参数中，还可以进行不同方式的倒角制作。

基本操作

在顶视图中，创建二维图形，在前视图中，创建剖面轮廓线条，如图 3-67 所示。

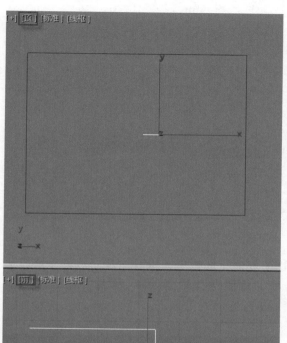

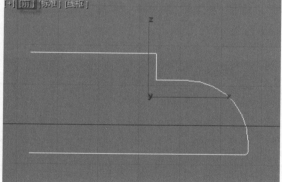

图3-67　创建图形

选择顶视图中的图形，在命令面板"修改"选项中，添加"倒角剖面"命令，将倒角方式切换为"经典"，单击 拾取剖面 按钮，在前视图中，单击选择剖面线条。生成三维模型，如图 3-68 所示。

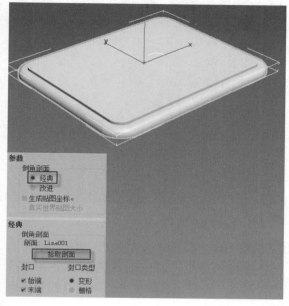

图3-68　倒角剖面

> **技巧说明**
>
> 在使用倒角剖面前创建的线条和倒角剖面图形尺寸一定要成比例，即与实际尺寸相符合，否则，即使使用缩放命令对其进行操作，对最终形成的造型没有影响，在实际使用时，需要注意截图和剖面的选择顺序不能颠倒。

3.3　实战案例

概括本章节所介绍的内容，希望广大读者能够掌握以下操作案例，通过案例的操作和练习，更好的熟悉和掌握当前章节的知识点。

3.3.1　抱枕 ▼

通过对长方体进行自由编辑、松弛和涡轮平滑的操作，实现抱枕模型，抱枕表面的凹凸效果，则可以通过贴图的方式来实现。

01 在顶视图中创建长方体并设置相关参数，如图3-69所示。

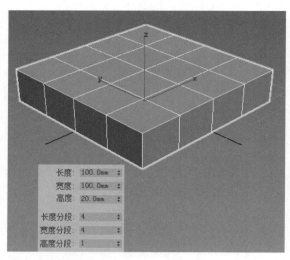

图3-69 创建长方体

02 切换到命令面板修改选项中，添加FFD（长方体）编辑命令，将FFD前面 ▶ 展开，选择"控制点"，在顶视图中，分别框选四个角点并调整点位置，如图3-70所示。

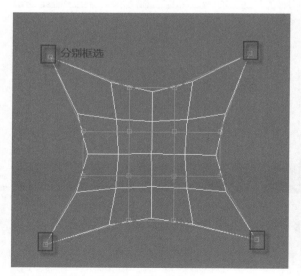

图3-70 调整四个角点位置

03 退出FFD编辑，在修改选项中，添加"松弛"命令，设置参数，如图3-71所示。

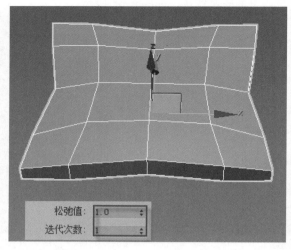

图3-71 松弛

04 在命令面板中，继续添加"涡轮平滑"命令，设置迭代次数为2，完成抱枕造型，如图3-72所示。

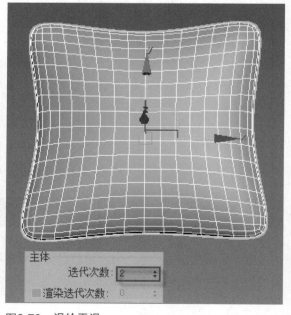

图3-72 涡轮平滑

3.3.2 办公座椅 ▼

通过制作本实例，熟悉"弯曲"和FFD的编辑命令，也可以更好地了解弯曲的参数设置。

01 在顶视图中创建"切角长方体"并设置相关参数，如图3-73所示。

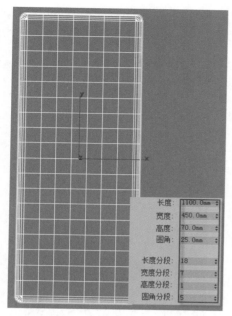

图3-73 倒角长方体

02 在命令面板修改选项中，添加"弯曲"命令，并设置相关参数，完成第一次弯曲，如图3-74所示。

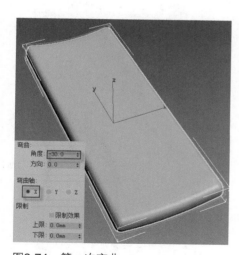

图3-74 第一次弯曲

再次为当前物体添加"弯曲"命令，设置参数，并通过"弯曲"命令的子编辑"中心"，在左视图中调整其位置，如图 3-75 所示。

03 在顶视图中创建圆柱体，半径为15，高度为1700，高度分段为40，边数为15，在命令面板修改选项中，添加"弯曲"命令，设置参数，如图3-76所示。

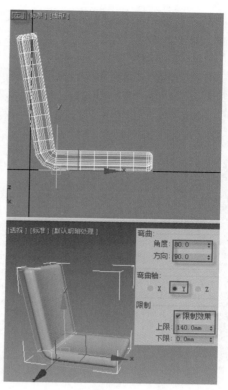

图3-75 再次弯曲

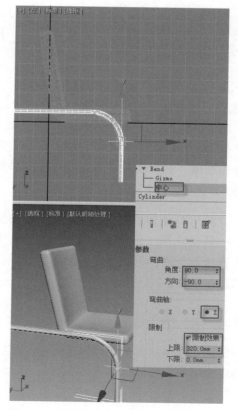

图3-76 设置弯曲参数

再次为当前圆柱添加"弯曲"命令，并设置参数，如图3-77所示。

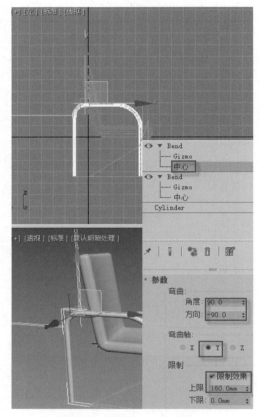

图3-77 再次弯曲

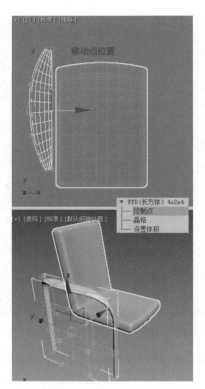

图3-78 调节扶手形状

04 选择已经弯曲后的椅腿造型，在命令面板修改选项中，添加"FFD（长方体）"命令，设置点数为4 2 4，单击FFD前按钮，将其展开，选择控制点，在视图中调节点的位置，形成扶手部分，如图3-78所示。

退出 FFD 编辑后，通过"镜像"复制生成另外一侧的扶手，也可以使用"FFD"编辑命令对座椅部分进行形状调整，最后生成办公座椅造型，如图 3-79 所示。

图3-79 办公座椅

3.3.3 推拉窗 ▼

使用 3ds Max 软件制作效果图时，通常会先在 AutoCAD 软件中绘制建筑物模型的平面图，再根据客户需要，将 CAD 绘制的文件导入 3ds Max 软件中，做进一步的编辑操作。

在制作效果图所需要的推拉窗时，也可以采用 CAD 绘制线条，转入 3ds Max 软件中进行线条编辑的操作。

1. CAD软件绘制

在 AutoCAD 软件中，绘制所需要的图形线条，将文件存储为"*.dwg"格式，如图 3-80 所示。

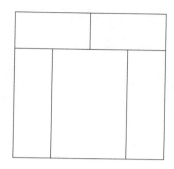

图3-80　CAD图形

2. 3ds Max软件制作

01 执行【自定义】菜单/【单位设置】命令，将系统单位和显示单位都设置成"毫米"。

02 执行【文件】菜单/【导入】/【导入】命令，选择"*.dwg"格式，弹出导入选项界面，选中"焊接到附近顶点"选项，其他保持默认，如图3-81所示。

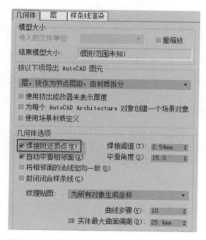

图3-81　导入选项

03 选择导入的线条，按数字【3】键，进入"样条线"编辑，选择外边框线条，单击"轮廓"按钮，在后面文本框中输入50并按【Enter】键，如图3-82所示。

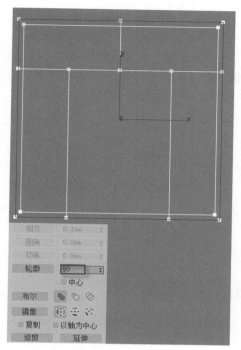

图3-82　轮廓

04 选中中间的其他线条，选中 ☑ 中心 选项，在轮廓按钮后面的文本框中，输入50并按【Enter】键。得到推拉窗口线条，如图3-83所示。

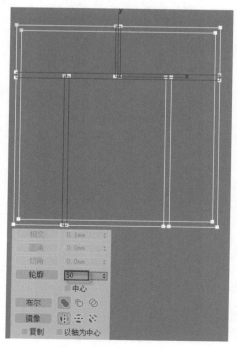

图3-83　轮廓中间线条

05 右击，退出"轮廓"编辑命令，按数字【3】键，退出样条线子编辑。在修改器列表中，添加"挤出"命令。生成三维模型。在左视图中将其旋转。至此推拉窗效果完成，如图3-84所示。

图3-84 推拉窗

3.3.4 吊扇 ▼

根据本章所学习的车削和前面的组合方式，制作常见吊扇造型。

1. 创建风扇叶片

01 在顶视图中创建两个矩形，调节位置，右击，转换到可编辑样条线，进行线条编辑。得到风扇叶片形状，如图3-85所示。

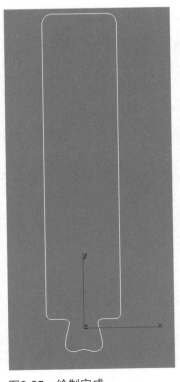

图3-85 绘制完成

02 选择线条，在命令面板"修改"选项中，添加"挤出"命令，生成三维模型。在修改选项中，添加"扭曲"命令。对物体进行扭曲操作，如图3-86所示。

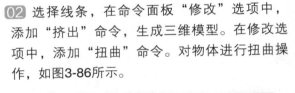

图3-86 扭曲

03 在命令面板中，切换到"层次"选项，单击 仅影响轴 按钮，在顶视图中移动轴心位置，完成后再次单击 仅影响轴 按钮，退出编辑，如图3-87所示。

04 执行【工具】菜单/【阵列】命令，对选择的对象，进行旋转阵列复制。得到三个风扇叶片，如图3-88所示。

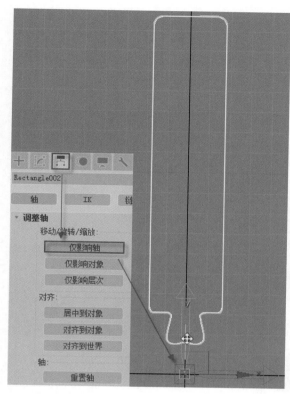

图3-87　更改轴心

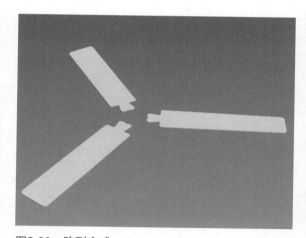

图3-88　阵列完成

2.　创建中间造型

01　在前视图中，利用"线"命令，绘制中间电机模型的剖面线条，调节形状，如图3-89所示。

02　将线条进行"轮廓"化操作，添加"车削"命令，调节参数，生成中间电机造型，如图3-90所示。

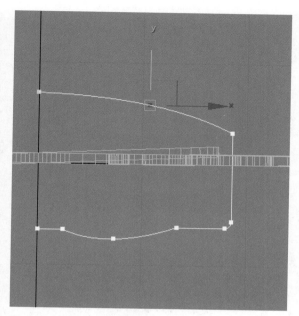

图3-89　调节点的形状

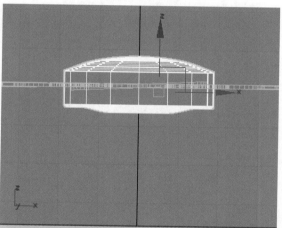

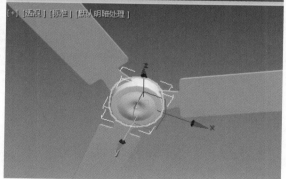

图3-90　车削造型

03　在前视图中，参照中间电机造型，绘制线条。制作风扇塑料扣板造型，如图3-91所示。

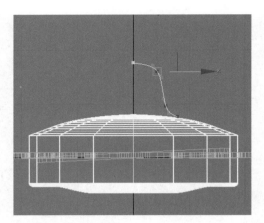

图3-91　参照绘制

04 将线条执行"轮廓"操作后，添加"车削"命令。生成扣板造型，如图3-92所示。

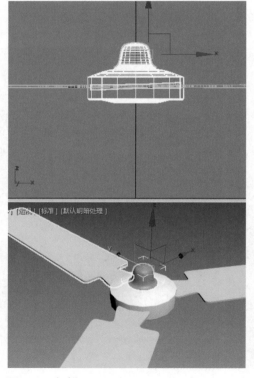

图3-92　扣板

05 在命令面板"修改"选项中，将"车削"前的 ▶ 展开，选择"轴"，在前视图中，移动轴心位置，生成扣板中间的洞口，如图3-93所示。

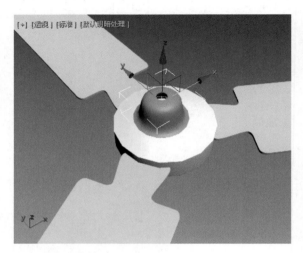

图3-93　更改轴

06 通过"对齐"工具，调节风扇叶片、中间电机和扣板的位置，在顶视图中创建圆柱，作为中间连接杆，再将扣板模型进行镜像复制。生成风扇模型，如图3-94所示。

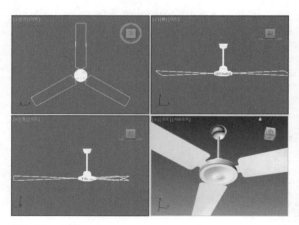

图3-94　风扇

3.3.5　八边形展示架 ▼

根据二维图形的特点和挤出命令的应用，制作八边形展示架造型。

1.　创建造型

01 在前视图中，创建八边形图形，设置参数，如图3-95所示。

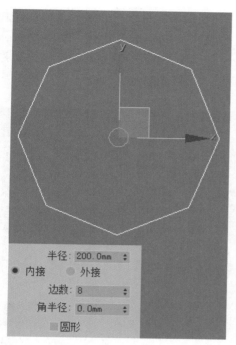

图3-95　创建八边形

02 按【F12】键，在弹出的界面中，通过Z轴对其旋转22.5度，保持八边形上下两条边水平，右击，转换为"可编辑样条线"操作，按数字【3】键，执行"轮廓"操作，设置参数，如图3-96所示。

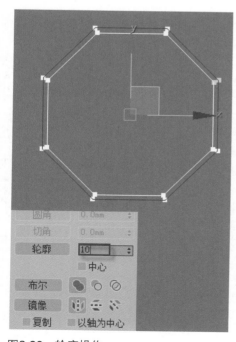

图3-96　轮廓操作

03 退出"样条线"子编辑，执行"挤出"命令，设置参数，如图3-97所示。

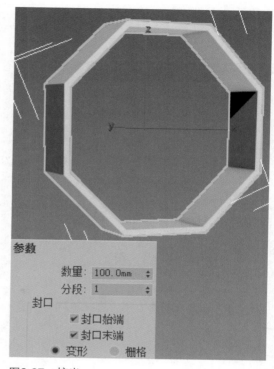

图3-97　挤出

2.　复制其他造型

01 在前视图中，按【S】键开启"2.5"端点捕捉，按【Shift】键的同时移动，进行复制操作，如图3-98所示。

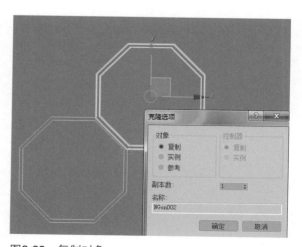

图3-98　复制对象

采取同样的操作方式，复制出整个八边形展示架的主体造型，如图3-99所示。

02 在前视图中，采取与八边形类似的操作方法，创建中间的矩形并执行"轮廓"操作和"挤出"操作，复制中间区域，生成八边形展架造型，如图3-100所示。

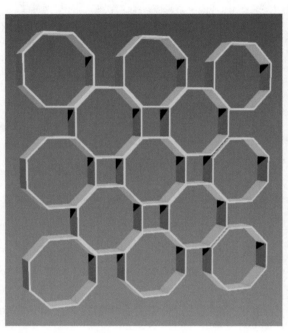

图3-99　复制造型

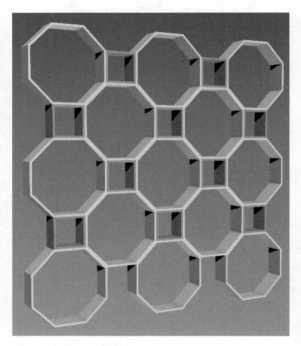

图3-100　八边形展架

第 **4** 章

高级建模

本章要点：

① 复合对象

② 可编辑多边形

③ 实战案例

在使用3ds Max软件进行建模时，除了标准基本体、扩展基本体之外，还有复合对象建模、可编辑多边形建模和石墨建模等方式。其建模思路与基础建模的思路不同，可以通过整体到局部的方式进行调整，最后生成整个模型。

4.1 复合对象

复合对象属于一种特殊的建模方式，可以将两个对象通过复合的方式，生成需要的造型。常见的复合对象包括布尔运算、ProBoolean（超级布尔）、图形合并、放样等。

4.1.1 布尔运算 ▼

布尔运算是通过两个具有公共部分的三维物体进行并集运算、交集运算、差集运算或切割运算等运算方式。布尔运算由于操作完成以后，容易在物体的表面产生多余的褶皱面，因此使用较少。

1. 基本操作

首先，在场景中创建几体对象，调节两个物体的位置关系，如图 4-1 所示。

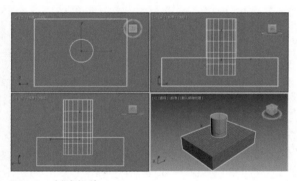

图4-1 创建物体

其次，选择底部的长方体对象，在命令面板"新建"选项中，从下拉列表选择"复合对象"类别，单击 布尔 按钮，在操作参数中选择 差集 方式，单击"添加操作对象"按钮，在视图中单击选择圆柱体对象，生成布尔运算结果，如图 4-2 所示。

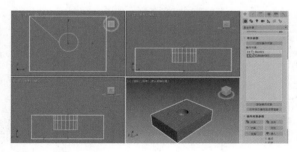

图4-2 拾取对象

2. 参数说明

在进行布尔运算时，通过参数可以设置运算方式和结果，如图 4-3 所示。

图4-3 布尔运算

● 参考、复制、移动和实例：用于指定将"操作对象 B"转换为布尔对象的方式。使用"参考"时，可以使对原始对象所做的更改与"操作对象 B"同步。

● 并集：将两个对象进行并集运算，移除两个几何体的相交部分或重叠部分。

● 交集：将两个对象进行交集运算，运算后将保留两个几何体相交部分或重叠部分，与"并集"操作相反。

● 差集（A – B）：从"操作对象 A"中减去相交的"操作对象 B"的体积。

● 差集（B – A）：从"操作对象 B"中减去相交的"操作对象 A"的体积。

● 切割：使用"操作对象 B"切割"操作对象 A"。默认方式为"优化"，即在"操作对象 A"的 AB 物体相交处，添加新的顶点和边。

4.1.2 ProBoolean（超级布尔） ▼

ProBloolean（超级布尔）是一种全新的布尔运算方式，具有面数少、操作方便和运算速度快的优点，是普通布尔运算的更高级的应用。其操作方式与普通布尔类似。

1. 基本操作

在场景中创建两个具有公共部分的物体，并调整其位置，选择运算原对象，在命令面板新建选项中，从下拉列表中选择"复合对象"，单击"ProBoolean"按钮设置运算方式，单击"开始拾取"按钮，在场景中，依次单击与其运算的另外物体，如图 4-4 所示。

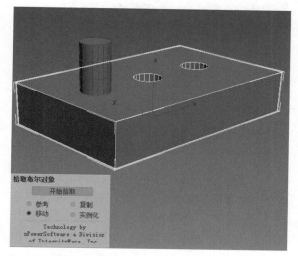

ProBoolean（超级布尔）优势：

（1）网格质量更好：小边较少，并且窄三角形也较少。

（2）网格较小：顶点和面较少。

（3）使用更容易更快捷：每个布尔运算都有无限的对象。

（4）网格看上去更清晰：共面边仍然隐藏。

图4-4　ProBoolean运算

4.1.3 布尔应用 ▼

布尔运算对于产生褶皱面不多的规则计算使用相对灵活，方便生成常见的画框效果，如图 4-5 所示。

图4-5　画框

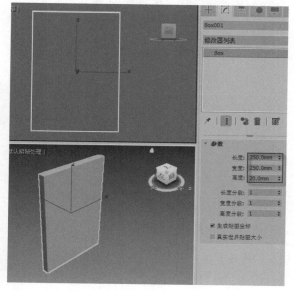

图4-6　创建长方体

01 在命令面板"新建"选项中，选择"长方体"按钮，在前视图中单击并拖动，创建长方体对象，设置参数，如图4-6所示。

02 用同样的方法，在前视图创建中间的长方体造型，设置参数并调节位置，如图4-7所示。

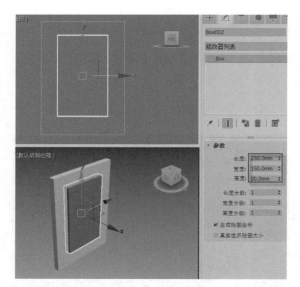

图4-7 中间造型

03 选择底部的紫色长方体，在命令面板"新建"选项中，从下拉列表中选择"复合对象"，单击"布尔"按钮，设置运算方式，单击"添加操作对象"按钮，单击中间的红色长方体，进行布尔运算，如图4-8所示。

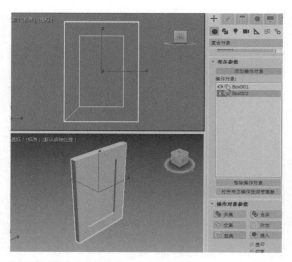

图4-8 布尔运算

04 按【S】键，开启"三维"对象捕捉，设置捕捉方式为"端点"选项，如图4-9所示。

05 在命令面板新建选项中，利用"矩形"工具捕捉中间区域绘制图形，转换到可编辑样条线中，按数字【3】键，执行"轮廓"操作，添加"挤出"命令，调节位置，如图4-10所示。

图4-9 捕捉设置

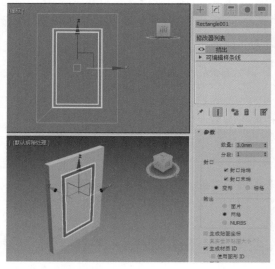

图4-10 中间造型

06 采用同样的方法，利用"矩形"工具在前视图中捕捉中间的区域，添加"挤出"命令，生成中间的图像区域，装饰画制作完成，如图4-11所示。

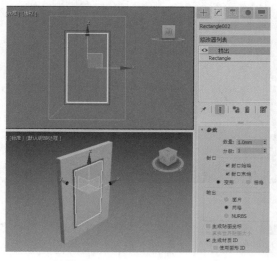

图4-11 装饰画

4.1.4 图形合并 ▼

在 3ds Max 软件中，图形合并的功能是将二维图形和三维物体进行合并运算。二维图形的正面投影需要在三维物体的表面上，如图4-12所示。

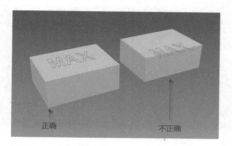

图4-12 图形合并

1. 基本步骤

首先，在视图中创建三维物体和二维图形对象，调节图形和模型的位置，如图4-13所示。

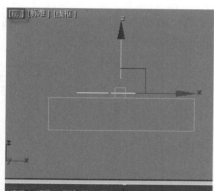

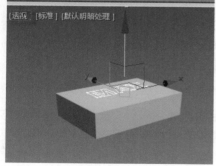

图4-13 创建图形和模型

其次，选择三维长方体，在命令面板"新建"选项中，单击"标准基本体"后面的▼按钮，从中选择"复合对象"，单击 图形合并 按钮，单击参数中 拾取图形 按钮，在参数中设置运算方式，在视图中单击选择要进行运算的二维线条，如图 4-14 所示。

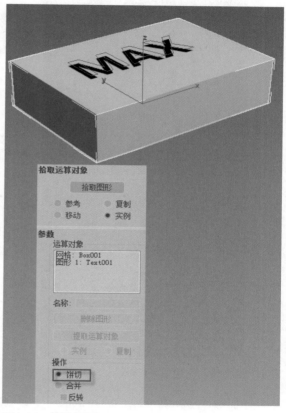

图4-14 拾取图形

2. 参数说明

参考、复制、移动和实例：用于指定操作图形的运算的方式。与"布尔运算"类似，在此不再赘述。

4.1.5 放样 ▼

放样的工艺起源于古希腊的造船技术。造船时以龙骨为船体中心路径，在路径的不同位置处放入横向木板，作为截面对象，从而产生船体造型。3ds max 软件中的"放样"是将二维的截面沿某一路径进行连续的排列，生成三维物体造型。

1. 放样操作

通过放样操作，可以制作很多闭合的曲面造型，如门窗套、石膏线等。

基本操作

在不同的视图中，分别创建放样所需要的截面和路径，如图 4-15 所示。

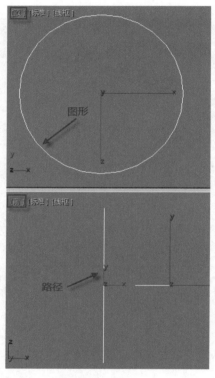

图4-15　创建截面和路径

在前视图中，选择放样路径，在命令面板"新建"选项中，从标准几何体下拉列表中选择"复合对象"，单击　放样　按钮，在创建方法中，单击参数中的　获取图形　按钮，在顶视图中，单击拾取放样的截面，生成三维造型，如图 4-16 所示。

参数说明

● 创建方法：用于设置创建方法是"获取路径"还是"获取图形"。在进行放样时，若选择的对象作为截面，则在创建方法中单击选择"获取路径"按钮。若选择的对象作为路径，则在创建方法中单击选择"获取图形"按钮。

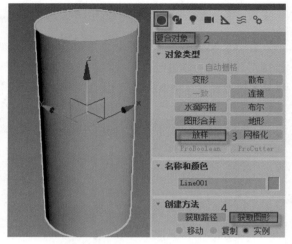

图4-16　放样物体

● 路径参数：用于控制路径不同位置处对截面的拾取操作。可以用于进行多个截面的放样操作。后面有所讲解，这里不再赘述。

● 蒙皮参数：设置生成三维模型的表面参数。

● 封口：设置生成模型后，上、下两个端口的设置。根据需要设置是否封口。

● 图形、路径步数：用于设置放样生成的模型的圆滑度，可以分别从图形步数和路径步数来单独设置。

2. 放样分析

什么样的模型适合通过放样来制作

对于复合对象中的放样操作来讲，需要截面即图形和路径进行复合建模。那么，哪一类模型适合用放样来做呢？

首先，适合通过放样制作的模型是由截面和路径构成的，即一个模型能否使用放样来生成，需要看该模型在观看时能否看出截面和路径的形状。如上面演示放样步骤时，所生成的圆柱体。从顶部可以看出圆的截面，从前视图或左视图中，可以看出垂直的线路径。模型能发现截面和路径，这是进行放样的前提条件。如果仅仅需要圆柱体时，那么就没必要通过放样来实现。以制作圆柱体作为案例，主要是介绍放样的过程。

其次，截面和路径需要在不同的视图中进行绘制。因为三维的模型从不同的视图中进行查看，会有不同的观看结果。在合适的视图中，绘制截面和路径，是进行放样操作的关键条件。

放样中图形的方向选择

在进行放样操作时，对于通过闭合路径放样的图形，在观察视图中应该选择哪个方向呢？如室内装饰中的"石膏线"造型，如图 4-17 所示。

图4-17　石膏线

石膏线模型在制作时，在顶视图中创建路径，因为是个闭合的造型，所以放样中的图形，可以在前视图或左视图中创建。但是，在创建图形时有两个方向。选择左侧还是右侧呢？如图 4-18 所示。

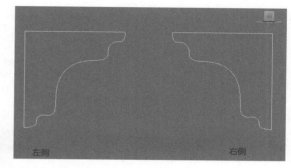

图4-18　截面方向

事实证明，选择左侧的截面进行放样时，生成的是室内装饰的石膏线造型。选择右侧的截图进行放样时，生成类似于外檐口的造型。

放样操作时，先选择截面和先选择路径的区别

在进行放样操作时，截面和路径的选择前后，对于生成的模型没有任何影响，只是生成后的三维模型位置不同。若在进行放样前，路径的位置已经调节完成，先选择路径，再拾取截面进行放样操作比较方便。

4.1.6　放样中截面对齐 ▼

截面和路径进行放样操作后，其默认的对齐方式，很难满足实际的建模需求。通常需要手动进行调节。

基本操作

选择放样生成的模型，在命令面板中，切换到"修改"选项，将"Loft"前的"▶"展开，单击选择"图形"，则下面的参数会发生变化。鼠标在模型路径上移动，出现变形提示时，单击选择图形，如图 4-19 所示。

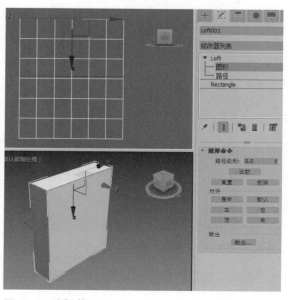

图4-19　选择截面

在"图形命令"参数中，设置对齐方式，得到合适的对齐方式，如图4-20所示。

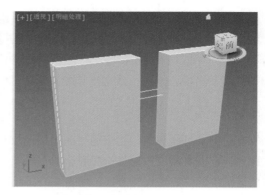

图4-20　左对齐和右对齐

4.1.7　多个截面放样　▼

在使用截面和路径进行放样操作时，除了常规的单截面放样之外，还可以在同一个路径上的不同的位置添加多个不同的截面，生成复杂造型。

基本步骤

首先，在顶视图中创建两个截面图形，在前视图中创建放样路径对象，如图4-21所示。

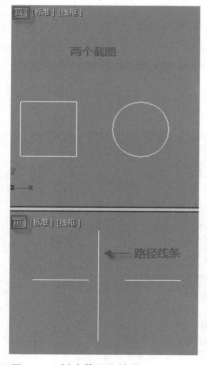

图4-21　创建截面和路径

其次，选择前视图中的路径，执行"放样"操作，单击"获取图形"按钮，在顶视图单击选择矩形，生成三维模型，如图4-22所示。

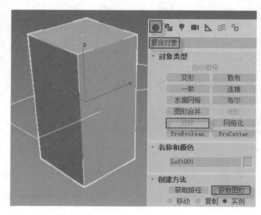

图4-22　放样

在"路径参数"中，在"路径"后面的文本框中输入百分比数值并按【Enter】键，再次单击"获取图形"按钮，在顶视图中单击选择圆图形，如图4-23所示。

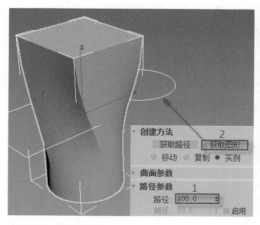

图4-23　获取图形

多个截面在同一个路径上放样生成的三维模型，有明显扭曲的迹象。需要通过"比较"进行扭曲的校正。

最后，选择放样生成的模型，在命令面板中，将"Loft"前的"▶"展开，选择"图形"，单击参数中的 比较 按钮，弹出比较对话框。单击弹出对话框左上角 按钮。在路径上移动鼠标，如图 4-24 所示。

在路径上移动鼠标，出现"+"提示时，单击选择图形。单击主工具栏中的 按钮，在前视图中，选择截面，进行旋转。直到截面的接点与中心对齐标记处于同一条线，同时，观察透视图中，模型的扭曲情况，如图 4-25 所示。

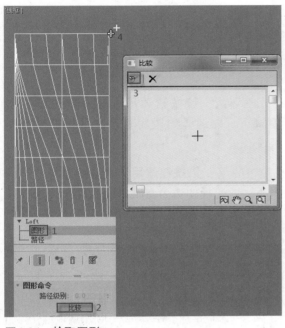

图4-24　拾取图形

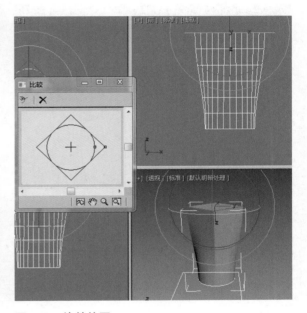

图4-25　旋转校正

4.2　可编辑多边形

多边形对象也是一种网格对象，它在功能上几乎与"可编辑网格"是一致的。不同的是，"可编辑网格"是由三角面构成的框架结构，而"编辑多边形"是以四边的面为编辑对象的。可以理解为"可编辑多边形"是"可编辑网格"的升级版。在新版本中，可以直接与"石墨工具"互通，石墨工具是编辑多边形的升级版。

可编辑多边形命令，根据三维物体的分段数，进行点、边、边界、多边形和元素这五种方式的子编辑。对应的快捷键依次为【1】、【2】、【3】、【4】、【5】，子编辑完成后，按对应的子编辑方式【1】、【2】、【3】、【4】、【5】或数字【6】键都可以退出子编辑。

4.2.1　选择参数　▼

选择参数是进行子对象编辑的切换方式，只有正常选择了相关的子编辑方式和内容，才可以进行可编辑多边形的操作。

1. 转换到可编辑多边形

在场景中创建物体，选择该对象后，右击，从弹出的屏幕菜单中，选择【转换为】/【转换为可编辑多边形】命令。

在命令面板"修改"选项中，可以对物体进行编辑。根据需要进行点、边、边界、多边形和元素这五种方式的子编辑，如图 4-26 所示。

图4-27 选择选项

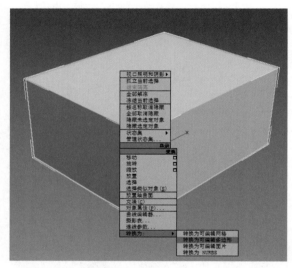

图4-26 转换到可编辑多边形

2. 选择参数

选择选项的常用参数，如图 4-27 所示。

● 忽略背面：选中该选项后，选择的子对象区域仅为当前方向可以看到的部分。当前视图看不到的区域不进行选择。根据实际情况，在选择对象区域之前选择该参数。

● 收缩：在已经建立的选择区域的前提下，减少选择区域。每单击一次该按钮，选区收缩一次。

● 扩大：在已经建立的选择区域前提下，增加选择区域。与"收缩"操作相反。

● 环形：该按钮适用于在边或边界的子编辑下，以选择的边为基准，平行扩展选择区域。

● 循环：该按钮适用于在边或边界的子编辑下，以选择的边为基准，向两端延伸选择区域，如图 4-28 所示。

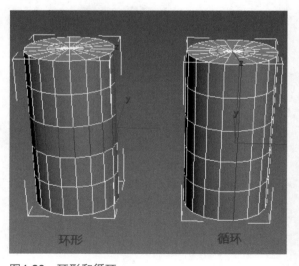

图4-28 环形和循环

4.2.2 编辑顶点 ▼

在三维物体模型中，顶点为分段线与分段线的交点。编辑顶点是编辑几何体中最基础的子编辑方式。同时，通过点来影响物体的形状，比其他方式的影响形状更为直观。

1. 常用编辑命令

具体的顶点参数，如图 4-29 所示。

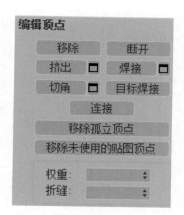

图4-29 编辑顶点

● 移除：用于删除不影响物体形状的点。若该点为物体的边线端点，则不能进行移除操作。

● 挤出：在点的方式下，执行挤出操作。单击□按钮，可以在弹出的界面中，设置挤出的高度和挤出基面宽度等参数。

● 焊接：将已经"附加"的两个对象，通过点编辑进行"焊接"操作。与"断开"操作相反。

● 切角：在点的方式下，进行切角操作，可以设置切角数量以及切角完成后是否需要执行打开面操作。

● 目标焊接：将在同一条边上的两个点进行自动焊接。若两个点不在同一条边线时，不能进行目标焊接。

2. 实例应用：斧头

01 在顶视图中，创建长方体对象，设置长方体相关的尺寸参数和分段数，如图4-30所示。

02 将透视图改为当前操作视图，按【F4】键，右击，在弹出的屏幕菜单中选择【转换为】/【可编辑多边形】命令。按数字【1】键，进入点的子编辑。在前视图中调节点的位置，如图4-31所示。

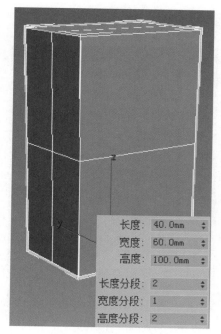

图4-30 创建长方体

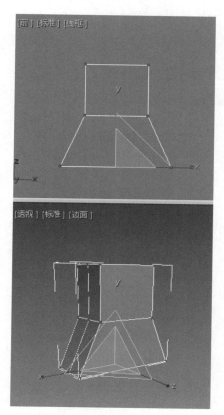

图4-31 调节点的位置

03 在透视图中，按【Alt+W】组合键，将透视图执行最大化显示操作，单击"目标焊接"按钮，将点进行焊接，如图4-32所示。

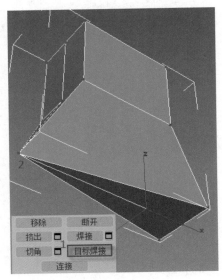

图4-32　目标焊接

04 用同样的方法，将另外的几个角点进行焊接。生成斧头的最后模型，如图4-33所示。

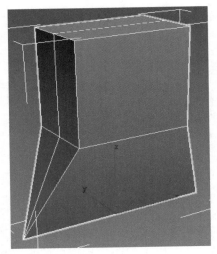

图4-33　斧头

4.2.3　编辑边　▼

在对两个顶点之间的分段线进行编辑的方式为边编辑。

1.　常用编辑命令。

编辑边参数如图 4-34 所示。

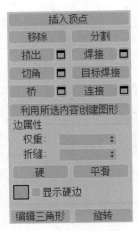

图4-34　编辑边参数

●连接：用于在选择的两个边上，等分添加段数线。适用于单面空间建模。

单击 连接 按钮，保持与上一次相同参数的连接。单击连接后的■按钮，在当前选择的边线处弹出对话框，如图 4-35 所示。

图4-35　连接边

●分段：用于设置连接的段数线。

●收缩：用于控制连接后的段数线，向内或向外的收缩。

●滑块：设置连接的段线靠近哪一端。默认为等分连接。

●利用所选内容创建图形：在边的方式下，将选择的边生成二维样条线。显示效果类似于"晶格"命令。

●切角：在选择边的基础上，进行切角操作。通过参数，可以生成圆滑的边角效果，如图 4-36 所示。

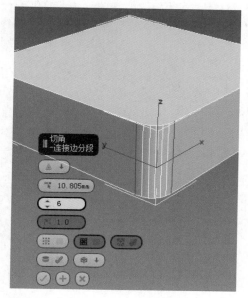

图4-36　切角

●切角类型：从 2014 版本开始，切角类型分为两种，一种是标准切角，与之前的切角样式和方法一致；另外一种是四边切角，对于四边形的造型来讲，制作切角更加自由和方便。

●切角量：用于设置切角时的尺寸距离。

●分段：用于设置切角后的边线分段数。值越大，切角后的效果越圆滑。

●分开：选中该选项，切角完成后，将生成的圆角表面删除。方便进行"边界"编辑。

●切角平滑：默认对选中的边线进行，可以从后面的列表中选择对整个图形进行平滑处理。

2．实例应用：防盗窗

01 在前视图中，创建长方体对象并设置参数，如图4-37所示。

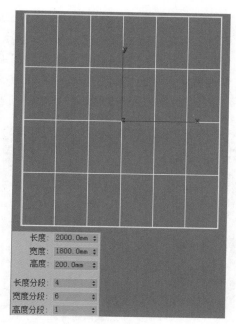

图4-37　长方体参数

02 将当前操作视图切换为左视图，选择长方体对象，右击，在弹出的屏幕菜单中选择【转换为】/【转换为可编辑多边形】操作，按数字【1】键，选择右上角的点并移动其位置，如图4-38所示。

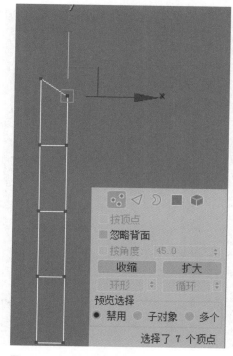

图4-38　调节点的位置

03 将当前操作视图切换为透视图，按【F4】键，切换显示方式。按数字【2】键，切换到边的编辑方式，选中"忽略背面"选项，在编辑几何体选项中，单击"切割"命令，在透视图中手动连接边线，如图4-39所示。

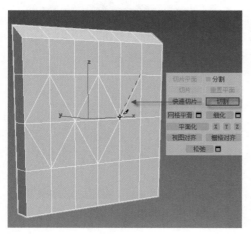

图4-39 切割

04 按数字【4】键，切换到多边形方式下，在透视图中旋转观察角度，按【Q】键，选择防盗窗后面的面，按【Del】键将其删除，如图4-40所示。

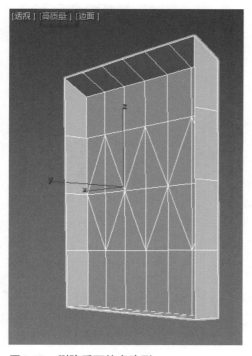

图4-40 删除后面的多边形

05 按数字【2】键，切换到边的编辑方式，按【Ctrl+A】组合键，全部选择边线。单击"利用所选内容创建图形"按钮，生成二维线条，如图4-41所示。

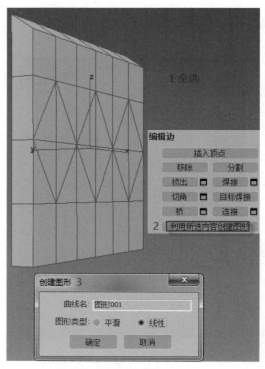

图4-41 利用所选内容创建图形

06 退出可编辑多边形命令后，选择刚刚生成的二维图形，设置其可渲染的属性。生成防盗窗造型，如图4-42所示。

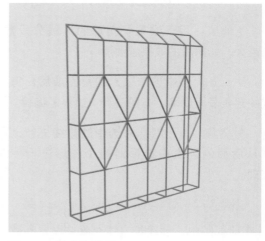

图4-42 防盗窗效果

4.2.4　编辑边界 ▼

边界的编辑方式与边的方式类似，但要求能够被识别的边界需要是连续的边线，生成封口。

边界方式

边界方式如图 4-43 所示。

封口：以选择的边界为基础，快速闭合多边形，通常用于修复模型的漏洞或破面区域，如图 4-44 所示。

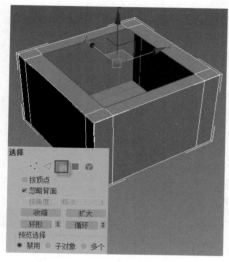

图4-43　边界

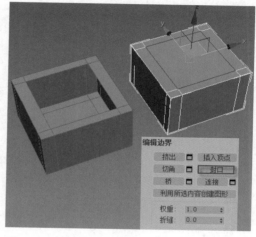

图4-44　封口前后对照

4.2.5　编辑多边形 ▼

编辑多边形命令中，对于多边形子编辑使用频率较高。有很多编辑命令是针对多边形子编辑方式进行的。

1. 挤出

对选择的多边形沿表面挤出，生成新的造型。同时选择多个且连续的多边形时，挤出的类型会有所不同。若选择单个面或不连续面时，挤出类型没有区别，如图 4-45 所示。

●挤出类型：用于设置选择表面在挤出时方向的不同。类型为"组"时，挤出的方向与原物体保持一致；类型为"局部法线"时，挤出的方向与选择的面保持一致；类型为"按多边形"时，挤出的方向与各自的表面保持一致。

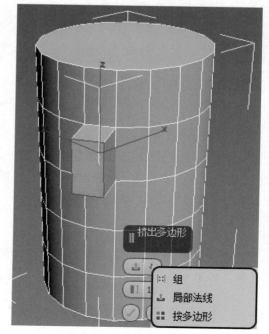

图4-45　挤出

2. 倒角

对选择的多边形进行倒角操作。类似于"挤出"和"锥化"的结合。在"挤出"的同时，通过"轮廓量"控制表面的缩放效果，如图 4-46所示。

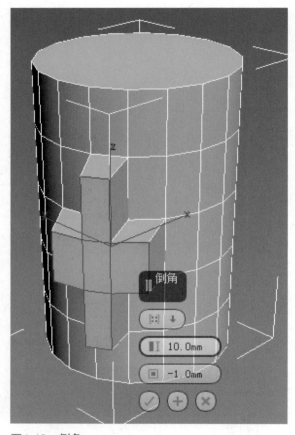

图4-46　倒角

3. 桥

用于将选择的两个多边形进行桥连接。可以桥连接的两个面延伸后，需要在同一个面上。单击"桥"后面的□按钮，会弹出桥连接的对话框，根据需要进行设置，如图 4-47 所示。

4. 插入

在多边形的方式下，向内缩放并生成新的多边形，如图 4-48 所示。

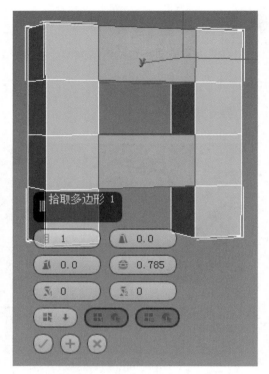

图4-47　桥

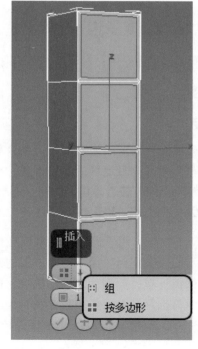

图4-48　插入

4.2.6 编辑元素 ▼

编辑多边形命令中的元素方式，适用于对整个模型进行编辑。单独的命令应用较少。最常用的方式为该编辑方式下对选中的模型进行"翻转法线"显示。与在"修改器列表"中添加"法线"命令类似。更改观察视点后，方便进行室内单面空间建模。

基本操作

在透视图中，选择要编辑的对象，右击，在弹出的屏幕菜单中选择【转换为】/【转换为可编辑多边形】操作，按数字【5】键，再次单击物体，右击，在弹出的屏幕菜单中，选择"翻转法线"命令，如图 4-49 所示。

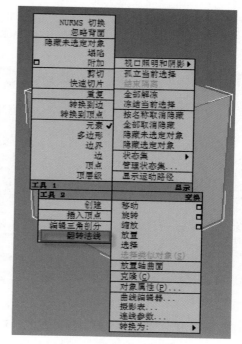

图4-49　翻转法线

4.3　实战案例

在完成本章高级建模知识点的学习以后，可以进行以下案例练习，争取达到举一反三的目的。

4.3.1 罗马柱 ▼

罗马柱通常由柱和檐构成。柱可分为柱础、柱身、柱头（柱帽）三部分。由于各部分尺寸、比例、形状的不同，加上柱身处理和装饰花纹各异，形成各不相同的柱子样式，如图 4-50 所示。

图4-50　罗马柱

01 在顶视图中创建矩形，长度和宽度均为70mm，创建星形，半径1为35mm，半径2为31mm，点30，圆角半径1为2mm，圆角半径2为1mm，如图4-51所示。

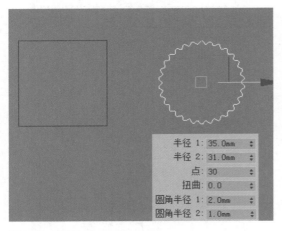

图4-51　星形

02 在前视图中，创建长为300mm的直线，选择直线，在命令面板新建选项的下拉列表中，选择复合对象，单击"放样"按钮，单击"获取图形"按钮，在顶视图中，单击选择矩形。生成造型，如图4-52所示。

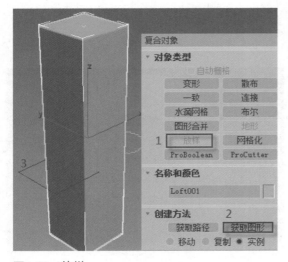

图4-52　放样

03 在"路径参数"中，路径后文本框中输入10并按【Enter】键，再次单击 获取图形 按钮，在顶视图中，再次单击选择矩形图形，如图4-53所示。

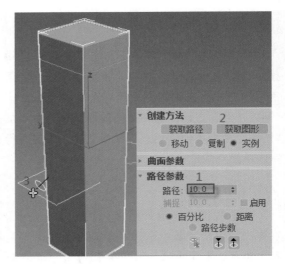

图4-53　拾取图形

04 在"路径参数"中，在路径后的文本框中输入12并按【Enter】键，再次单击 获取图形 按钮，在顶视图中单击选择星形，如图4-54所示。

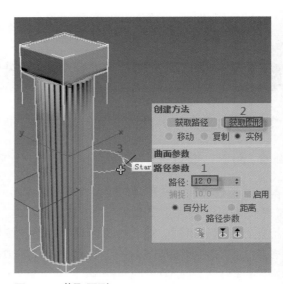

图4-54　获取图形

05 采用同样的方法，分别在路径的88位置获取星形，在90的位置获取矩形。得到最后罗马柱造型，如图4-55所示。

06 选择生成的罗马柱造型，参照前面介绍的"多截面放样"内容，使用"比较"操作对扭曲进行校正，得到正确造型，在顶视图中，创建矩形70mm×70mm，并添加"挤出"和"弯曲"操作，设置参数，如图4-56所示。

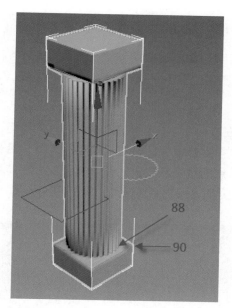

图4-55 罗马柱

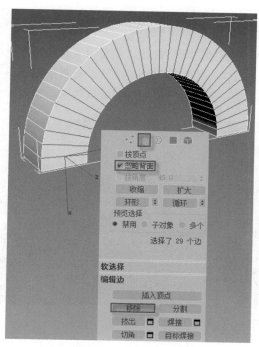

图4-57 线条移除

08 按数字【4】键，切换到多边形方式，选择中间区域，分别执行"插入"和"挤出"操作，生成顶部造型，如图4-58所示。

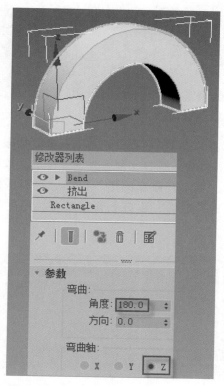

图4-56 顶部造型

07 选择顶部造型，右击，选择【转换为】/【转换为可编辑多边形】操作，按【F4】键，显示网格，按数字【2】键，选中"忽略背面"选项，将中间线选中，右击，选择"移除"，如图4-57所示。

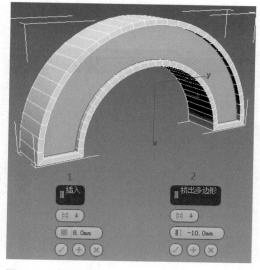

图4-58 中间造型

09 将基础罗马柱对象执行复制操作，按【S】键启用对象捕捉，设置捕捉方式为"端点"，在前视图中通过"选择并移动"工具调节位置，生成罗马柱造型。

4.3.2 石膏线 ▼

石膏线又称顶角线，是室内装修常用的材料，主要用于室内顶棚的装饰。石膏线可配带各种花纹，其内部可以穿过细的水管。石膏线造型美观、价格低廉，具有防火、防潮、保温、隔音、隔热等功能，并能起到较好的的装饰效果，如图4-59所示。

图4-59　石膏线

在室内装修建模时，可以通过"放样"或"倒角剖面"的方式来创建，本案例给大家介绍使用"放样"的方法创建石膏线。

01 在顶视图中，创建长方体。长宽高分别为6000mm、4800mm和2900mm。在命令面板"修改"选项中，添加"法线"命令，切换到"显示"选项，选中"背面消隐"，如图4-60所示。

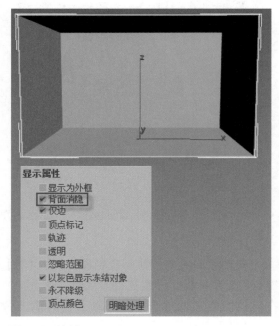

图4-60　法线

02 在顶视图中，按【S】键开启对象捕捉，在对象捕捉选项中，设置"端点"选项，沿长方体端点创建矩形对象，并调节位置。在前视图中创建石膏线的截面图形，如图4-61所示。

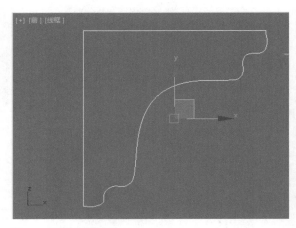

图4-61　创建截面

03 选择顶视图中的路径对象，在命令面板"新建"选项中，选择"复合对象"中的"放样"命令，单击"获取图形"按钮，在前视图中单击选择截面，生成石膏线造型，如图4-62所示。

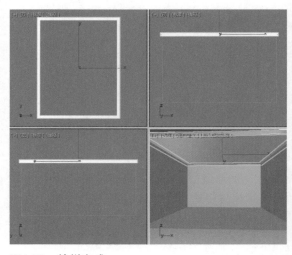

图4-62　放样完成

04 选择放样生成的模型，在命令面板中，切换到"修改"选项，将"Loft"前的"▶"展开，单击选择"图形"，在路径上移动鼠标，出现鼠标变形提示时，单击选择。参数中设置截面的对齐方式，得到正确的石膏线造型，如图4-63所示。

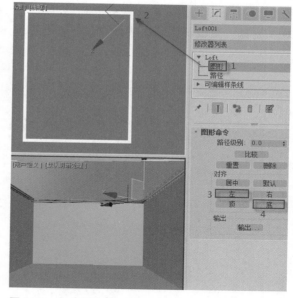

图4-63　正确石膏线

4.3.4　羽毛球拍　▼

利用多个截面在路径上的放样，实现羽毛球拍造型。

01 在顶视图中创建圆图形，半径为70mm，转换到可编辑样条线命令，调节其形状作为路径。在前视图中，创建矩形，长度为12mm，宽度为10mm，圆角半径为2mm。转换到可编辑样条线，调节其形状，如图4-64所示。

02 选择顶视图中的圆作为放样路径，在命令面板新建选项中，从列表中选择"复合对象"，单击"放样"按钮，单击"获取图形"按钮，在前视图中选择图形，生成羽毛球拍框架模型。在"蒙皮参数"选项中更改路径步数为30，如图4-65所示。

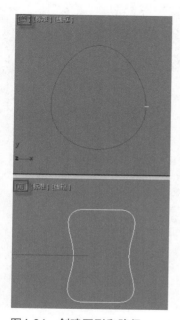

图4-64　创建图形和路径

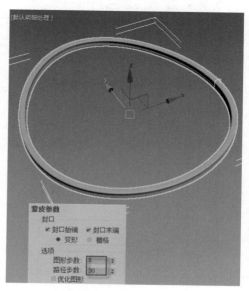

图4-65　球拍框架

03 在顶视图中，参照球拍框架尺寸，创建"平面"对象，更改长度和宽度分段数，如图4-66所示。

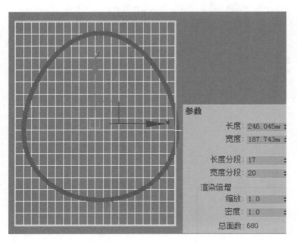

图4-66　创建平面

04 选择平面物体，在命令面板中，从"标准基本体"下拉列表中，选择"复合对象"，单击 图形合并 按钮，单击 拾取图形 按钮，在顶视图中，单击选择路径线条。操作方式为"饼切"和"反转"，如图4-67所示。

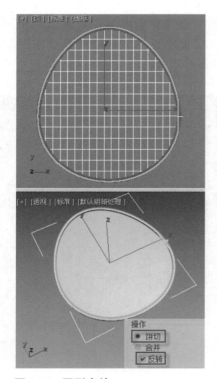

图4-67　图形合并

05 在命令面板修改选项中，添加"晶格"命令，设置参数，生成球拍网线，如图4-68所示。

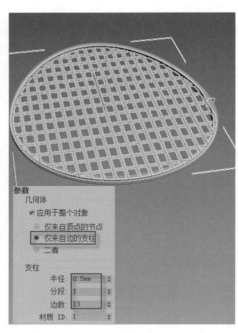

图4-68　晶格

06 在顶视图中，创建直线作为球拍杆路径，在前视图中，参照框架图形，创建圆形截面，再依次创建圆形和矩形，如图4-69所示。

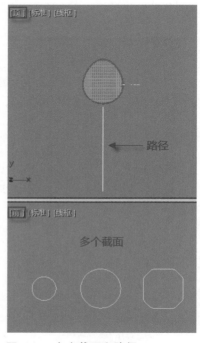

图4-69　多个截面和路径

07 选择顶视图中的线，执行"复合对象"的"放样"命令，单击"获取图形"按钮，在前视图中，单击选择小圆图形，如图4-70所示。

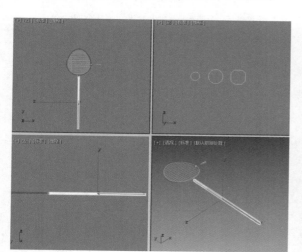

图4-70　获取图形

08 分别在路径75位置获取小圆，在路径80的位置获取大圆，在路径83的位置获取矩形。得到最后球拍杆的效果，如图4-71所示。

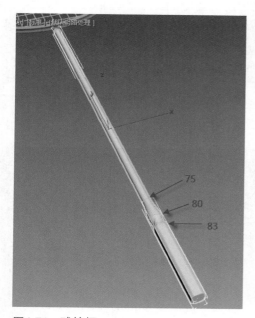

图4-71　球拍杆

09 根据前面所讲述内容，对造型的扭曲进行校正。调节球拍杆与球拍框架的位置关系。得到羽毛球拍造型，如图4-72所示。

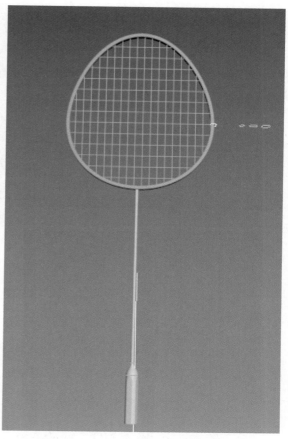

图4-72　结果

🔵 技巧说明

只要是不同类型的截面，如矩形和圆形，在同一个路径上进行放样时，模型容易造成扭曲。若为同一个类型的图形，但尺寸不同，如半径不同的两个圆，生成的模型正常显示，不会发生扭曲现象。

4.3.5　香蕉 ▼

通过对放样模型的进一步修改和调整来影响放样生成的造型，达到实际的建模要求。在此，仅通过制作"香蕉"造型，作为抛砖引玉。

01 在顶视图中，创建正六边形，在前视图中，创建直线，放样生成六棱柱造型，如图4-73所示。

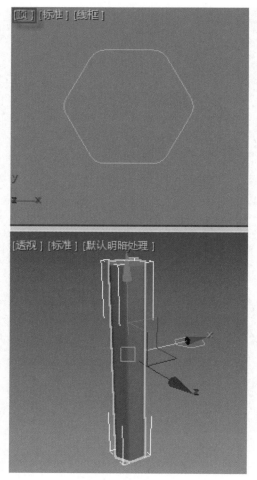

图4-73　生成六棱柱

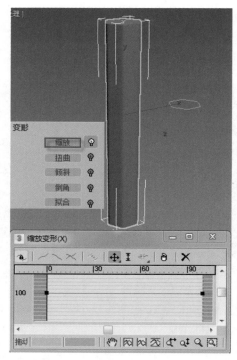

图4-74　缩放变形

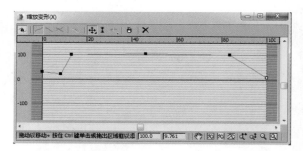

图4-75　变形曲线

02 选择放样生成的模型，在命令面板修改选项中，在"变形"参数中单击"缩放"按钮，弹出对话框，如图4-74所示。

03 鼠标置于弹出窗口上的相关按钮时，会出现该按钮功能的中文说明，根据实际需要，添加控制点，调节控制线的形状，如图4-75所示。

04 单击弹出界面右上角　x　按钮，退出缩放变形操作，在命令面板中，添加"弯曲"命令，生成香蕉造型。将其复制并调节位置，如图4-76所示。

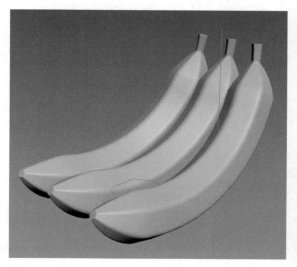

图4-76　结果

4.3.6　漏勺　▼

通过可编辑多边形操作，实现常见模型的进一步编辑，在当前案例中，需要用到可编辑多边形操作中的点、边等方式的编辑，还需要用到"壳"和"涡轮平滑"等编辑命令。

1. 创建主体

01 在顶视图中，创建几何球体对象并设置参数，在前视图中执行向下镜像翻转操作，如图4-77所示。

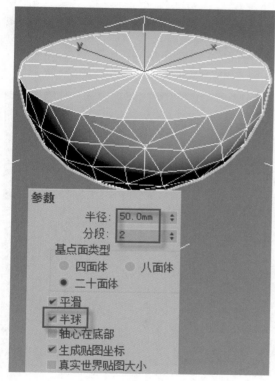

图4-77　几何球柱参数

02 选择几何球体对象，在透视图中，右击，在弹出的屏幕菜单中选择【转换为】/【转换为可编辑多边形】命令，按数字【1】键，切换到顶点的编辑方式，在前视图中框选半球的中间段数点，单击"挤出"命令，设置参数，如图4-78所示。

03 在不同的视图中，将"挤出"操作后产生的多余点删除。在透视图中，按数字【4】键，切换到多边形方式，选中"忽略背面"选项，选择几何球体上面的圆截面，按【Del】键，将其删除，如图4-79所示。

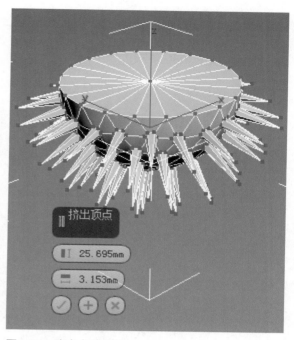

图4-78　选中点并挤出

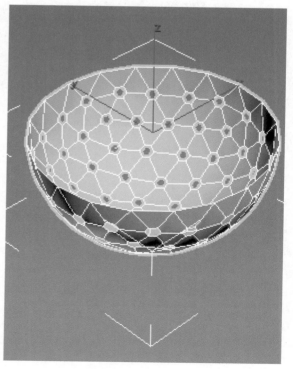

图4-79　删除点和顶部面

2. 生成手柄

按数字【2】键,切换到边的方式,在顶视图中,按住【Ctrl】键的同时,选择右侧两条边线,鼠标置于前视图,右击,切换前视图为当前视图,按【W】键切换到选择并移动工具,按住【Shift】键的同时,移动边线。复制生成漏勺手柄,如图 4-80 所示。

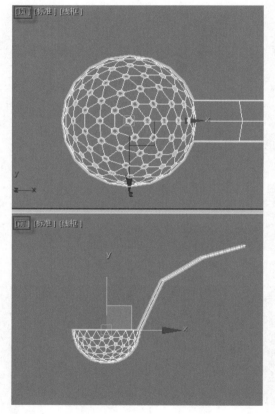

图4-80　生成勺柄

3. 增加厚度

退出当前可编辑多边形操作,在命令面板"修改"选项中,从下拉列表中选择"壳"命令,按默认参数对当前模型执行"壳"操作。生成具有厚度的漏勺,如图 4-81 所示。

4. 光滑表面

在命令面板"修改"选项中,再次单击"修改器列表",从中选择"涡轮平滑"或"网格平滑"命令,迭代次数为 2。对当前模型进行自动平滑处理操作。得到漏勺最后模型,如图 4-82 所示。

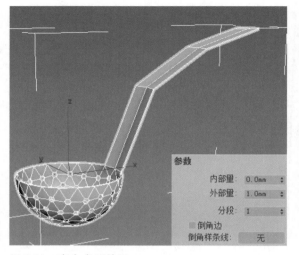

图4-81　壳命令后效果

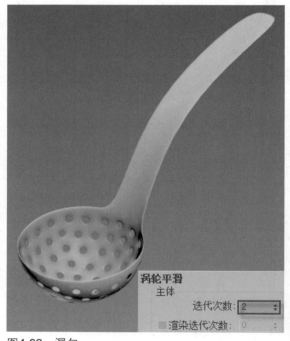

图4-82　漏勺

> 💿 提示
>
> 通过制作漏勺模型,可以掌握编辑多边形命令中的点、边的操作,同时希望能够引导广大读者建模思维的转变。从一个半球,将其某一边挤出生成手柄,最后执行平滑操作命令,生成漏勺,这可谓是建模思路上的转变。以此类推,不带洞的汤勺也很容易实现。形状有点椭圆的调羹也能制作。带两个把手的汤锅也不难实现。读者可以在此思路上做进一步的延伸练习。

4.3.7　咖啡杯　▼

使用可编辑多边形建模方式，制作咖啡杯造型，如图 4-83 所示。

图4-83　咖啡杯

1.　模型分析

咖啡杯造型在制作时，中间杯体在制作时，可以使用二维线条，添加"车削"命令来实现。旁边的手柄若采用"放样"生成，在与杯体相接处很难实现圆滑过渡。因此，该模型需要在"车削"完成后，对模型执行编辑多边形操作。

2.　制作步骤

01 在前视图中，利用"线"工具绘制咖啡杯模型横截面一半的线条，选择线条，右击，在弹出的屏幕菜单中选择【转换为】/【可编辑样条线】操作，对线条作进一步编辑，如图4-84所示。

02 在编辑样条线中，按数字【3】键，切换到样条线编辑。通过"轮廓"命令，将线条生成闭合的曲线。退出样条线编辑后，在命令面板修改选项中，添加"车削"命令，设置参数。生成杯子主体，如图4-85所示。

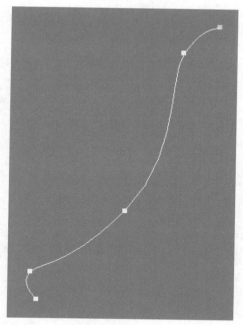

图4-84　绘制线条

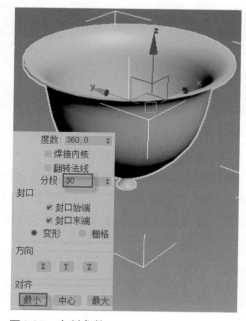

图4-85　车削参数

此时，生成的模型并不像咖啡杯的主体造型。选择物体，在命令面板修改选项中，将"车削"命令前的"▶"展开，选择"轴"，利用选择并移动工具，在视图中移动变换轴心。生成杯子主体造型，如图 4-86 所示。

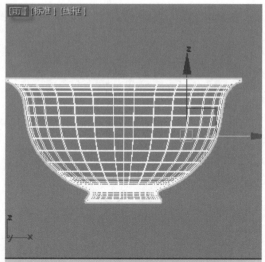

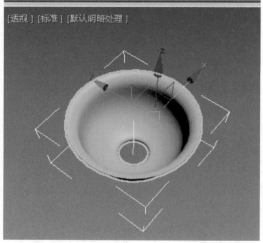

图4-86　移动轴

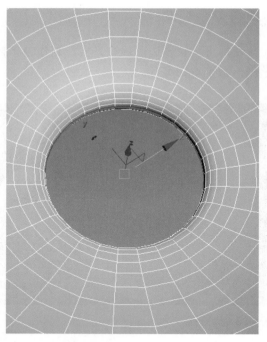

图4-87　选择边线

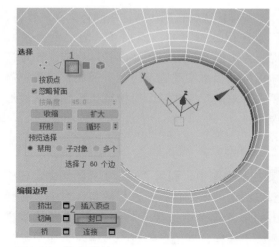

图4-88　将上端封口

03　退出"车削"命令。选择物体，右击，在弹出的屏幕菜单中选择"转换为/转换为可编辑多边形"操作，在透视图中，将模型放大，显示底部多边形，按数字【2】键，选中"忽略背面"选项，单击其中一水平边线，再单击"循环"按钮，选择一圈边线，按住【Ctrl】键的同时，单击选择"多边形"方式，选中边线所在的面，如图4-87所示。

04　按【Del】键，将选中的多边形删除。按数字【3】键，切换到边界方式，单击选择上面边界，单击"封口"按钮。实现底部上端封闭，用同样的方法，在透视图中，将模型翻转，将底部边界执行"封口"操作，如图4-88所示。

05　在左视图中，利用线条工具绘制并编辑完成手柄线条样式，如图4-89所示。

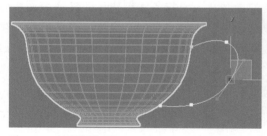

图4-89　绘制样条线

06 再次选择杯子主体，按数字【4】键，在前视图中，选择手柄位置的面，单击 **沿样条线挤出** 后面□按钮，在弹出的界面中，设置段数并拾取样条线。实现手柄选型，如图4-90所示。

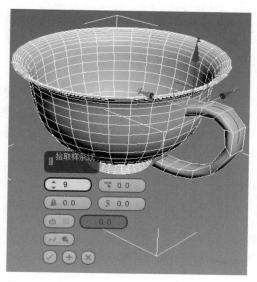

图4-90　生成手柄

07 将手柄挤出的面与杯体的面执行"桥"命令，退出可编辑多边形操作，在命令面板修改选项中，添加"涡轮平滑"命令，设置迭代次数为2，生成咖啡杯模型，如图4-91所示。再利用样条线和"车削"命令，实现咖啡杯小碟造型即可。

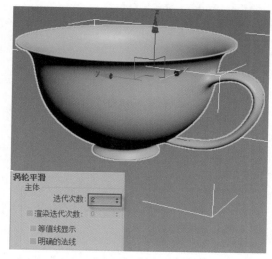

图4-91　杯子造型

4.3.8　镂空造型 ▼

根据可编辑多边形的建模思路和特点，可以实现很多异型模型的创建，如图 4-92 所示。

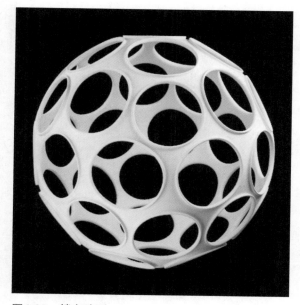

图4-92　镂空造型

1. 模型分析

根据镂空模型的外观特点和中间圆形空洞的分布方向确定，可以在几何球体模型的基础上进行编辑，模型整体上有厚度，因此，在生成单面模型后，可以通过添加"壳"的方式来实现，每一个空洞都有一个高度，可以通过在模型平滑前通过"挤出"操作来实现。

2. 制作步骤

01 在顶视图中，创建几何球体对象，更改参数，如图4-93所示。

02 将透视图转换为当前操作视图，右击，转换为可编辑多边形，按数字【1】键，切换到顶点编辑，全部选择所有点，执行"切角"操作，设置参数，如图4-94所示。

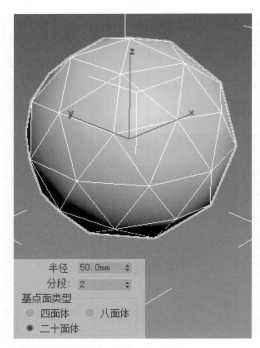

图4-93　几何球体

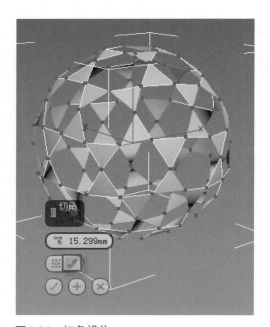

图4-94　切角操作

03 退出当前子编辑操作，添加"涡轮平滑"操作，在修改器列表中，返回可编辑多边形，单击▶按钮，将其展开，选择"边界"方式，开启"显示最终结果"按钮，选择物体上的"五边形"，对其进行缩放，调整操作其与"六边形"尺寸大小类似，如图4-95所示。

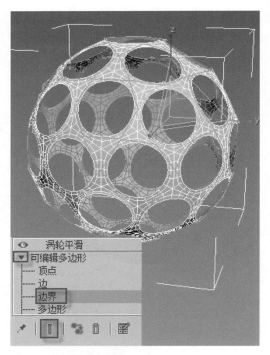

图4-95　调整五边形大小

04 退出"边界"子编辑，将编辑操作返回到"涡轮平滑"，添加"球形化"编辑命令，再次执行"可编辑多边形"操作，按数字【3】键，按【Ctrl+A】组合键，执行"全选"操作，执行"挤出"操作，设置参数，如图4-96所示。

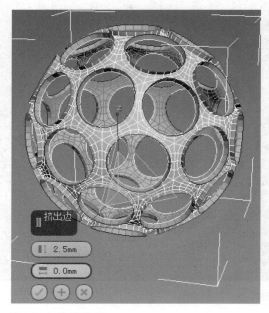

图4-96　边界挤出

05 退出"边界"编辑，添加"壳"命令，添加"涡轮平滑"命令，调整参数，生成镂空模型，如图4-97所示。

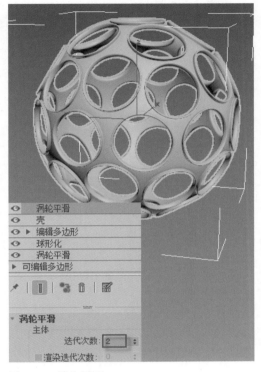

图4-97 镂空模型

4.3.9 面片灯罩 ▼

在进行室内设计时，灯具造型是很常用的一种空间造型，灯具的颜色、材质和造型是构成设计风格的重要元素，个性的灯具造型往往会起到画龙点睛的作用。可以通过可编辑多边形的方式来生成面片灯罩造型，如图 4-98 所示。

图4-98 面片灯罩

1. 模型分析

根据面片灯罩的外观特点，可以使用圆柱为基础模型，并进行相关面片的生成，根据球形外观的造型，可以通过对点的编辑来影响整个模型的圆滑程度。中间底为单独的一个子材质或单独的模型。

2. 制作步骤

01 在顶视图中，创建圆柱体对象，设置参数，如图4-99所示。

02 在顶视图中，右击，将其转换到可编辑多边形的操作，按数字【1】键，选择上下两端面中间的点，执行非等比例缩放操作，如图4-100所示。

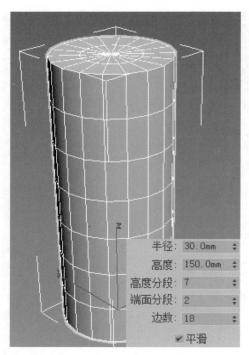

图4-99 创建圆柱体

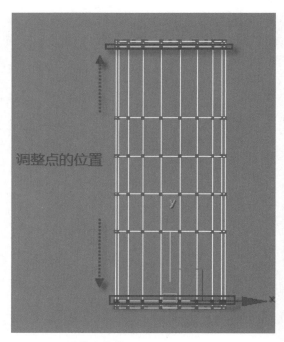

图4-101 调整点的位置

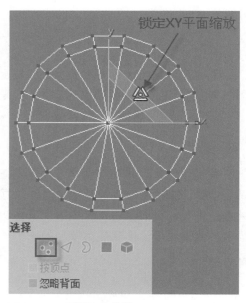

图4-100 顶视图点缩放

03 在前视图中，分别调整第二行和倒数第二行中点的位置，生成灯片灯罩的上下两部分区域，如图4-101所示。

按数字【2】键，切换到"边"编辑方式，分别选择竖向的边线，右击，从弹出的屏幕菜单中选择"分割"操作，如图 4-102 所示。

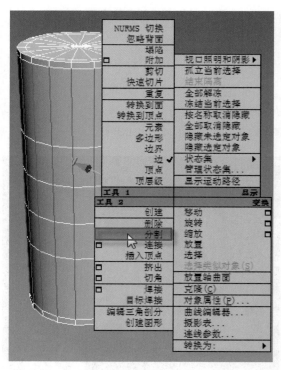

图4-102 边线分割

04 在透视图中，选择中间水平的边形区域，在"编辑几何体"约束选项中，更改为"法线"，通过"选择并移动"工具，向上移动边线，将中间分割后的面片进行展开，如图4-103所示。

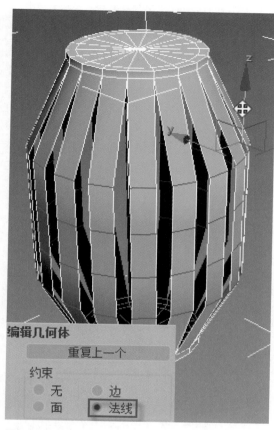

编辑几何体

重复上一个

约束
- 无
- 面
- 边
- 法线

图4-103　移动边线

05 根据需要可以在前视图中使用"切片"的方式，生成分段线，调整点的位置，影响面片灯罩的造型，如图4-104所示。

06 选择底部中间点，按【Del】键将其删除，退出子编辑，添加"涡轮平滑"命令，如图4-105所示。

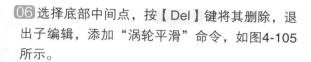

涡轮平滑
主体
　　　　迭代次数：2
　　渲染迭代次数：0
　　　等值线显示
　　　明确的法线

图4-105　删除并平滑

根据实际需要，添加"壳"命令，设置其面片的厚度，还可以根据个性化要求，对其进行扭曲操作，生成面片灯罩造型，如图 4-106所示。

图4-104　调节点的位置

图4-106　面片灯罩结果

4.3.10 室内空间 ▼

在使用 3ds Max 软件制作室内效果图时，根据测量的尺寸，绘制平面图。再由平面图生成室内空间造型。对于内部观察的空间，不需要知道墙体厚度和地面厚度等信息。因此，为了方便和快捷，制作室内空间时，一般都采取单面建模的方式。

1. CAD图形处理

在 CAD 中，新建图层并设置为当前层，利用"多段线"工具，沿墙体内侧通过"对象捕捉"来绘制线条。遇到门口或窗口位置时，需要单击创建定位点。将文件保存，如图 4-107 所示。

图4-107　CAD存储文件

2. 导入3ds Max

在 3ds Max 软件中，通过【自定义】/【单位设置】命令，设置软件单位。执行【文件】/【导入】/【导入】命令。文件格式选择"*.dwg"，选择文件，单击"打开"按钮，在弹出的界面中，选中"焊接附近顶点"选项，如图 4-108 所示。

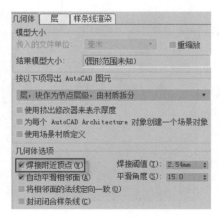

图4-108　导入选项

选中导入的图形，添加"挤出"命令，将数量改为2900，按【M】键，选择空白样本球并赋给物体，设置漫反射颜色，如图 4-109 所示。

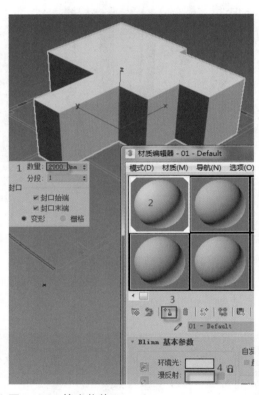

图4-109　挤出物体

3. 多边形编辑

01 选择挤出生成的物体，右击，在弹出的屏幕菜单中选择【转换为】/【转换为可编辑多边形】命令，按数字【5】键，进入到"元素"子编辑，单击选择中墙体，右击，选择"翻转法线"命令。更改观看模型的方向。选中模型，右击，选择"对象属性"命令，在弹出的界面中，选中"背面消隐"选面。得到室内空间效果，如图4-110所示。

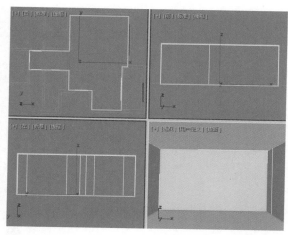

图4-110　室内空间

02 将透视图最大化显示，调节观察方向。按数字【2】键，进入"边"的子编辑下，选中"忽略背面"选项，选择垂直两边，单击 连接 按钮后面的■按钮，在弹出的界面中，设置连接的边线数。生成窗口水平线，如图4-111所示。

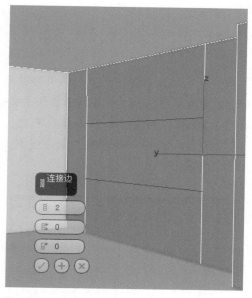

图4-111　连接边

03 选择其中一边，按【F12】键，在弹出的界面中，设置窗台高度，如图4-112所示。

04 同样的方式，调节窗口上边缘高度。按数字【4】键，选择中间区域，单击"挤出"按钮。将其挤出-200个单位，按【Del】键将其删除。生成窗口造型，如图4-113所示。

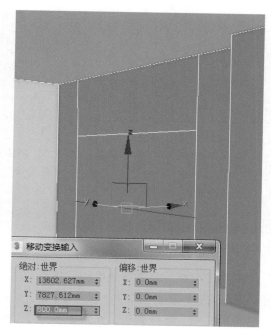

图4-112　窗台高度

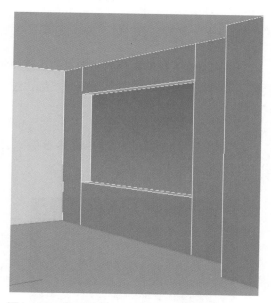

图4-113　窗口造型

用同样的方式，选择左侧中间的面，向内挤出 -1000mm，生成中间的走廊空间。

4. 添加相机

在命令面板中，切换到新建选项，单击"摄影机"选项，单击选择"目标"，在顶视图中，单击并拖动鼠标。为整个场景添加相机，如图 4-114 所示。

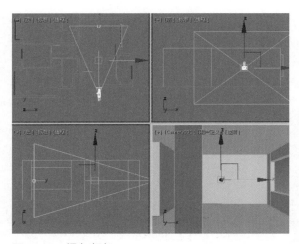

图4-114 添加相机

选项。近距剪切是指相机的观看起始位置，远距剪切是指相机观看的结束位置。在摄像机视图中，可以通过右下角"视图控制区"中的按钮，调节最后效果，如图4-115所示。

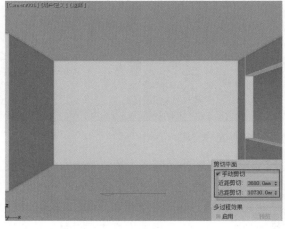

图4-115 单面空间

在左视图中，选择摄像机和目标点，向上调节高度位置。在透视图中，按【C】键，切换到摄像机视图。选中相机，在参数中选中"手动剪切"选项，设置"近距剪切"和"远距剪切"

4.3.11 矩形灯带 ▼

在进行室内效果图制作时，室内的房顶通常根据实际情况，进行吊顶制作，包括顶角线或灯带造型。顶角线在前面"放样"建模时已经讲过。在此介绍室内灯带造型。

1. 创建空间物体

在顶视图中创建长方体并设置参数，如图4-116所示。

选择长方体，右击，在弹出的屏幕菜单中选择【转换为】/【转换为可编辑多边形】命令，按数字【5】键，单击选择长方体，右击，选择"翻转法线"命令。得到室内单面空间，如图4-117所示。

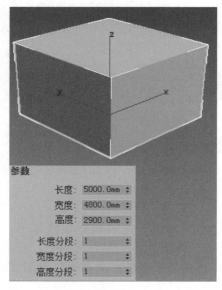

图4-116 空间长方体

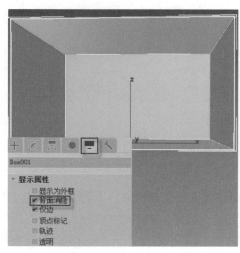

图4-117 室内空间

2. 生成灯带

在透视图中，按数字【1】键，切换到点的编辑方式。在"编辑几何体"选项中，单击"切片平面"按钮，按【F12】键，在弹出的界面中，依次在 Z 轴数据中输入 2700 和 2800，分别单击"切片"按钮。完成两 C 次切片平面操作，如图 4-118 所示。

按数字【4】键，选中"忽略背面"选项，在透视图中按住【Ctrl】键的同时，依次单击选择切片生成的面，单击"挤出"后的控制按钮，在弹出的界面中，将其挤出。生成室内灯带造型，如图 4-119 所示。

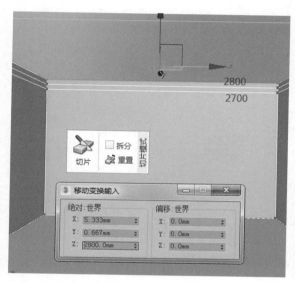

图4-118　切片平面

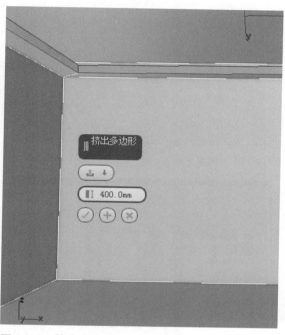

图4-119　挤出多边形

4.3.12　天花造型 ▼

在进行室内设计时，房间顶部的天花造型是一种非常常见的装饰表现，不仅可以起到一定的装饰效果，还很容易体现装饰的整体风格，如图 4-120 所示。

1. 模型分析

天花造型为随机的多边形造型，在生成时，需要保持其随机的大小和多边形的特点，除了"蜂窝"状造型外，顶部发光的部分可以通过给物体添加"VR 灯光"材质的方式来实现。因此，建模方面主要是生成中间的网格造型。

2. 制作步骤

01 在顶视图中，创建平面物体并设置相关参数，如图4-121所示。

02 将透视图切换为当前操作视图，右击，转换到"可编辑多边形"操作，按数字【2】键，选择任意一边形，在"石墨建模"工具中，单击拓扑方式中的"蜂窝"按钮，如图4-122所示。

图4-120　天花造型

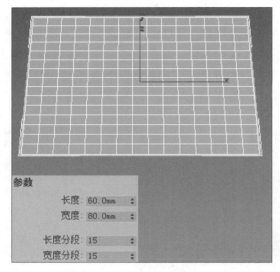

图4-121　创建平面

图4-122　蜂窝拓扑

03 再次单击拓扑方式中的"蒙皮"按钮，生成主要边线造型，如图4-123所示。

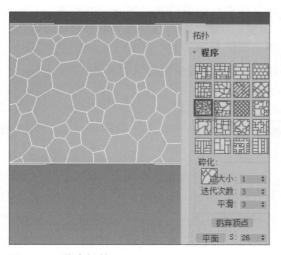

图4-123　蒙皮拓扑

04 按数字【4】键，切换到多边形方式，选择所有的面，执行"插入"操作，方式为组，生成天花造型的边缘部分，如图4-124所示。

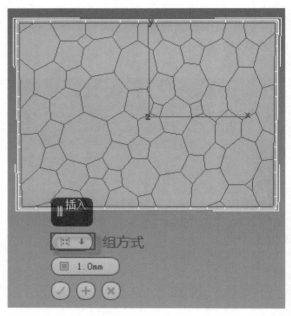

图4-124　组方式插入

再次执行"插入"编辑，方式为"多边形"，生成中间部分的边框造型，如图4-125所示。

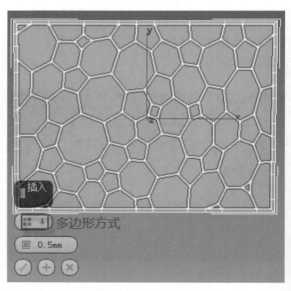

图4-125　中间边框部分

05 按【Del】键，退出子编辑，添加"壳"命
令，生成天花造型，如图4-126所示。

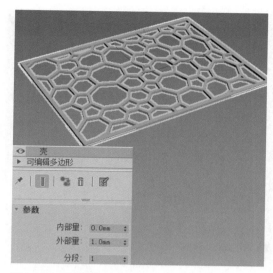

图4-126　天花造型

4.3.13　车边镜 ▼

车边镜又称为装饰镜，适用于客厅、浴室、壁拉门、梳妆台等。车边镜的边缘都被磨成了斜边，这样即能起到装饰效果，也不容易伤到人，如图 4-127 所示。

图4-127　车边镜

01 在前视图中，创建平面对象，设置参数，如图4-128所示。

02 将透视图切换为当前视图，按【Alt+W】组合键，将其执行最大化显示，右击，在弹出的屏幕菜单中选择【转换为】/【转换为可编辑多边形】命令，按数字【2】键，切换到边的方式，按【Ctrl+A】组合键，单击"连接"后

面的 □ 按钮，在模型上设置参数，如图4-129所示。

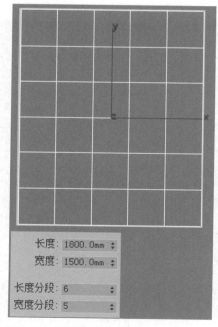

图4-128　平面图形

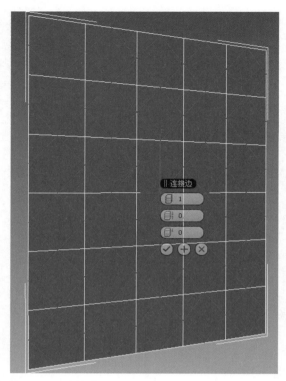

图4-129 连接边

03 在边的方式下，将中间原来的线条执行"移除"操作，如图4-130所示。

图4-130 删除中间边线

04 按数字【4】键，切换到"多边形"编辑方式，按【Ctrl+A】组合键，单击"倒角"后面的□按钮，在弹出的对话框中设置参数，如图4-131所示。

图4-131 倒角方式和参数

05 单击倒角对话框中的✓按钮，按数字【6】键，退出多边形子编辑，生成车边镜造型，如图4-132所示。

图4-132 车边镜造型

4.3.14　波浪背景墙　▼

波浪板是一种新型时尚艺术室内装饰板材。本饰材主要应用于宾馆、会所、家居装饰、歌舞厅、度假村、商场、豪宅、别墅等装饰工程，特别适合于设计门庭、玄关、背景墙、电视墙、廊柱、吧台、门、吊顶、展架。可代替天然木皮、贴面板等。波浪板目前主要有直波纹、水波纹、冲浪纹、金甲纹、纺织纹、雪花纹等几十种花纹造型，表面效果有纯白板、贴金银、珠光板、星光板、裂纹漆板、仿石等近三十种效果。因其造型优美、工艺精细、结构均匀、立体感强、绿色环保、时尚高贵的特性深受广大消费者的喜爱，如图 4-133 所示。

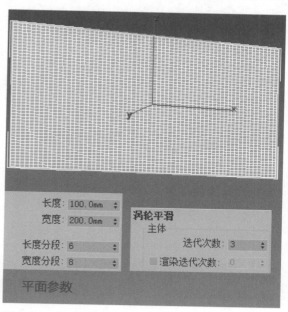

图4-134　平面造型

图4-133　波浪背景墙

1.　模型分析

波浪板造型表面有一些随机的波浪凹凸造型，具有很强的随机性，因此，在建模时，最好可以通过随机的变形或是调整进行，表面还有一些圆滑的凹凸不平，因此，可以使用"涡轮平滑"的方式进行。

2.　制作步骤

01 在前视图中创建平面，设置参数，添加"涡轮平滑"命令，如图4-134所示。

02 在命令面板中，添加"置换"命令，并将其与材质编辑器进行"实例"复制，添加"细胞"程序贴图，如图4-135所示。

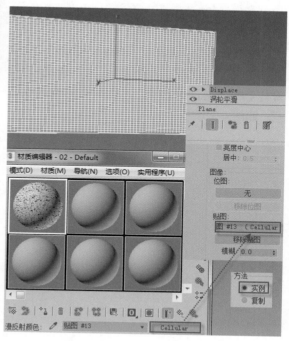

图4-135　贴图实例复制

03 设置细胞程序贴图和置换参数，如图4-136所示。

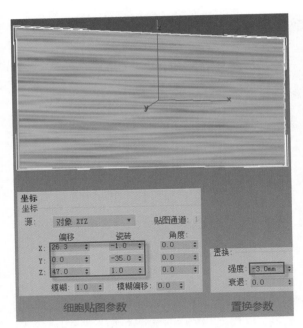

图4-136　调节参数

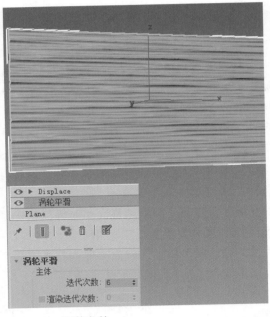

图4-137　调整参数

04 在命令面板修改选项中，返回"涡轮平滑"编辑器，更改"迭代次数"，如图4-137所示。

　　将编辑命令塌陷到"可编辑多边形"操作，通过"收缩/扩散"操作进行变形，在使用时，结合【Alt】键进行绘制，生成最后的波浪板造型，如图4-138所示。

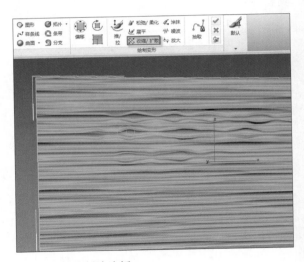

图4-138　绘制波浪板

第 **5** 章

相机与构图

本章要点：

① 摄像机添加

② 摄像机应用技巧

　　在使用3ds Max软件制作作品时，无论是静态图像的渲染还是影视动画的合成，场景中的内容都需要通过摄像机来体现。通过摄像机不仅可以更改观察的视点，更能体现设计场景空间的广阔，还可以巧妙的实现构图和取景，进而创作出优秀、具有美感的室内效果图。另外，在3ds Max软件中，摄像机还可以非常真实地模拟出景深和运动模糊的效果。

5.1 摄像机添加

在 3ds Max 软件中，摄像机分为目标摄像机、自由摄像机和物理摄像机。前两者的区别类似于目标聚光灯和自由聚光灯的关系，只是摄像机的控制点个数不同。目标摄像机通常用于进行静止场景的渲染展示，自由摄像机通常可以跟随路径运动，方便进行穿梭动画的制作。

5.1.1 添加摄像机 ▼

在场景中，通过摄像机可以更改观察的角度和位置，增加场景透视感。

1. 基本操作

在命令面板新建选项中，单击■按钮切换到摄像机选项，单击"目标"按钮，在顶视图中单击并拖动，创建目标摄像机对象，按【W】键，切换到"选择并移动"工具，在前视图或左视图中，调节摄像机和摄像机目标的位置，在任意图中按【C】键，切换到摄像机视图，如图 5-1 所示。

图5-1 摄像机视图

2. 摄像机调节

场景中添加完摄像机后，需要对其进行调

节，以达到所需要的效果。通常使用目标摄像机进行调整，如图 5-2 所示。

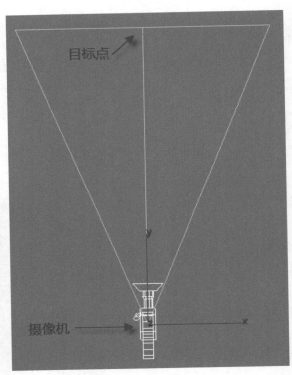

图5-2 目标摄像机

摄像机的高度（距离地面）建议为 1200mm~1600mm 为宜，通常为正常人站立时视线的角度，根据仰视或俯视进行轻微调整。

5.1.2 参数说明 ▼

在场景中添加摄像机后，在命令面板"修改"选项中更改摄像机的参数，可以实现摄像机特殊效果。

1. 基本参数

在场景中添加摄像机后，切换到修改选项，调整其参数，如图 5-3 所示。

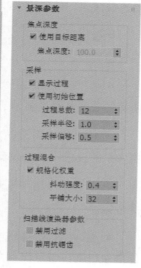

图5-3　摄像机参数

● **镜头**：用于设置当前摄像机的焦距范围。通常为 50mm 左右，数值越大，摄像机的广角越小，生成的摄像机视图内容越少。反之，数值越小，生成的摄像机视图内容越多，摄像机可以实现广角效果。

● **视野**：用于设置当前摄像机的视野角度，通常与镜头焦距结合使用，更改镜头参数时，视野也会自动匹配。

● **正交投影**：选中该选项后，摄像机会以正面投影的角度面对物体进行拍摄。

● **备用镜头**：摄像机系统提供了 9 种常用镜头方便快速选择。需要该焦距数值时，只需要单击备用镜头的数值即可更改焦距。

● **类型**：可以从下拉列表中更改当前摄像机的类型。提供目标摄像机和自由摄像机两种类型切换。

● **显示圆锥体**：选中该选项后，即使取消了摄像机的选定，在场景中也能够显示摄像机视野的锥形区域。

● **显示地平线**：选中该参数后，在摄像机视图中显示一条黑色的线来表示地平线，只在

摄像机视图中显示。在制作室外场景中可以借助地平线定位摄像机的观察角度。

环境范围

● **显示**：如果场景中添加了大气环境，那么选中该参数后，可以在视图中用线框来显示最近的距离和最远的距离。

● **近距范围**：用于控制大气环境的起始位置。

● **远距范围**：用于控制大气环境的终止位置，大气环境将在起始和终止位置之间产生作用。

剪切平面

● **手动剪切**：选中该参数后，在摄像机图标上会显示出红色的剪切平面。通过调节近距剪切和远距剪切，控制摄像机视图的观察范围，手动剪切的独特之处在于可以透过一些遮挡的物体看到场景内部的情况，方便实现摄像机在空间外部的效果展示。

● **近距剪切**：用于设置摄像机剪切平面的起始位置。

● **远距剪切**：用于设置摄像机剪切平面的结束位置。

多过程效果

用于对场景中的某一帧进行多次渲染，可以准确地渲染出景深和运动模糊的效果。

景深参数

景深参数展卷栏主要用于设置当前摄像面的景深效果。

● **过程总数**：用于设置当前场景渲染的总次数。数值越大，渲染次数越多，渲染时间越长，最后得到的图像质量越高，默认值为 12。

● **采样半径**：用于设置每个过程偏移的半径，增加数值可以增强整体的模糊效果。

● **采样偏移**：用于设置模糊与采样半径的距离，增加数值会得到规律的模糊效果。

2. 视图控制工具

当场景中添加摄像机后，在任意视图中按【C】键，即可将当前视图转换为摄像机视图，此时位于界面右下角的视图控制区工具会转换为摄像机视图控制工具，如图5-4所示。

图5-4　视图控制工具

● 推拉摄像机：沿着摄像机的主轴移动摄像机图标，使摄像机移向或远离它所指的方向。对于目标摄像机，如果摄像机图标超过目标点的位置，那么摄像机将翻转180度。

● 透视：透视工具是视野和推拉工具的结合，它可以在推拉摄像机的同时改变摄像机的透视效果，使透视张角发生变化。

● 旋转摄像机：用于调节摄像机绕着它的视线旋转。

● 所有视图最佳显示：单击该按钮后，所有的视图将最佳显示。

● 视野：用于拉近或推远摄像机视图，摄像机的位置不发生改变。

● 平移：用于平移摄像机和摄像机目标的位置。

● 环游：摄像机的目标点位置保持不变，使摄像机围绕着目标点进行旋转。

● 最大/还原按钮：单击该按钮，当前视图可以在最大显示和还原之间进行切换。

5.1.3　摄像机安全框　▼

在调整摄像机视图时，可以打开安全框作为调整摄像机视角的参考。现在很多人在制作效果图或动画时，所使用的显示器为方屏，场景中添加摄像机安全框以后，也方便查看当前摄像机视图与最终输出尺寸之间的关系，免得出现场景中的部分模型在实际输出时没有显示的问题。

在摄像机视图标签上右击，选择"显示安全框"或者使用【Shift+F】组合键。打开安全框选项后，在摄像机视图中会增加3个不同颜色显示的边框，如图5-5所示。

图5-5　摄像机安全框

● 黄色边框：黄色边框以内为摄像机可以进行渲染的范围，而黄色边框的大小主要取决于在正式渲染时所设置的渲染尺寸和图像纵横比。

● 蓝色边框：蓝色边框以内是电视显示的安全范围，将场景放置到蓝色的安全区域中，就可以避免渲染的图像或视频输入电视后被裁切掉。

● 橙色边框：橙色边框以内是字幕安全范围，一般情况下，字幕应该尽量放置到橙色边框以内。

5.2 摄像机应用技巧

在了解摄像机的基本参数和用法之后，接下来介绍一些摄像机的使用技巧。

5.2.1 景深 ▼

3ds Max 的摄像机不但可以进行静止场景的渲染，还可以模拟出景深的摄影效果。当镜头的焦距调整在聚焦点上时，只有唯一的点会在焦点上形成清晰的影像，而其他部分会成为模糊的影像，在焦点前后出现的清晰区域就是景深。

1. 创建场景

在场景中创建多个球体对象，并调节其位置关系，如图 5-6 所示。

果"中的"启用"复选框，设置景深参数，如图 5-8 所示。

图5-7 渲染场景

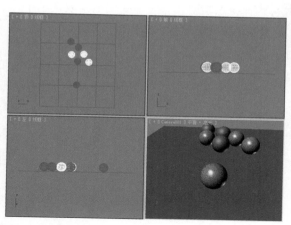

图5-6 创建物体

2. 添加目标摄像机

在命令面板摄像机选项中，单击"目标"按钮，在顶视图中单击并拖动创建摄像机，调节摄像机的目标和摄像机的角度，激活透视图，按【C】键，切换为摄像机视图，按【Shift+Q】组合键进行渲染，场景中的全部对象都是清晰的，如图 5-7 所示。

3. 设置景深

选择摄像机，在参数中，选择"多过程效

图5-8 景深参数

参数调整以后，按【Shift+Q】组合键进行渲染测试，如果觉得景深效果不够明显，可以设置"采样半径"的数值，如图5-9所示。

> ### 🅰 技巧说明
>
> 在制作景深效果时，摄像机的目标点需要指定到具体的物体上，也就是在场景渲染时，需要清晰表现的物体上，实现景深的主体对象和背景需要保留一定的空间距离。

图5-9　景深

5.2.2　室内摄像机　▼

在室内效果图添加摄像机时，通常可以采用摄像机在室内或摄像机在室外的两种添加方法。当摄像机在场景外面时，需要开启"手动剪切"参数，根据实际情况设置近距剪切和远距剪切。当摄像机在场景内部时，需要设置相机校正，才可以将当前场景的效果保持更好的透视角度。

1．在场景内部添加摄像机

01 在命令面板新建选项中，选择目标摄像机，在顶视图中单击并拖动鼠标，完成摄像机添加，在左视图调节摄像机的角度和位置，如图5-10所示。

02 选择摄像机对象，在命令面板修改选项中，设置手动剪切的参数，如图5-11所示。

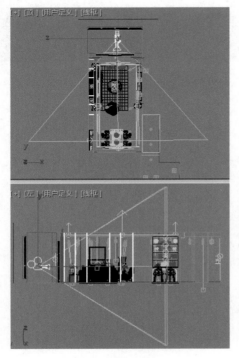

图5-10　摄像机在场景内部

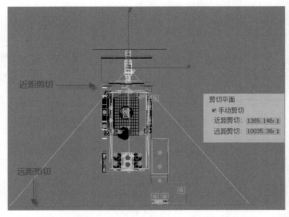

图5-11　设置手动剪切

03 通过界面右下角的摄像机视图工具，对当前摄像机视图进行微调，得到满意的摄像机观察视图。按【Shift+C】组合键，隐藏摄像机对象，生成摄像机视图，如图5-12所示。

图5-12　摄像机视图

5.2.3　构图技巧 ▼

在使用摄像机进行场景构图时，对于不同的场景和需要表现的内容，除了需要设置镜头焦距及"剪切平面"设置外，还需要选择合适的构图方法，摄像机镜头和目标在横纵坐标位置的不同，进而产生用于表现不同空间的透视角度。

1. 一点透视

一点透视就是建筑物由于它与画面间相对位置的变化，它的长、宽、高三组主要方向的轮廓线，与画面可能平行，也可能不平行。这样画出的透视称为一点透视。在此情况下，建筑物就有一个方向的立面平行于画面，故又称正面透视。

一点透视表现视野较为广阔，展现室内场景中的三面立体效果，且纵深感较强，但其不足之处就是较为呆板，缺乏动势，用于表现相对狭长的室内空间，如图 5-13 所示。

2. 两点透视

建筑物仅有铅垂轮廓线与画面平行，而另外两组水平的主向轮廓线均与画面斜交，于是在画面上形成了两个灭点 Fx 及 Fy，这两个灭点都在视平线上，这样形成的透视图称为两点透视。正因为在此情况下建筑物的两个立角均与画面成倾斜角度，故又称成角透视。建筑物成角透视最后消失于水平的一条线。

两点透视用于表现较为自由、活泼的空间，可以同时表现室内空间中两面墙体的细节结构，适合表现相对较小空间的细节，如图5-14所示。

图5-13　一点透视

图5-14　两点透视

3．三点透视

三点透视一般用于超高层建筑，俯瞰图或仰视图。第三个消失点必须和画面保持垂直的主视线，必须使其和视角的二等分线保持一致。

三点透视多用于表现室外高层建筑物的高大，而在室内空间设计中，也同样表现于层高、跨度较大的共享空间俯视或仰视角度，如图5-15所示。

图5-15　三点透视

4．鸟瞰透视

用高视点透视法从高处某一点俯视地面起伏绘制成的立体图，类似于高空角度的俯视效果，通常用在室外整体规划布局方案中，也有很多设计师用在全景鸟瞰视角的室内效果图表现。可以方便快捷地看到整体的方案布局和效果。

在进行效果图制时，需要确定最终展现的角度或是方案效果，对于鸟瞰角度的效果图在制作时，需要将平面图的每个空间都进行设计和制作，以便最后通过摄像机实现鸟瞰角度时没有空白区域。鸟瞰角度的构图，可以全面展现效果图的整体设计方案效果，如图5-16所示。

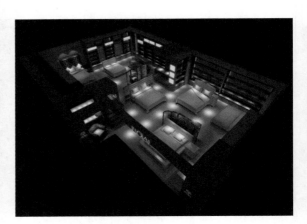

图5-16　鸟瞰透视

第 6 章

渲染模拟

本章要点：

① 模型质感

② 灯光特效

③ 渲染设置

④ 实战案例

通过前面章节建模知识的学习，广大读者便可以根据客户的要求，建立符合需要的模型。但此时的模型只是外观看起来像，表面的材质表现还不够细腻和逼真。通过对物体材质的添加，可以将效果图表现得更加真实。

整个场景在进行表现时，除了需要材质、灯光的表现之外，还需要与渲染器结合使用。对于不同的渲染器，其工作原理和思路基本上是类似的，只是在不同的材质细节上的表现有所不同。

6.1 模型质感

在 3ds Max 软件中，材质和贴图主要用于描述对象表面的物质状态，构造真实世界中自然物质的视觉表象。不同的材质与贴图能够给人们带来不同的视觉感受，在 3ds Max 软件中，材质是营造客观事物真实效果的最有效手段之一。

6.1.1 理论知识 ▼

在进行模型质感表现时，需要了解一些具体的理论知识，掌握使用软件进行模型质感表现时与实际生活中材质的联系与区别，结合软件模拟的特点和不同的要素组合，进而呈现出形式各异的视觉特征。

1. 材质

材质，顾名思义，即物体的材料质地。就是日常生活中所提到的材料，如墙面上贴壁纸，就是墙体装修的材质。在 3ds Max 软件中，物体的材质主要通过颜色、不透明度和高光特征等方面来体现，如图 6-1 所示。

图6-1 材质为主的场景

对于玻璃球、橡胶球和不锈球三个物体，在建模时模型效果都是一样。通过颜色、不透明度和高光特征等方面就可以将三个不同材质的物体区分开来。颜色、不透明度和高光特征等方面也被称为材质的三要素，通过三要素的调节构成最基本的材质元素。三要素其中的任何一个方面不一样，在软件中则为不同的材质。

2. 贴图

贴图是指依附于物体表面的纹理图像。用于替换材质三要素中的颜色部分，如布纹织物、地面瓷砖、木地板等。正是由于这些贴图的巧妙运用，才使得场景画面更加丰富、更具层次感，如图 6-2 所示。

图6-2 贴图纹理应用

3. 贴图通道

通过给物体添加贴图，实现材质的特殊效果，如折射贴图。在折射贴图方式中，添加贴图，实现材质的折射效果。凹凸贴图，通过添加凹凸贴图实现物体渲染时表面的凹凸特点，如图 6-3 所示。

图6-3 运用凹凸贴图模拟抱枕褶皱

6.1.2　材质编辑器　▼

材质编辑器是用于编辑场景模型纹理和质感的工具。它可以编辑材质表面的颜色、高光和透明度等物体质感属性，并且可以指定场景模型所需要的纹理贴图，使模型更加真实。

材质编辑器界面

按【M】键，打开材质编辑器，也可以根据使用者的个人喜好，在主工具栏上从下拉列表中选择开启精简模式或 Slate 模式，如图 6-4 所示。

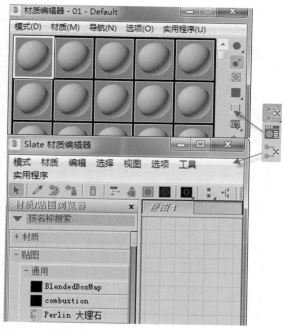

图6-4　材质编辑器模式

该对话框分为上、下两部分，上半部分为样本球、工具行和工具列，下半部分为材质以及材质的基本参数。

样本球

用于显示材质和贴图的编辑效果。默认时每个样本球代表一类材质，总共有 24 个样本球。右击样本球，可以在弹出的屏幕菜单中更改默认的显示方式。

工具行

位于样本球下端的工具按钮，在此介绍常用的工具按钮。

- ● 获取材质：用于新建或打开存储过的材质。在材质编辑器界面中，按【G】键，可以弹出获取材质对话框，从弹出的界面中选择浏览方式。

- ● 赋材质：用于将当前样本球的材质效果，赋给场景中已经选择的物体。若该按钮显示灰色时，表示当前样本球的材质不可用或场景中未选择物体。

- ● 重置贴图：将当前材质的各个选项恢复到系统默认设置。

- ● 放入库：将当前样本球的材质存入当前材质库。方便在其他文件中使用该材质。放入库时，需要对材质取名。

- ● 材质效果通道：单击该按钮后，从弹出的列表中选择 ID 编号，指定 Video Post 通道，以产生特殊效果。

- ● 在视口中显示贴图：单击该按钮后，物体上的贴图即在视口中显示。默认时，贴图在渲染时显示贴图。

- ● 转到父级：将当前编辑操作移到材质编辑器的上一层级。

- ● 转到同一级：将当前编辑操作跳转到同一级别的其他选项。

工具列

工作列中的命令，通常影响样本球的显示效果。因此，平时在操作时，很少更改。

- ● 采样类型：用于设置样本球的显示方式，单击该按钮时，可以从中选择长方体或圆柱体的显示效果。只影响样本球，不影响实际效果。

- ● 背光：用于设置样本球的背景光。影响样本球的三维显示效果。

● 背景：单击该按钮后，为样本球添加方格背景。方便设置材质的半透明效果。

● UV 平铺：单击该按钮后，样本球中显示贴图的平铺效果，仅影响样本球的显示效果，与实际渲染无关。

● 视频颜色检查：单击该按钮后，用于检查场景视频生成时，物体颜色会存在溢色问题，出现红色曝光提示时，表示该颜色在生成视频后颜色容易出现问题。

● 生成预览：将当前场景中的材质进行关键帧预览。方便检查动画输出时材质的问题。

● 选项：单击该按钮后，用于设置材质编辑器的默认选项，方便恢复和还原默认材质编辑器的状态。

● 材质 / 贴图导航器：用于查看当前物体材质以及使用贴图的情况，方便快速更改当前物体的贴图。

6.1.3 标准材质 ▼

标准材质是"材质编辑器"中默认的材质类型，是最为基础的材质类型，该材质的设置主要针对于 3ds Max 默认的扫描线渲染器，对于初学者而言，标准材质的部分参数设置是必须要掌握和了解的。

1. 明暗器基本参数

在现实世界中每一种物体都具有它特别的表面特性，所以一眼就可以分辨出物体的材质是金属还是玻璃。明暗器就是用于表现各种物体不同的表面属性，如图 6-5 所示。

图6-5 明暗器基本参数

● "着色类型"列表：用于设置不同方式的材质着色类型。不同的着色类型有各自不同的特点。

● 各向异性明暗器：可以产生一种拉伸、具有角度的高光效果，主要用于表现拉丝的金属或毛发等效果。

● Blinn 明暗器：高光边缘有一层比较尖锐的区域，用于模拟现实中的塑料、金属等表面光滑而又并非绝对光滑的物体。

● 金属明暗器：能够渲染出很光亮的表面，用于表现具有强烈反光的金属效果。

● 多层明暗器：就是将两个各向异性明暗器组合在一起，可以控制两组不同的高光效果。常用于模拟高度磨光的曲面效果。

● Oren-Nayar-Blinn 明暗器：是 Blinn 明暗器的高级版本。用于控制物体的不光滑程度，主要用于模拟如布料、陶瓦等的效果。

● Phong 明暗器：可以渲染出光泽、规则曲面的高光效果。用于表现塑料、玻璃等。

● Strauss 明暗器：用于模拟金属物体的表面效果，它具有简单的光影分界线，可以控制材质金属化的程度。

● 半透明明暗器：能够制作出半透明的效果，光线可以穿过半透明的物体，并且在穿过物体内部的同时进行离散。主要用于模拟蜡烛、银幕等效果。

● 线框：选中该选项后，可以显示选中对象的网格材质特征。

● 双面：选中该选项后，选中的物体显示双面效果。适用于单面物体的材质显示。

● 面贴图：默认的贴图方式，选中该选项

后，贴图在物体的多边形面上显示。

●面状：选中该选项后，物体材质贴图显示"面块"效果。

2. 基本参数

着色列表内容不同，所对应的基本参数也有所不同，基本参数是进行材质编辑的主要参数，通过更改参数，实现不同的材质效果，基本参数，如图 6-6 所示。

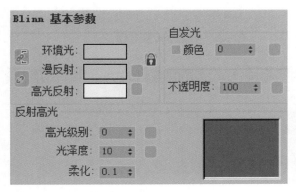

图6-6　基本参数

●环境光：用于表现材质的阴影部分。通常与"漫反射"锁定，保持一致。

●漫反射：用于设置材质的主要颜色，通过后面的贴图按钮可以添加材质的基本贴图。

●高光反射：用于设置材质高光的颜色，保持默认。因为材质的高光颜色，通常还与灯光的颜色有关系。

●自发光：用于设置材质自发光的颜色。若要设置数值时，自发光的颜色与漫反射的颜色应保持一致。设置颜色时，直接影响自发光的颜色效果。

●不透明度：用于设置材质的透明程度。值越大，材质表现越透明。

●高光级别：用于设置材质高光的强度。值越大，材质的高光越强。

●光泽度：用于设置物体材质高光区域的大小。影响材质表面的细腻程度。

●柔化：用于设置物体材质高光区域与基本区域的过渡。

3. 扩展参数

用于进一步对材质的透明度和网格状态进行设置，如图 6-7 所示。

图6-7　扩展参数

●高级透明：用于设置材质的透明程度。通过衰减的类别，设置在内部还是在外部进行衰减。通过数量参数，控制透明的强度。

●线框：用于设置线框渲染时，线框的粗细程度。设置该参数时，需要提前选中"明暗器基本参数"中的"线框"选项。

●折射率：用于设置材质的折射强度，范围通常在 1.0 ～ 2.0 之间。

6.1.4　多维/子对象材质　▼

多维 / 子对象材质可以根据物体的 ID 编号，将一个整体对象添加多种不同的子材质。对于运用"可编辑多边形"建模方式生成的复杂模型，通常使用"多维/子对象"材质来对其进行材质调整。多维 / 子对象材质属于复合材质。

多维子对象材质的参数调整比较简单，通过对其相应的子材质进行不同调整来影响最后的整体材质效果，在对其进行调节时，ID 编号需要与"可编辑多边形"操作中指定的编号保持一致。

基本调整

选择已经指定编号需要添加复合材质的物体，按【M】键，单击"Standard"按钮，在弹出的界面中，双击"多维/子对象"材质，设置参数，如图6-8所示。

设置数量：用于设置一个对象最多可以添加的子材质数量，最多为1000个，每一个子材质的类型默认为标准材质，可以对子材质的类型进行更改。

名称：可以对子材质进行命令，方便快速查找不同的ID编号对应的子材质。

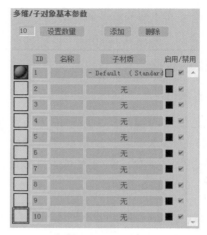

图6-8　多维/子对象参数

注意事项

使用"可编辑多边形"方式生成的模型，对其使用多维子对象材质调节时，不同的ID添加贴图后，通常需要对模型添加"UVW贴图"的编辑命令，用于纠正贴图的正常显示。后续有实战案例进行详细介绍，在此不再赘述。

6.1.5　VRayMtl材质　▼

VrayMtl材质被称为"Vray标准材质"，是Vray渲染器中最为常用的材质类型。可以真实地模拟出材质的反射、折射等效果，结合渲染器的GI与照明计算，可以更快地完成渲染操作。因此，在使用Vray渲染器时，建议将场景默认的材质类型由标准材质更换为VrayMtl材质来进行操作。

VRayMtl材质在使用或调整时，比较简单方便，主要包括漫反射、反射与折射等选项组，通过调整参数，实现较好的材质表现。其基本参数，如图6-9所示。

1. 漫反射参数组

漫反射：用于调整当前物体材质的基本颜色信息或添加纹理图像。单击后面的■按钮，可以选择不同的图像作为纹理贴图。

在实现镜子等反射效果较强的物体材质时，可以将当前漫反射的颜色更改为黑色，减少物体本身颜色对反射最终效果的影响。

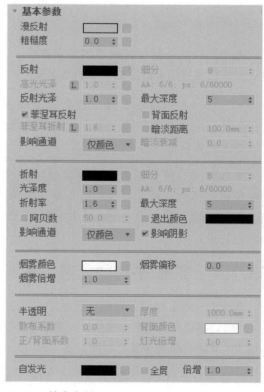

图6-9　基本参数

粗糙度：用于控制材质表面的粗糙程度。值越高，表面越粗糙。

2. 反射参数组

反射：通过颜色的灰度效果控制反射的强弱，颜色越浅，材质的反射效果越明显。如果将颜色设置为彩色，则表示材质反射后的颜色。颜色分为色度和灰度，灰度用于控制反射的强弱，色度用于控制反射的颜色。

高光光泽：用于控制材质的高光大小，默认时与"反射光泽度"一起关联控制，可以通过单击旁边的"L"按钮，进行解锁，单独进行控制。

反射光泽：也称"反射模糊"，用于控制材质表面的模糊程度。默认值 1 表示没有模糊效果，值越小，模糊效果越强烈。该参数对于整个渲染速度有直接影响，如图 6-10 所示。

图6-10　反射光泽1和0.85的区别

细分：用于控制"反射光泽度"的品质，值越大，可以得到比较平滑的效果。细分值越大，渲染速度越慢，通常保持默认参数即可。

使用插值：选中该参数后，VRay 渲染器能够使用类似于"发光贴图"的缓存方式来加快反射模糊的计算。

菲涅耳反射：选中该参数后，可以实现材质的菲涅耳反射效果。通常用于陶瓷、大理石、室外玻璃等材质。

3. 折射参数组

折射：用于控制材质折射的强弱，体现材质的半透明效果。颜色越浅，物体越透明，反之，物体越不透明。单击后面的■按钮，可以通过图的灰度来控制折射的强弱。

光泽度：用于控制物体折射的模糊程度。与"反射光泽度"参数类似，方便实现磨砂玻璃材质效果，如图 6-11 所示。

图6-11　玻璃和磨砂玻璃

细分：用于控制"折射光泽度"的模糊程度，与反射组中的"细分"参数类似。

影响阴影：选中该参数后，透明类材质可以产生真实的阴影效果。该选项仅对"VRay 灯光"和"VRay 阴影"有效。

影响通道：从列表中选择影响的相关信息，从列表中选择"Alpha"时，会影响透明物体的"Alpha"通道效果。

折射率：用于控制透明物体的折射率。

烟雾颜色：通过烟雾颜色可以控制透明物体颜色效果。这个颜色信息和物体的尺寸有关，厚的物体颜色需要设置淡一点才有效果。

烟雾倍增：通过该参数，进一步控制烟雾颜色的浓度。值越大，雾越浓，光线穿透物体的能力越差，不推荐使用大于 1 的值，如图 6-12 所示。

图6-12　烟雾倍增影响透明类材质颜色

4. 半透明参数组

类型：半透明效果（也称 3S 效果）的类型有 3 种，一种是"硬（蜡）模型"，比如蜡烛；一种是"软（水）模型"，比如海水；还有一种是"混合模型"。

背面颜色：用于控制半透明效果的颜色。

厚度：用于控制光线在物体内部被追踪的深度。较大的值，会让整个物体都被光线穿透；较小的值，可以让物体比较薄的地方产生半透明现象。

散布系数：物体内部的散射总量。0 表示光

线在所有方向被物体内部散射；1 表示光线在一个方向被物体内部散射，而不考虑物体内部的曲面。

灯光倍增：用于控制穿透能力的倍增值，值越大，散射效果越强。

5. 自发光参数组

自发光：用于设置当前材质的自发光效果，通过颜色按钮，更改材质发光的颜色。自发光的颜色可以与当前材质的颜色相同，也可以与当前材质本身的颜色不同，当与材质本身的颜色不同时，方便实现荧光效果。

6.1.6 VR灯光材质 ▼

VRay 灯光材质也是由 VRay 渲染器将其添加到 3ds Max 中的常用材质，其形式与 3ds Max 中的标准材质中的自发光材质类似，用于模拟物体本身可以发光的材质，方便实现自发光材质效果，如灯箱，灯罩和电视机屏幕等。

基本操作

选择需要添加材质的电视机屏幕物体，按【M】键，选择样本球，单击"Standard"按钮，从弹出的列表中，双击"VR 灯光材质"按钮，如图 6-13 所示。

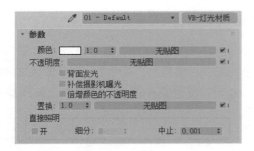

图6-13 灯光材质

单击颜色后面的 无贴图 按钮，在弹出的界面中，双击位图，选择电视机

屏幕图像作为为灯光材质贴图，更改颜色后面的倍增参数，如图 6-14 所示。

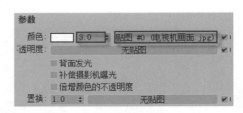

图6-14 添加灯光材质贴图

将默认的渲染器更改为"VRay 渲染器"，添加场景灯光，设置渲染参数，渲染输出，生成电视机画面效果，如图 6-15 所示。

图6-15 电视机画面

6.1.7 VR材质包裹器 ▼

VR 材质包裹器属于复合材质的一种，类似于 3ds Max 软件中的"多维 / 子对象"材质，通过生成全局照明或接收全局照明的强度不同，来控制包裹器子材质的全局光照、焦散、不可见物体等特殊处理的效果。

在进行室内效果图制作时，对于 VR 材质包裹器的参数设置主要集中在 VR 材质包裹器卷展栏中进行。

基本参数

选择物体，按【M】键，选择任意样本球，单击"Standard"按钮，从弹出的列表中，双击选择"VR 材质包裹器"材质，对当前材质设置参数，如图 6-16 所示。

基本材质：用于设置"VR 材质包裹器"中使用的基础材质参数，此基本材质必须是 VRay 渲染器支持的材质类型。

生成全局照明：用于控制当前赋予材质包裹器的物体是否计算 GI 光照的产生，后面的数值框用来控制 GI 的倍增数量。

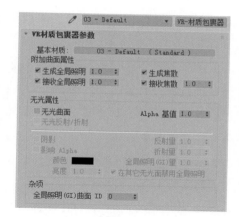

图6-16　材质包裹器

接收全局照明：与"生成全局照明"类似，用于控制当前材质受环境影响的倍增强度。

产生焦散：用于控制当前赋予材质包裹器的物体是否产生焦散。

6.1.8　位图贴图 ▼

在制作效果图的过程中，除了要掌握以上常用的材质类型以外，还需要掌握常用的贴图。在不同的材质类型中，单击漫反射后面的贴图按钮，可以通过为当前材质添加合理的贴图来实现真实的纹理效果。

在使用 3ds Max 软件的贴图时，系统自动将贴图分为 2D、3D、合成器贴图以及颜色修改器等不同的贴图类型。

位图是 3ds Max 软件中最为常用的贴图类型，支持 jpg、png、bmp、psd 等常见的文件格式。

1. 基本操作

选择需要调整材质的物体，按【M】键，选择任意样本球，单击"Standard"按钮，在弹出的材质列表中，双击"VRayMtl"材质，单击"漫反射"后面的█按钮，从弹出的贴图列表中，双击"位图"，选择需要使用的图像文件，单击打开按钮，进行参数设置，如图 6-17 所示。

偏移：用于设置沿着 U 向（水平方向）或 V 向（垂直方向）移动图像的位置。

图6-17　位图参数

瓷砖：也称为平铺，用于设置当前贴图在物体表面的平铺效果。当为奇数时，平铺后的贴图在物体表面可以完整显示。

角度：设置图像沿着不同轴向旋转的角度。通常更改 W 方向。调整贴图在物体表面的显示角度。

模糊：用于设置贴图与视图之间的距离，来模糊贴图。

模糊偏移：为当前贴图增加模糊效果，与距离视图的远近没有关系，当需要柔和焦散贴图时，可以实现模糊图像，需要选中该选项。

位图：单击位图后面的按钮，可以在弹出的界面中，重新加载或选择另外贴图。默认时，显示当前贴图所在路径和文件名。

查看图像：用于选取当前贴图的部分图像，作为最终的贴图区域。使用时，单击"查看图像"按钮，在弹出的界面中，根据需要，选择图区域，关闭后，再次选中"应用"选项即可。

2. 木地板贴图

01 选择地面模型，按【M】键，选择空白样本球，单击工具行中的 按钮，单击"漫反射"后面的贴图按钮，在弹出的界面中双击"位图"，从弹出的界面中，选择需要添加的贴图，如图6-18所示。单击工具行中的 按钮，在视口中，显示贴图效果。

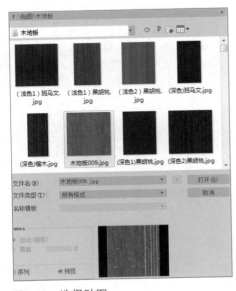

图6-18 选择贴图

02 设置贴图的"平铺"效果。尽量设置为奇数，贴图在物体表面可以完整显示。单击工具行右侧的 按钮，返回上一层级。展开"贴图"展卷栏，单击反射面的 None 按钮，在弹出的界面中，双击"衰减"按钮，再次单击工具行右侧的 按钮，返回上一层级。设置反射贴图的强度数量，在贴图展卷栏中，单击"漫反射"后面的按钮并拖动到"凹凸"后面的按钮上，选择"实例"复制。设置凹凸的强度数量为40，如图6-19所示。

贴图			
漫反射	100.0	✓	Map #2（木地板009.jpg）
粗糙度	100.0	✓	无贴图
自发光	100.0	✓	无贴图
反射	100.0	✓	Map #122（Falloff）
高光光泽	100.0	✓	无贴图
反射光泽	100.0	✓	无贴图
菲涅耳折射	100.0	✓	无贴图
各向异性	100.0	✓	无贴图
各向异性旋	100.0	✓	无贴图
折射	100.0	✓	无贴图
光泽度	100.0	✓	无贴图
折射率	100.0	✓	无贴图
半透明	100.0	✓	无贴图
烟雾颜色	100.0	✓	无贴图
凹凸	40.0	✓	Map #6（木地板034.jpg）
置换	100.0	✓	无贴图
不透明度	100.0	✓	无贴图
环境		✓	无贴图

图6-19 凹凸贴图

03 参数设置完成后，执行渲染，建议使用VRay渲染器进行，得到木地板效果，如图6-20所示。

图6-20 木地板效果

6.1.9 棋盘格贴图 ▼

棋盘格贴图用于实现两种颜色交互的方格图案，通常用于模拟不同形式的地面或墙面铺装材质样式，在棋盘格图中，不适合用纹理贴图来替换棋盘方格的颜色。

基本操作

在材质界面中，单击漫反射后面的贴图按钮，在弹出的界面中，双击"棋盘格"贴图，如图 6-21 所示。

● 柔化：用于设置方格之间的模糊程度。值越大，方格之间的颜色模糊越明显。

● 交换：单击该按钮后，颜色 #1 与颜色 #2 可以进行交换。

● 贴图：选择要在方格颜色区域内使用的贴图。

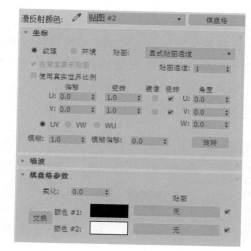

图6-21　棋盘格贴图

6.1.10　VRayHDRI ▼

HDRI 是 High Dynamic Range Image（高动态范围图像）的缩写，在室内表现中通常用来模拟外部环境或反射 / 折射环境效果，可以增强场景中物体的真实感和细节表现，也可以用在产品效果图中，表现材质反射的环境效果。

在 3ds Max 中，系统默认的环境背景为黑色，因此在设置或指定 VRayHDRI 贴图时，需要结合环境背景。

基本步骤

按数字【8】键，开启环境和效果面板，单击环境贴图中的　无　按钮，在弹出界面的 VRay 贴图选项中，双击"VRayHDRI"，将按钮单击并拖动到样本球，进行实例关联，单击"浏览"按钮，选择"*.hdr"格式的文件。设置贴图类型为"球形环境"，如图 6-22 所示。

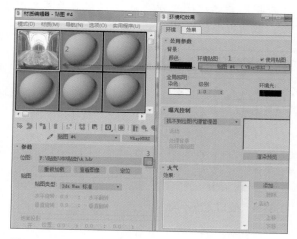

图6-22　VRayHDRI贴图使用

🔘 技巧说明

对于 HDRI 格式的贴图文件（格式为"*.hdr"），可以通过将多个图片拼接成全景图像，设置不同的曝光方式，在Photoshop软件中生成，也可以通过网络下载来获得。对于大多数的HDRI贴图来说，贴图的类型为球形时，才可以更好地模拟球形的天空环境。

6.1.11　其他贴图 ▼

在制作室内效果图时，除了常见的位图贴图、棋盘格贴图以外，还有一些其他的常见贴图，如大理石贴图、衰减贴图、平铺贴图等。

1. 大理石贴图

大理石贴图可以生成带有随机颜色纹理的大理石效果。方便生成随机的"布艺"纹理，还可以添加到"凹凸"贴图通道中，实现水纹玻璃效果，如图 6-23 所示。

图6-23　大理石参数

大小：用于设置大理石纹理之间的间距。

纹理宽度：用于设置大理石纹理之间的宽度，数值越小，宽度越大，如图 6-24 所示。

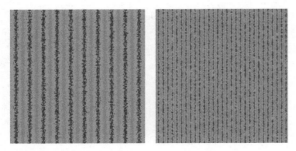

图6-24　纹理宽度不同

2. 衰减贴图

衰减贴图可以产生从有到无的衰减过程，通常应用于反射、不透明贴图通道，如不锈钢材质反射的衰减，如图 6-25 所示。

衰减类型：用于设置衰减的类型方式，从下拉列表中选择。总共提供 5 种衰减类型。

垂直 / 平行：在与衰减方向相垂直的法线和与衰减方向平行的法线之间，设置角度衰减范围。衰减范围为基于平面法线方向改变 90 度。

朝向 / 背离：在面向衰减方向的法线和背离衰减方向的法线之间，设置角度衰减范围。衰减为基于平面法线之向改变 180 度。

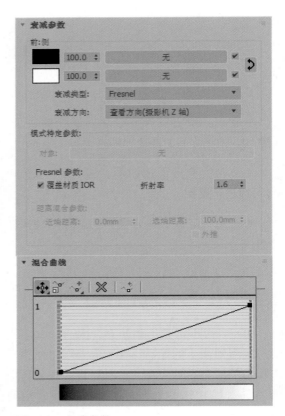

图6-25　衰减参数

Fresnel（菲涅耳）：基于折射率的调整。在面向视图的曲面上产生暗淡反射，在有角的面上产生较明亮的反射，产生类似于玻璃面上一样的高光。

阴影 / 灯光：基于落在对象上的灯光在两个子纹理之间进行调节。

距离混合：基于近距离值和远距离值，在两个子纹理之间进行调节。

3. 平铺贴图

在进行室内效果图制作时，平铺贴图用于模拟不同形式的地面或墙面的铺装效果。默认情况下，贴图是以黑白两色相同的形式展示的，也可以修改其颜色或不同贴图的形式替代。

使用方法

单击漫反射后面的■按钮，在弹出的贴图列表中，双击"平铺"贴图，设置参数，如图 6-26 所示。

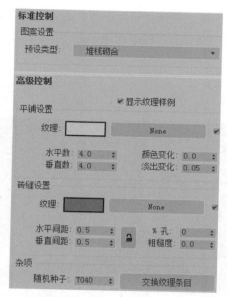

图6-26　平铺参数

基本操作

　　选择需要添加边纹理的物体，按【M】键，选择样本球并赋给物体，单击"Standard"按钮，在弹出的界面中，双击"VRayMtl"材质，单击漫反射后面的▇按钮，双击 VR 边纹理）贴图，设置参数，如图 6-27 所示。

图6-27　边纹理参数

　　预设类型：可以从下拉列表中选择平铺图案的类型样式，有连续堆砌、荷兰堆切、英式堆砌、堆栈砌合等不同的方式，方便实现马赛克、木地板等模拟表现。

　　平铺纹理：用于设置平铺贴图的纹理效果，可以选择以某种颜色进行平铺，也可以通过后面的贴图按钮，选择合适的图像来进行平铺表现，通过下方的各个参数调整平铺纹理的布局效果。

　　砖缝纹理：用于设置不同平铺样式时缝隙的颜色或图像。通常使用颜色来表现砖缝的纹理效果。

4．VR边纹理贴图

　　VRay 边纹理贴图类型，能够实现对物体边界线的渲染，方便查看模型的段数网格效果。也可以后期渲染生成 VRay 边纹理贴图后，通过后期处理，实现效果的锐化效果。

　　颜色：用于设置边纹理最终显示时的颜色效果，下方的参数用于设置边线的线条粗细和单位属性。

　　设置完成 VR 边纹理贴图后，进行场景渲染，生成实际的 VR 边纹理贴图效果，如图 6-28 所示。

图6-28　VRay边纹理贴图效果

6.2　灯光特效

　　仅通过前面建模和材质的学习，在进行正式渲染或动画输出时，还实现不了好看的效果，最主要的原因就是没有灯光的参与。在 3ds Max 软件中，灯光是表现场景基调和烘托气氛的重要手段。良好的灯光效果，可以使用场景更加生动、更具有表现力，使人产生身临其境的感觉。作为 3ds Max 中的一个特殊对象，灯光模拟的不仅是光源本身，而且也是光源的照射效果。

在使用 3ds Max 软件结合 VRay 渲染器后，其灯光创建主要集中于命令面板的灯光选项，包括标准灯光、学度学灯光、VRay 灯光三种灯光类型。本书最终以 VRay 渲染器进行渲染输出，因此，在灯光特效部分介绍 VRay 渲染器下常用的灯光。

6.2.1 标准灯光 ▼

标准灯光共有 4 种类型，分别为聚光灯、平行光、泛光灯和天。不同类型灯光的发光方式不同，所以产生的光照效果也有很大差别，如图 6-29 所示。

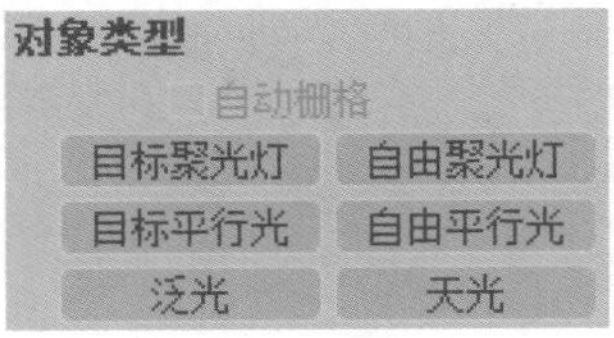

图6-29 标准灯光

1. 聚光灯

聚光灯是一种具有方向和目标的点光源，分为目标聚光灯和自由聚光灯。类似于路灯、车灯等。通常用于制作场景主光源，如图 6-30 所示。

图6-31 泛光灯

平行光的原理就像太阳光，会从相同的角度照射范围以内的所有物体，而不受物体位置的影响。当需要显示阴影时，投影的方向都是相同的，而且都是该物体形状的正交投影，如图 6-32 所示。

图6-30 聚光灯

2. 泛光

泛光是一种向四周扩散的点光源。类似于裸露的灯泡所放出的光线。通常用于制作辅助光来照明场景，如图 6-31 所示。

3. 平行光

平行光是一种具有方向和目标，但不扩散的点光源。平行光分为目标平行光和自由平行光两种。通常用于模拟阳光的照射效果。

图6-32 平行光

4. 天光

天光也是一种用于模拟日光照射效果的灯光，它可以从四面八方同时对物体投射光线。场景中任意点的光照是通过投射随机光线，并检查它们是否落在另一个物体上或天穹上来进行计算的。平时应用较少，在此不做实例。

6.2.2　光度学灯光　▼

光度学灯光与标准灯光类似，但计算方式更加灵活精确。光度学灯光还有一个明显的优点，就是可以使用现实中的计量单位设置灯光的强度、颜色和分布方式等属性。

1. 目标灯光

目标灯光和自由灯光的区别在于灯光的控制点不同，目标灯光由光源和目标两部分构成，自由灯光只要光源部分，通过旋转和移动来控制灯光的方向，如图 6-33 所示。

2. 太阳定位器

用于模拟现实生活中阳光的照射效果，系统遵循太阳在地球上某一给定位置，您可以选择位置、日期、时间和指南针方向。也可以设置日期和时间的动画。该系统适用于计划中的和现有结构的阴影研究。此外，可以通过"纬度"、"经度"、"北向"和"轨道缩放"进行动画设置，如图 6-34 所示。

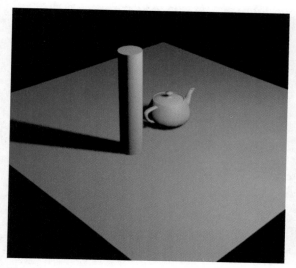

图6-33　目标灯光

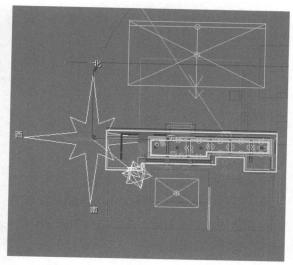

图6-34　太阳定位器

6.2.3　灯光添加与参数　▼

在了解灯光的基本特点以后，方便进行灯光的添加。除了基本特征以外，合理正常的添加和参数配置，也是特别重要的一个环节。

1. 灯光添加

在命令面板新建选项中，单击 ■ 按钮，切换到灯光类别，从下拉列表中，选择"标准"，单击相应的灯光按钮，在视图中单击并拖动鼠标完成灯光对象的创建。

在不同的视图中，通过移动或旋转操作灯光所在的位置，更改参数，调节灯光效果。

> **◎ 技巧说明**
>
> 在3ds Max界面中，添加后的灯光对象，需要通过三个单视图调节所在位置和照射的方向，因此，需要广大读者有一定的三维空间意识，方便控制灯光的照射方向和效果。

2. 灯光参数

在标准灯光中，除了天光对象以外，其他三种标准灯光的参数选项基本相同或类似。其中泛光灯的参数最简单，聚光灯与平行光基本相同，其参数基本类似。

常规参数

灯光的常规参数，如图 6-35 所示。

图6-35　常规参数

● 启用：用于打开或关闭灯光。若去掉该选项，即使场景中有灯光，那么该灯光在渲染时也不会产生灯光效果。从后面的下拉列表中，可以更改当前灯光的类型。

阴影选项组：

● 启用：用于设置是否开启当前灯光的投影效果。

● 使用全局设置：选中该选项后，当前灯光的参数设置会影响场景中所有使用了全局参数设置的灯光。

● 下拉列表：从下拉列表中选择当前灯光的阴影类型。不同的阴影类型，产生的阴影效果也不同。

● 排除：单击该按钮后，弹出"排除 / 包含"对话框，用于设置将某物体排除当前灯光的影响，如图 6-36 所示。

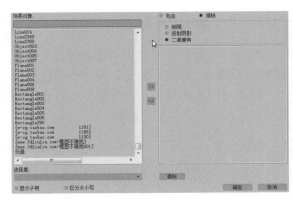

图6-36　排除/包含

强度 / 颜色 / 衰减

● 倍增：用于设置当前灯光的照明强度。以 1 为基准，大于 1 时光线增强，小于 1 时光线变弱，小于 0 时，具有吸收光线的特点。后面的颜色按钮用于设置灯光的颜色，在对灯光进行颜色设置时，通常为暖色系或冷色系。不能为默认的白色。

● 近距衰减：用于设置当前灯光从产生到最亮的区域，通常不需要设置。

● 远距衰减：用于设置当前灯光的远距离衰减，表示当前灯光从开始衰减到完全结束的区域，在当前灯光远距离衰减区域以外的物体对象，将不受当前灯光的影响。

● 使用：选中该选项时，对当前灯光衰减的设置有效。

● 显示：选中该选项时，在视图中显示当前灯光开始衰减的范围线框。

● 开始：远距离衰减时，通常将该选项设置为 0。

● 结束：用于设置远距离衰减的结束区域。在结束区域以外，当前灯光的效果不可见。

投影类型

当选中启用阴影后，可以从下拉列表中，选择阴影类型，如图 6-37 所示。

图6-37　阴影类型

●阴影贴图：是 3ds Max 软件默认的阴影类型。投影类型的优点是渲染时所需要的时间短，是最快的阴影方式，而且阴影的边缘比较柔和。阴影贴图的缺点是阴影不够精确，不支持透明贴图，如果需要得到比较清晰的阴影，需要占用大量内存，如图 6-38 所示。

图6-38　阴影贴图

●光线跟踪阴影：是通过跟踪从光源采样出来的光线路径来产生阴影。光线跟踪阴影方式所产生的阴影在计算方式上更加精确，并且支持透明和半透明物体，光线跟踪阴影的缺点是渲染速度较慢，而且产生的阴影边缘十分生硬，常用于模拟日光和强光的投影效果，如图 6-39 所示。

图6-39　光线跟踪阴影

●区域阴影：现实中的阴影随着距离的增加，边缘会越来越模糊。利用区域投影就可以得到这种效果。区域阴影在实际使用时，比高级光线跟踪阴影更加灵活。区域阴影唯一的缺点是渲染时，速度相对较慢，如图 6-40 所示。

图6-40　区域阴影

●高级光线跟踪阴影：是光线跟踪阴影的增强。在拥有光线跟踪阴影所有特性的同时，还提供了更多的阴影参数控制。高级光线跟踪阴影，既可以像阴影贴图那样得到边缘柔和的投影效果，还具有光线跟踪阴影的准确性。

高级光线跟踪阴影占用的内存比光线跟踪阴影少，但是渲染速度要慢一些。主要用于场景中与光度学灯光配合使用。得到与区域阴影大致相同效果的同时，还具有更快的渲染速度，如图 6-41 所示。

图6-41　高级光线跟踪阴影

3．光度学灯光

在进行效果图制作时，光度学使用较多，通过光度学灯光可以实现较好的灯光效果，还可以灵活的控制灯光的方向和衰减等效果。

添加

在命令面板新建选项中，单击●按钮，切换到灯光类别，从下拉列表中选择"光度学"，单击"目标灯"，在视图中单击并拖动，通过三个单视图，调节灯光位置和强度，如图6-42所示。

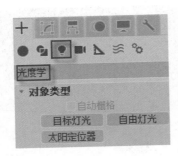

图6-42 光度学

参数

场景中添加光度学灯光后，需要设置其参数，如图6-43所示。

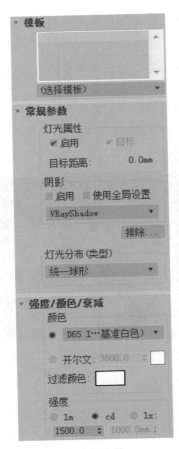

图6-43 光度学参数

● 模板：用于设置光度学灯光所使用的模板。从下拉列表中，可以选择40W灯泡、60W灯光、100W灯光和其他常见灯光类型。选择类别后，光度学灯光自动设置灯光的颜色和强度。

● 常规参数：与前面标准灯光参数类似，在此不再赘述。

● 灯光分布（类型）：用于设置当前光度学灯光的类型，包括统一球形、聚光灯、光度学Web和统一漫反射。

● 颜色：光度学灯光的颜色与标准灯光的颜色类似，请参考标准灯光的颜色设置。

● 强度：用于设置当前灯光的强度。可以使用lm（流明）、cd（烛光度）和lx（勒克斯）等不同的单位计算。通常使用cd（烛光度）单位来衡量当前灯光的强度。当勾选☑ 100.0 ÷ %时，通过后面百分比的数据，来控制当前光度学灯光的强弱。

光域网添加

在空间场景中，通过添加光域网文件，可以实现漂亮的灯光效果。

01 在命令面板新建选项中，单击●按钮，切换到灯光类别，从列表中选择"光度学"，选择"目标灯光"选项，在视图中单击并拖动鼠标，完成目标点光源的添加，通过三个单视图调节当前灯光的位置和入射角度。

02 选择灯光，切换到"修改"选项，从"灯光分布"列表中选择"光度学Web"，此时弹出"Web参数"，如图6-44所示。

图6-44 模板选择光度学

03 单击 ＜选择光度学文件＞ 按钮，从弹出的界面中，选择"＊.ies"格式的文件，从缩略图中可以看出该灯的发光效果，如图6-45所示。

04 单击 打开(Q) 按钮，完成光域网文件的载入，在灯光强度选项中，设置当前灯光的强度。通常以cd（烛光度）为计量单位，按【Shift+Q】组合键，进行渲染测试，如图6-46所示。

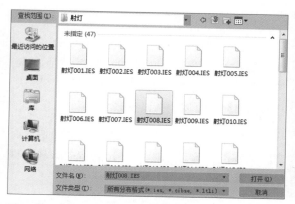

图6-45　选择ies文件

图6-46　光域网效果

6.2.4　VR灯光 ▼

在正确安装完 VRay 器以后，在灯光创建面板中便会自动显示 VRay 灯光的四种不同类型，鉴于是 VRay 渲染器自动带的灯光类型，因此，可以更好地与 VR 渲染器结合起来，渲染出逼真的室内外或产品等效果图。

1. VrayLight（VR灯光）

在 VRay 渲染器下，VR 灯光为最常用的灯光类型，VR 灯光分为"平面"、"穹顶"、"球体"、"图形"和"网格"共五种类型，在"修改"选项中，不同的灯光类型可以进行相互转换。

常规选项

常规选项主要用于设置当前灯光的类型、尺寸、倍增和颜色等信息，如图 6-47 所示。

开：用于控制是否启用当前 VR 灯光。

类型：用于选择 VR 灯光的类型，可以从下拉列表中选择。

1/2 长：用于设置当前 VR 灯光一半的长度尺寸，如果为"球体"灯光时，更改该参数影响球体的半径尺寸。

图6-47　常规选项

1/2 宽：用于设置当前 VR 灯光一半的宽度尺寸。

颜色：用于设置当前 VR 灯光的发光颜色，通常为冷白或暖白。

选项：VR 灯光的"选项"选项组需要根据场景空间中灯光的光源具体要求单独设置，如图 6-48 所示。

排除：用于排除某物体不受当前灯光的影响，与标准灯光类型中的"排除"功能类似。

图6-48 选项参数

图6-49 采样

投射阴影：用于设置是否对物体的光照产生阴影，默认为选中状态。

双面：选中该选项后，当前灯光成为双向光源。该选项只有在灯光类型为"平面"时有效。

不可见：选中该选项后，当前的灯光在渲染结果中不显示灯光造型。根据实际情况来设置该参数。

不衰减：由于在现实场景中，灯光的衰减始终存在，所以在模拟灯光的过程中应尽量将此设置保持默认不选中该参数。

天光入口：选中该选项后，VR灯光的光照强度、颜色等参数不再受自身参数的影响，而是由"VR环境灯光"来影响，因此，该参数选项通常不被选择。

影响漫反射：选中该参数后，VR灯光影响物体表面。默认为选中状态。

影响高光反射：选中该参数后，影响物体的高光区域。高光是表现物体形态的重要特征之一，所以默认状态下是被勾选的。

影响反射：选中该参数后，影响物体表面的反射。当不需要在物体表面显示该灯光时，可以将去掉该选项。

采样

采样选项通常用于设置场景渲染时，对当前灯光的阴影部分的细腻程度的调整，如图6-49所示。

细分：该参数影响灯光阴影的细分。当设置的参数比较低时，会增加阴影区域的噪点，但是渲染速度较快。测试渲染时可以保持默认，正式输出时，可以调高该参数。

阴影偏移：用于控制物体与阴影的偏移距离，较高的值会使阴影向灯光的方向偏移，保持默认参数即可。

中止：用于设置采样的最小阈值，低于设置数值的区域不进行采样。

2. VRayIES

VRayIES灯光是VRay渲染器下特定的一种灯光光源，该灯光是用来加载IES光域网文件的灯光类型，其渲染的工作原理和效果，与3ds Max软件中光度学灯光添加光域网的光源效果和原理较为类似。

在VRay渲染器下，VRayIES灯光不仅可以渲染出普通灯光无法模拟的散射、多层反射、日光灯等效果，更为重要的是VRayIES灯光的渲染速度通常要比其他方式的灯光渲染速度要快，如图6-50所示。

图6-50 VRayIES灯光

VRayIES 灯光的参数设置比较简单，主要通过 VRayIES 卷展栏中的 "None" 按钮，为当其添加不同的光域网，使用颜色和功率为其调整灯光颜色和灯光强度，设置相对简单，在此不再赘述。

3. VR太阳

VRay 太阳是在 VRay 渲染器下模拟物理世界里的阳光效果，此种灯光的渲染效果较为真实，调整阳光的位置、参数及入射角度等参数，其最终的表现效果也会随之发生变化。

VR 太阳的参数面板基本上与 VR 灯光的参数面板类似，在此，只对部分不同的常用参数进行介绍。

在命令面板灯光选项中，从下拉列表选择 VRaySun（VR 太阳），在场景中单击并拖动完成添加，设置参数，如图 6-51 所示。

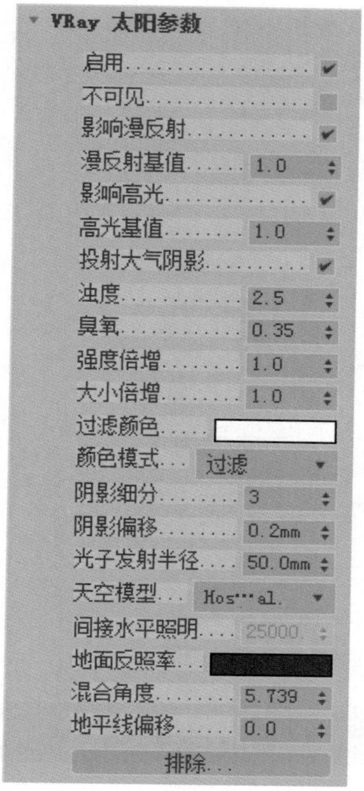

浊度：用于模拟空气的混浊度，影响 VR 太阳和 VR 天光的颜色，范围 2 ~ 20，数值越小，表示晴朗干净的空气，渲染完成后整体偏冷色调；值越大，表示灰尘含量比较多的空气，渲染完成后整体偏暖色调。

臭氧：用于控制空气中臭氧的含量，较小的数值阳光比较黄，较大数值的阳光比较蓝。可以与浊度参数结合使用。

强度倍增：用于控制阳光的强度，默认值为 1。使用普通摄像机进行渲染时，建议将其倍增更改为 0.028 左右，若使用 VRay 物理相机进行渲染时，可以保持默认。

图6-51　VR阳光参数

大小倍增：用于调节太阳的大小，它的主要作用表现在阴影的模糊程度上，较大的数值可以使用阳光的阴影比较模糊。

阴影细分：用于调节阴影的细分程度，较大的值可以使整个模糊区域的阴影产生比较光滑的效果且没有杂点。

阴影偏移：用于控制物体与阴影的偏移距离，较高数值会使阴影向灯光的方向偏移。

6.2.5　VR阴影 ▼

在 VRay 渲染器中，除了默认的 VRay 灯光以外，还支持 3ds Max 软件中的其他灯光类型，使用非 VRay 灯光时，需要对阴影的类型进行合理的设置，才能得到正确的阴影效果，尤其是透明材质的阴影效果。

1. 设置阴影类型

选择非 VR 灯光，切换到命令面板修改选项中，从阴影下拉表中选择 "VRay 阴影"，在 "VRay 阴影参数" 选项中设置参数，如图 6-52 所示。

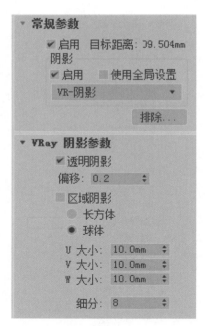

图6-52　VRay阴影

2. 参数说明

区域阴影：选中该选项后，可以在物体的阴影边缘生成模糊效果。与标准灯光阴影类型中的"区域阴影"类似。通过 U、V、W 方向的尺寸控制阴影边缘的模糊距离，如图6-53所示。

图6-53　10mm与1mm对比

细分：用于控制物体阴影的细腻程度。与 VR 灯光参数中的细分类似。

6.3 渲染设置

在进行效果图制作时，除了进行材质调节和灯光布置，还需要选择合适的渲染器进行渲染模拟，才可以实现逼真的效果图。

目前市场上流行的渲染器有很多种，如 VRay、Maxwell、FinalRender、Brazil 等常见的渲染器，不同的渲染器都有其独特的渲染特点和领域。

6.3.1 VRay渲染器简介 ▼

VRay 渲染器是由 Chaos Group 公司开发的一款高质量渲染软件，以插件的形式应用于 3ds Max 等软件中。通过 VRay 渲染器可以模拟真实的反射、折射等效果，并且操作简单，易学易用，因此被广泛应用于建筑表现和室内效果图等领域。

VRay 渲染器是基于 3ds Max 软件平台上的高级光能传递渲染插件，它有着极其强大的渲染功能，通过其独特的光子图渲染算法，使得 3ds Max 渲染速度和工作效率方面得到了突破性提高。

1. VRay渲染器的指定

VRay 渲染器是安装在 3ds Max 下的渲染插件，在初次使用时必须将其调出并指定为当前渲染器才能进行下一步的参数调配，不能直接进行渲染使用。

按【F10】键或单击主工具栏中的 按钮，弹出渲染设置对话框，在公用选项，从指定渲染器选项中，指定渲染渲染器和材质编辑器，如图 6-54 所示。

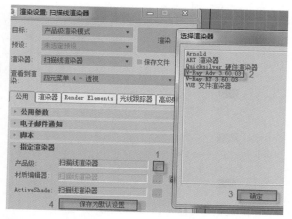

图6-54 渲染设置

2. 工作流程

使用 VRay 渲染器也许最头疼的就是 VRay 的计算速度，虽然相对于其他的专业渲染插件而言，VRay 的速度属于领先级别。合理有效的工作流程对于提高速度有举足轻重的作用。VRay 渲染分为测试阶段和正式阶段。

测试阶段

首先，在渲染设置选项中，进行测试渲染参数设置，在保证基本渲染效果的情况下，提高效果图测试速度。

其次，在覆盖材质的前提下，依次测试主光源、辅助光源和阴影光源的灯光效果。

最后，对场景中的物体指定或加载材质，对整个场景进行材质和灯光渲染测试。

正式阶段

通过测试阶段的调节，灯光、材质方面都基本完成。在渲染设置中，加载高级别的渲染参数，调节灯光的阴影细分。正式出小图查看局部细节，更改渲染尺寸，达到出图要求，等待渲染完成。

6.3.2 渲染参数设置 ▼

VRay 渲染插件指定成功后，便可以使用 VRay 渲染器进行场景渲染，对于不同的工作阶段和渲染的品质要求，需要进行合理的渲染设置，才可以在保持高效率的前提下，完成渲染的工作需要。

1. VRay选项卡

VRay 选项包括授权、关于 VRay、帧缓冲区、全局开关、图像采样、图像过滤、全局定性蒙特卡洛、环境、颜色贴图和摄像机等参数，该选项卡中的卷展栏是 VRay 渲染设置中占据篇幅最大的区域，但在渲染参数调配的过程中并非每个参数都要调整，如"授权"与"关于 VRay"两个选项就只是显示授权信息，并无实际可操作意义，在此，仅介绍常用选项。

全局开关

全局开关是对几何体、灯光照明及材质等相关参数的全局设置，如图 6-55 所示。

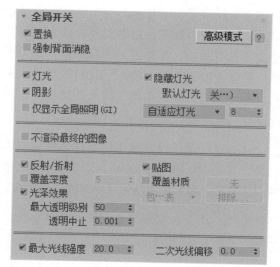

图6-55 全局开关

默认灯光：使用场景中手动添加的灯光进行渲染时，通常将默认灯光关闭。方便查看已经添加或设置的灯光效果。

覆盖材质：当需要对当前场景进行整体白模渲染时，可以选中当前选项，并通过 无 按钮，选择一个材质，用来替换当前场景中的所有物体材质。

图像采样：图像采样用于控制渲染结果图像的精细程度，在新版本 VRay 中，图像采样类型分为块和渐进两种方式，如图 6-56 所示。

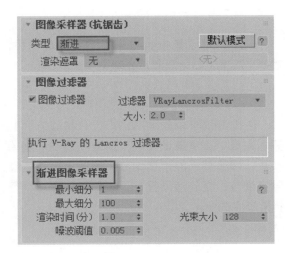

图6-56　图像采样

图像采样类型：选择不同的类型，其下方的图像采样器会自动切换。对于熟悉以前老版本的用户来讲，固定、自适应和自适应细分三个类型合并为块，而渐进的采样类型，适用于整个图像的快速渲染，类似于使用 RT 的方式进行。整个图像逐渐变清晰，噪点逐渐变少，对电脑硬件有要求。

过滤器：用于设置渲染时物体边缘的锯齿类型，其中 MitchellNetravali、Catmull-Rom 两种过滤器较为适合室内场景效果图的渲染制作。

环境：用于设置或更改渲染时的默认场景环境，如图 6-57 所示。

全局照明（GI）：用于设置全局照明（GI）时，所使用的环境颜色或贴图。不选中时，VRay 将使用 3ds Max 的背景色和贴图进行渲染显示。可以分别指定反射/折射、折射和二次无光时的环境颜色和贴图。

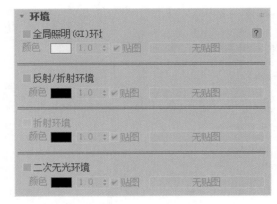

图6-57　环境参数

颜色贴图：颜色贴图用于控制灯光方面的衰减以及最终图像色彩的模式转换，共提供了 7 种不同种类的曝光形式，如图 6-58 所示。

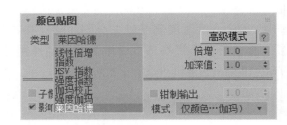

图6-58　颜色贴图

类型：用于选择灯光的曝光方式或类型，线性倍增为默认的曝光形式，在多数情况下会导致接近光源的点过度夸大亮度。通常选择指数和 HSV 指数的曝光形式，因为这两种形式可以在亮度的基础上使之更为饱和，同时 HSV 指数还可以保护画面色彩的色调，使整体效果更加逼真柔和。

摄影机：摄影（像）机是 VRay 系统中的一个相机特效设置，包括摄像机类型、运动模糊以及景深等特效，如图 6-59 所示。

在进行室内效果图制作时，摄像机类型和运动模糊两个选项组中的参数很少被调整，而适度增加"景深"效果可加强长焦镜头的空间层次感。其设置的方法与 3ds Max 软件中的方法类似，在此不再赘述。

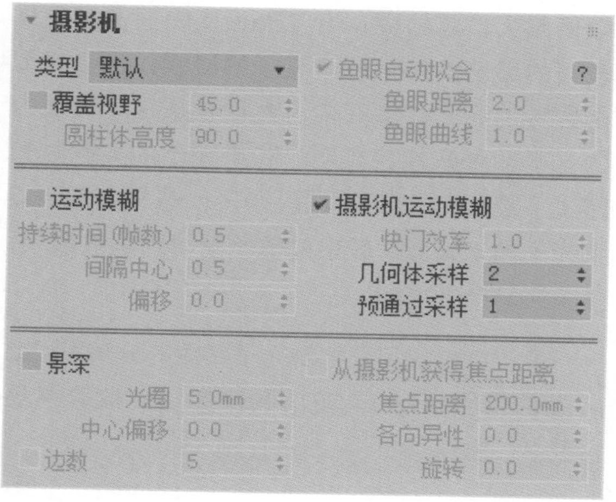

图6-59　摄像机

2. GI（全局照明）选项卡

全局照明，简称 GI，是 VRay 渲染器最为重点的调整区域，合理的参数不仅可以渲染出高品质的效果，还可以提升整体的渲染速度。

全局照明参数分为首次引擎、二次引擎和体现玻璃物体特效属性的焦散设置。

全局照明：全局照明通常需要手动开启，用于设置场景中所有方面的光照系统，通过光照与二次引擎的设置，提高整体画面质量，如图 6-60 所示。

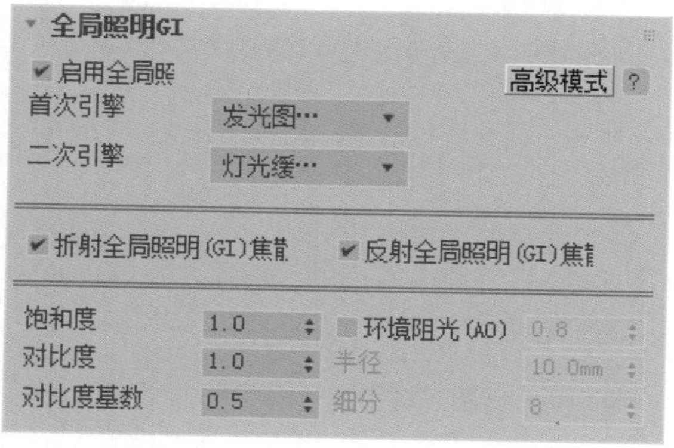

图6-60　全局照明

首次引擎：用于设置灯光直接照射或影响区域的全局照明方式。

二次引擎：用于设置经过反射、散射或折射等方式影响区域的照明方式。

首次和二次引擎有很多组合方案，为了在保证渲染品质的前提下，更好地提高渲染速度，建议将首次引擎的全局照明设置为"发光图"，将二次引擎的全局照明设置为"灯光缓存"。

饱和度、对比度和对比度基数等参数用于设置渲染图像的饱和度、对比度等效果，建议保持默认，对于渲染完成的图像，再次通过 Photoshop 等专业的图像处理软件进行后期处理。

发光图：发光图引擎方式是首次引擎中渲染速度最快的方式，也是 VRay 渲染器中全局照明最好的渲染引擎，如图 6-61 所示。

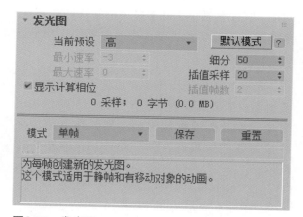

图6-61　发光图

当前预设：用于设置发光图渲染的计算方式，默认分为自定义、低、很低等几种方式，通常选择"自定义"方式，根据当前电脑的硬件级别选择合适的计算方式。

在测试阶段，最小速率通常为 - 6，最大速率为 - 5，细分为 20，在正式渲染阶段，最小速率为 - 4，最大速率为 - 3，细分为 80 左右。

在进行图像渲染时，计算次数等于最大速率减最小速率加 1，因此，合理的计算次数，对于整体图像的渲染速度有重要影响。

灯光缓存：灯光缓存引擎方式是二次引擎中比较常用的方式，支持所有类型的灯光，不仅包括天光、自发光，而且对非物理光、光度学灯光也同样有效果，从而使二次引擎的区域更为完美，如图6-62所示。

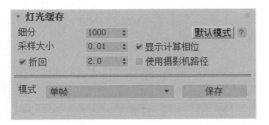

图6-62　灯光缓存

细分：用于设置来自摄像机路径被追踪的数值，影响渲染的整体品质，建议该数值为300 ~ 600。

采样大小：用来控制灯光缓存的样本尺寸大小，较小的数值意味着较小的采样尺寸大小，意味着得到更多的细节，同时需要的样本（细分）也增加。

焦散：焦散是指光线穿过透明玻璃物体或反射类材质表面反射后所产生的一种特殊物理现象。焦散选项默认关闭，需要在渲染结果中显示焦散效果时，可手动开启，如图6-63所示。

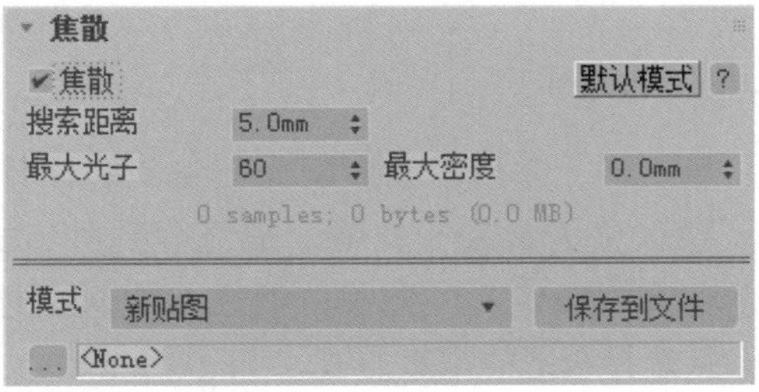

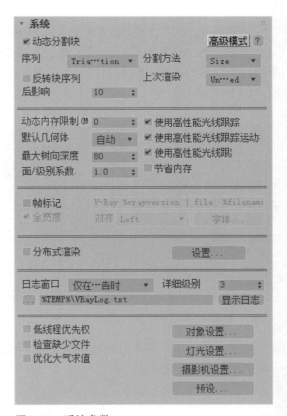

图6-63　焦散

搜索距离：当 VRay 进行焦散渲染时，会自动搜寻位于周围区域同一平面的其他光子，实际上这个搜寻区域是一个中心位于初始光子位置的圆形区域，其半径就是由这个搜寻距离确定的。值减小就会产生明显的光斑，值增大，渲染速度会明显下降，但焦散效果会更加真实。

最大光子：控制焦散效果的清晰和模糊，

数值越大，越模糊。当 VRay 追踪撞击在物体表面的某些点的某一个光子的时候，也会将周围区域的光子计算在内，然后根据这个区域内的光子数量来均分照明。如果光子的实际数量超过了最大光子数的设置，VRay 也只会按照最大光子数来计算。较小的值不易得到焦散效果，较大又易产生模糊。

最大密度：用于控制光子贴图的分辨率（或者说占用的内存），较小的值会让焦散效果更锐利。

3. 设置选项卡

设置选项是 VRay 渲染器整体参数的调整区域，主要包括默认置换和系统两个参数区域，一般在无特殊情况下不做过多调整。

系统：系统选项用于控制 VRay 的系统参数，可以调整渲染的顺序、加载参数和进行网络渲染，如图6-64所示。

图6-64　系统参数

序列：用于设置 VRay 渲染时的渲染顺序，可以从下拉列表中，选择从上到下或是从下到上等方式，方便查看局部细节。

分布式渲染：用于设置网络渲染。可以将在同一局域网内的多台机器组建成渲染阵列，方便进行网络渲染。

预设：该选项常用，可以将对 VRay 渲染参数的常规设置进行保存，方便快速载入测试参数或正式参数。还可以将保存的渲染参数执行另存为操作，实现参数共享等。

◎ 总结

VRay渲染器的渲染参数设置基本上都涵盖于以上参数中，但这并非是该渲染器的全部应用命令。根据自身电脑硬件配置的不同，很多参数可以进行调整，毕竟渲染品质与电脑硬件的配置息息相关。在使用3ds Max进行效果图制作时，VRay贯穿于始终，对渲染画面的质量起着至关重要的作用。

6.4 实战案例

通过材质、灯光和渲染设置的基本学习，进行以下实战案例操作，掌握真实材质是如何通过材质、灯光和渲染的综合操作来实现的。

6.4.1 基础类材质 ▼

在进行室内设计时，玻璃类材质应用广泛。如透明玻璃、磨砂玻璃、水纹玻璃等。玻璃材质表现的是否准确，对整个场景的质感影响较大。而 VRay 渲染器的强项就是材质的反射和折射。所以，在使用 VRay 渲染器时，广大读者需要用好玻璃材质。

1. 透明玻璃

普通的透明玻璃材质，在制作时需要将折射的颜色设置为纯白色，如图 6-65 所示。

场景中添加灯光，载入渲染参数，按【Shift+Q】组合键，执行渲染，生成透明玻璃材质效果，如图 6-66 所示。

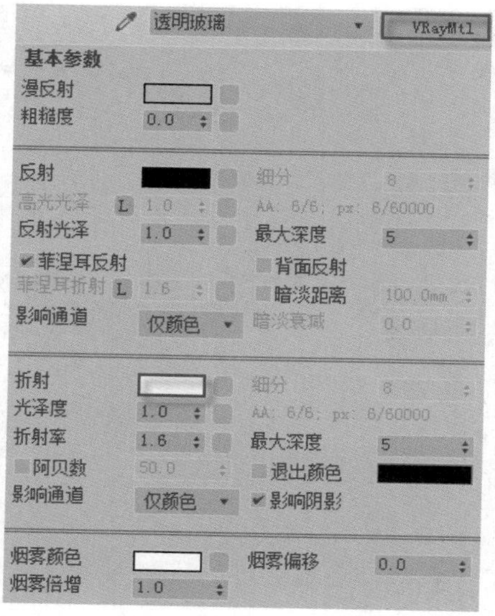

图6-65 透明玻璃材质参数

图6-66 透明玻璃

2. 彩色透明玻璃

在制作彩色玻璃时，可以通过漫反射颜色或折射参数中的"烟雾颜色"来实现物体的最终颜色。建议使用"烟雾颜色"的方式实现彩色透明玻璃，如图 6-67 所示。

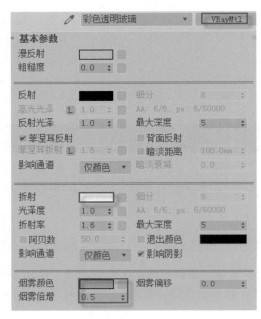

图6-67　彩色透明玻璃

场景中添加灯光，载入渲染参数，按【Shift+Q】组合键，执行渲染，生成透明玻璃材质效果，如图 6-68 所示。

图6-68　彩色透明玻璃

3. 磨砂玻璃

磨砂玻璃材质在普通透明玻璃材质的基础上，设置其模糊的属性，如图 6-69 所示。

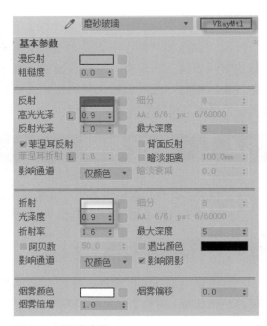

图6-69　磨砂玻璃

在场景中添加灯光，载入渲染参数，按【Shift+Q】组合键，执行渲染，生成磨砂玻璃材质效果，如图 6-70 所示。

图6-70　磨砂玻璃

使用 VRay 渲染器实现磨砂玻璃材质，更改光泽度时，参数不宜过低，否则渲染时间会十分漫长，在保证磨砂品质的前提下，为了得到较快的渲染速度，可以采用在凹凸通道，添加"噪波"贴图，实现磨砂效果，如图 6-71 所示。

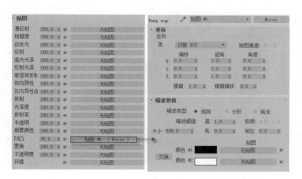

图6-71　另外方法实现磨砂玻璃

4. 水纹玻璃

水纹玻璃效果在室内设计中经常用到。在材质的凹凸通道中添加"大理石贴图"，实现水纹玻璃效果，如图 6-72 所示。

图6-72　水纹玻璃

5. 不锈钢材质

不锈钢材质具有很强的反射特点，选择样本球，更改材质类型为 VR 材质，设置材质参数，如图 6-73 所示。

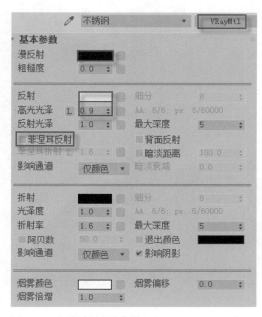

图6-73　不锈钢材质参数

在制作产品类不锈钢材质时，需要手动设置渲染环境，通常添加 HDRI 球形环境，按数字【8】键，单击环境贴图按钮，在弹出的界面中，双击 VRayHDRI 贴图，按【M】键，单击按钮并拖动到样本球，采取"实例"方式复制，通过"浏览"选择"*.HDR"文件，设置为球形环境，如图 6-74 所示。

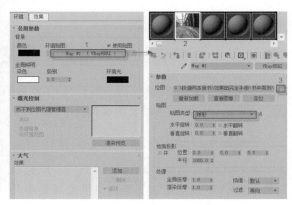

图6-74　环境贴图

按【F10】键，载入渲染参数，按【Shift+Q】组合键，执行场景渲染，生成不锈钢材质，如图6-75所示。

图6-76　磨砂不锈钢

图6-75　不锈钢材质

6. 磨砂不锈钢材质

在不锈钢材质的基础上，设置材质反射的模糊参数，如图6-76所示。

7. 有色金属材质

在制作高反射类有色金属材质时，材质的颜色需要通过反射颜色来影响。为了得到更加真实的颜色效果，需要将漫反射的颜色设置为黑色，加载参数，进行渲染，生成有色金属材质效果，如图6-77所示。

图6-77　有色金属

6.4.2　材质管理　▼

在给场景模型进行材质编辑时，除了常规的基本操作以外，还可以通过对现有的材质进行管理，方便进行模型的整体材质编辑。

1. 突破24个材质球限制

在材质编辑器中，默认时每个样本球代表一类材质，可以方便快捷地直接赋给场景中已经被选中的物体，当场景材质超过24类时，需要将样本球采取重复使用的方法来突破24个材质样本球限制。

首先，将当前材质球中的默认材质赋给场景中已经被选中的物体，建议给材质取名，如图6-78所示。

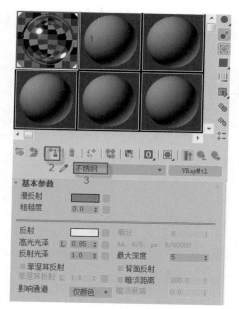

图6-78　默认样本球指定物体

图6-80　拾取材质

其次，单击材质编辑器工具行中的"获取材质"按钮，在弹出的界面中，双击"VRayMtl"，当前样本球为 VR 材质，再次赋给场景中已经被选中的物体，建议再次取名，如图 6-79 所示。

注意事项

当样本球重复使用过后，需要再次调整时，不需要选中物体，同时，也不需要再次赋给物体，只需要使用"吸管"拾取物体材质后，直接进行参数调整即可。

2．材质库

在进行模型材质编辑时，可以将自己常用的材质存储到材质库，再次使用时，通过直接加载材质库的方法来实现调用，既保持了整体材质的一致，又提高了整体的工作效率。

存储到材质库：调整完材质参数，渲染测试通过后，单击材质编辑器工具行中的按钮，选择存储的材质库或临时库，输入名称，如图 6-81 所示。

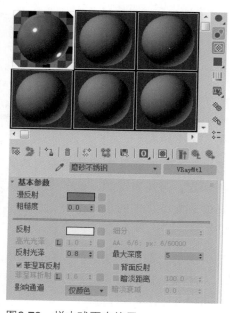

图6-79　样本球再次使用

最后，当需要对已经赋过材质的模型进行再次调节时，直接使用材质名称前的"吸管"按钮，单击物体，就可以进行再次编辑，如图 6-80 所示。

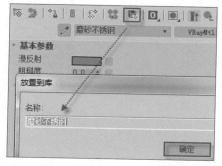

图6-81　放入库

加载材质库

按【M】键，打开材质编辑器，单击材质编辑器工具行中"获取材质"▨按钮，点击弹出界面左上角按钮，选择"打开材质库"操作，如图 6-82 所示。

图6-82　打开材质库

选择"*.mat"格式的文件，单击"打开"按钮，后续对样本球调节材质时，直接单击"Standard"（标准材质），可以直接选择已经载入到当前系统材质库中的材质，如图 6-83 所示。

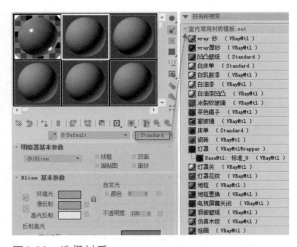

图6-83　选择材质

3. 查找缺少的外部文件

当打开外部文件时，由于贴图、光域网等文件发生了路径改变或其他原因，都会在打开文件

时，显示"缺少外部文件"对话框，如图 6-84 所示。

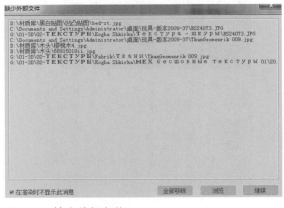

图6-84　缺少外部文件

单击"浏览"按钮，在弹出的配置外部文件路径对话框中，单击"添加"按钮，添加贴图查找路径，如图 6-85 所示。

图6-85　添加外部文件

选择丢失贴图或外部文件所在的位置，进行重新指定，若指定成功，单击打开素材文件时，在丢失外部文件的对话框中不会显示其文件名。

若丢失的外部文件较少时，可以采用上述方法，对于丢失大量文件时，可以采取重设外部文件路径进行批量指定。

单击命令面板中的"实用程序"◥按钮，单击面板中的"更多"按钮，从众多工具列表中，选择"位图／光度学路径"命令，如图 6-86 所示。

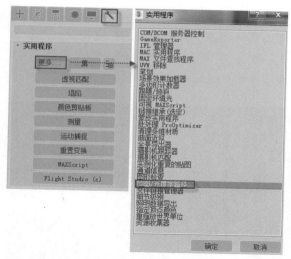

图6-86　选择实用程序

在路径编辑器中，单击"编辑资源"按钮，单击"选择丢失文件"按钮，单击"新建路径"后面的 ▇ 按钮，选择丢失文件所在的文件夹，单击"设置路径"按钮，如图 6-87 所示。

图6-87　设置路径

6.4.3　灯光案例 ▼

通过前面灯光基础知识的介绍和学习，广大读者已经对工具的用法有了一个初步的认识和了解，接下来通过两个综合的案例来学习它们在实际工作中的运用方法。在后面实战应用篇还将继续介绍常见灯光的案例操作。

1. 阳光入射效果

通过给场景添加目标平行光来模拟阳光的入射效果。更改阴影类型，让灯光自动适应窗口位置和入射角度，实现阳光的入射效果。

创建场景

创建长方体对象，长度、宽度和高度依次为 4300mm、3900mm 和 2900mm。右击，在弹出的屏幕菜单中选择【转换】为 /【转换为可编辑多边形】命令，按数字【5】键，单击选中长方体，右击，选择"翻转法线"命令，设置"背面消隐"选项。得到室内单面空间，如图 6-88 所示。

在编辑多边形中，按数字【2】键，切换到边的方式，选中"忽略背面"选项，通过连接和面挤出的方式，生成窗口。导入窗户模型，如图 6-89 所示。

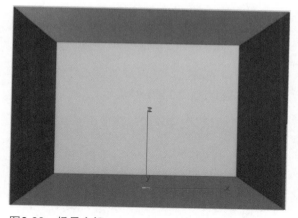

图6-88　场景空间

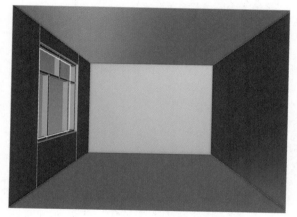

图6-89　窗口

添加灯光

01 在前视图中，通过命令面板新建选项，单击💡按钮，在标准灯光列表中，单击"目标平行光"按钮，在前视图中，单击并拖动鼠标，创建目标平行光。用于模拟阳光入射效果，如图6-90所示。

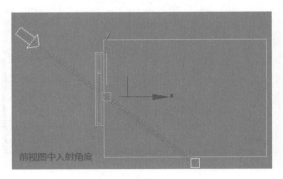

图6-90 平行光位置和角度

02 选择目标平行光，选中"启用阴影"，类型为"阴影贴图"，在阴影贴图参数中，选中"双面阴影"，设置光束和区域的大小以及形状为"矩形"。在前视图中，区域的大小，需要超过窗口的高度，室内添加泛光灯作为辅助光源，渲染测试，如图6-91所示。

图6-91 结果

2. 室内布光

通过室内布光的练习，掌握常见空间场景的布光方法，如图 6-92 所示。

场景分析

在本场景的室内效果图中，主要光源有四类。顶部射灯为一类，客厅顶部灯槽为一类，餐厅顶部灯为一类，餐厅顶部和侧面灯带为一类。同一类别的灯光对象，在复制时，方式为"实例"。在调节灯光参数时，更改任意一个，所有实例复制的灯光参数将统一更改。

图6-92 室内效果

基本步骤

01 按【Ctrl+O】组合键，打开3ds Max文件。在顶视图中，选择灯头物体，按【Alt+Q】组合键，将其孤立显示，在前视图中，选择光度学灯光，在场景中单击并拖动鼠标，将光度学灯光分布方式设置为"光度学Web"，添加光域网并设置参数，参考其他几个单视图，将灯移动到合适位置，如图6-93所示。

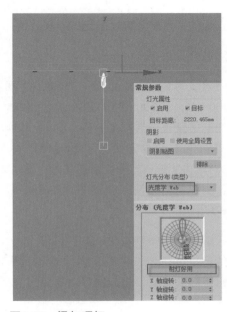

图6-93 添加顶灯

02 在不同的视图中，调整灯光的位置，更改灯光强度和颜色，根据筒灯的位置，进行"实例"类型的灯光复制，完成射灯布光，如图6-94所示。

图6-94　创建选择集

03 在场景中添加"VR球形灯"，将其调整到场景右侧沙发的台灯位置处，使用"实例"的复制方式，生成另外一个台灯，设置其参数，如图6-95所示。

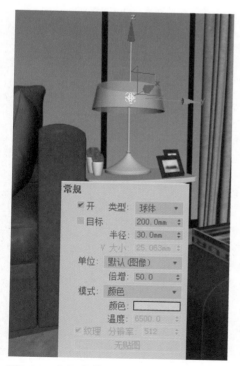

图6-95　台灯参数

04 在场景中添加"VR球形灯"，调整位置使其为餐厅顶部吊灯效果，调整其参数，如图6-96所示。

图6-96　餐厅吊灯

05 在场景中添加"VR平面灯"生成顶部灯槽灯光，调整灯光位置、尺寸和方向，设置其参数，如图6-97所示。

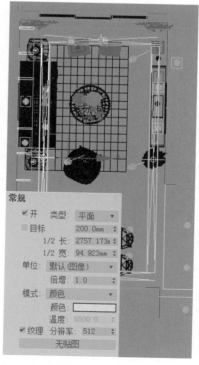

图6-97　灯槽

155

06 在场景中，添加辅助光源，分别在客厅顶部和餐厅顶部添加"VR平面灯"，调整位置和灯光参数，如图6-98所示。

07 主要灯光布置完成后，需要进行渲染测试。将贴图关闭，设置渲染参数后，执行【Shift+Q】组合键，进行渲染测试，查看布光完成后的素模效果，如图6-99所示。

图6-98　辅助灯光

图6-99　素模效果

第 **7** 章

室内设计材质案例

本章要点：

① 地面部分

② 墙面部分

③ 家居部分

　　通过前面章节的学习，相信读者已经对室内设计的基础内容有了一定的了解。在提高篇中，将以实际案例为基础，进行整体设计方面的系统性提升。本章主要介绍常见室内设计的材质案例、灯光案例以及各种常见风格案例等，其中重点讲解材质案例，包括地面部分、墙面部分、家居部分等。

7.1 地面部分

在进行效果图设计时，无论是室内还是室外，其地面部分的材质都起到十分重要的作用。地面部分的材质不仅要有自身的纹理显示属性，还需要通过渲染计算渲染出周围环境对其产生的影响。

7.1.1 大理石地面 ▼

在进行室内设计时，对于大理石类地面或瓷砖类地面在进行材质调节时，其基本的调整方法是类似的，毕竟在实际生活中，两者的差别也是很小的。

对于大理石类地面材质，在进行实际演示时包括平铺和圈边两种方式。

1. 普通平铺

在进行大理石类地面材质制作时，对于普通的平铺效果，可以通过"贴图"方式来实现。

选择需要添加大理石材质的地面对象，按【M】键，选择样本球并单击材质编辑器工具行中的 按钮，将材质类型更改为"VR 材质"，设置参数，如图 7-1 所示。

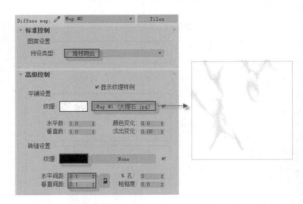

图7-2　平铺贴图

按【F10】键，加载渲染参数，按【Shift+Q】组合键进行渲染，如图 7-3 所示。

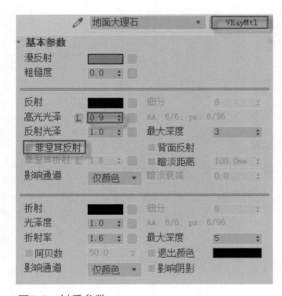

图7-1　材质参数

单击"漫反射"后面的添加按钮，添加"平铺"贴图，分别设置纹理贴图和砖缝颜色，如图 7-2 所示。

图7-3　大理石平铺

2. 圈边大理石

在进行室内大理石铺装时，通常采用圈边的方式进行，这种方式虽然在施工工艺上稍显复杂，但最终的效果却是非常漂亮的。毕竟对于地面的装饰设计，一旦确定则轻易不会进行更改。

选择最底层需要基层大理石材质的物体，按【M】键，选择样本球并单击材质编辑器工具

行中的 按钮，将材质类型更改为 " VR 覆盖材质"，设置基础参数，如图 7-4 所示。

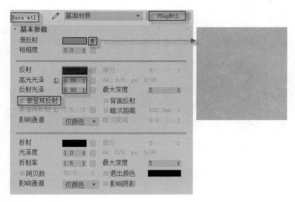

图7-4 基础材质

单击材质编辑器工具行中的 按钮，再次设置"GI 材质"，将 GI 材质类型更改为"VR材质"，去掉"菲涅耳反射"，其他参数保持默认，如图 7-5 所示。

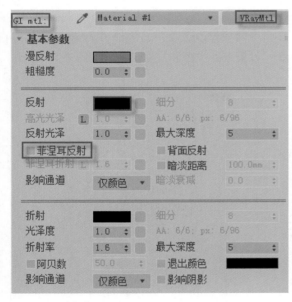

图7-5 GI材质

创建矩形，转换到"可编辑样条线"操作，执行"轮廓"编辑，添加"挤出"命令，再次转换到"可编辑多边形"方式，生成圈边区域，按【M】键，将上面基础材质样本球单击并拖动到新样本球，更改名称，进入"基础材质"参数中，更换贴图，设置参数，如图 7-6 所示。

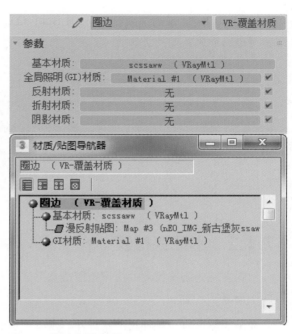

图7-6 圈边部分材质

使用矩形，捕捉圈边部分的内侧，绘制矩形，转换到"可编辑多边形"操作，调整其与基础材质模型、圈边材质模型之间的上下层次关系，按【M】键，将上面基础材质样本球单击并拖动到新样本球，更改名称，进入"基础材质"参数中，更换贴图，如图 7-7 所示。

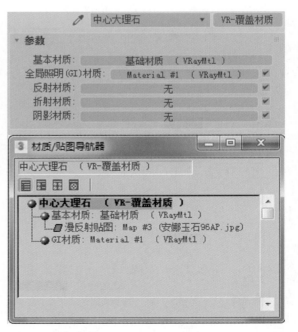

图7-7 中心大理石

按【F10】键，加载渲染参数，按【Shift+Q】组合键进行渲染，如图7-8所示。

图7-8　圈边大理石

7.1.2　木地板材质 ▼

木料在室内装饰行业的应用范围极其广泛，每块木料的纹理表现效果各不相同，但其制作方法万变不离其宗。

在室内装饰时，木地板通常用在卧室空间居多，其次是用在客厅、餐厅等公共空间，其自然的纹理图案非常近接近木材的原色，给人以舒适自然的安静感。

木地板材质

选择场景中需要制作木地板材质的物体，按【M】键，打开材质编辑器，选择样本球，单击材质编辑器工具行中的按钮，将材质类型改换为"VRayMtl"（VR材质），设置基本参数，如图7-9所示。

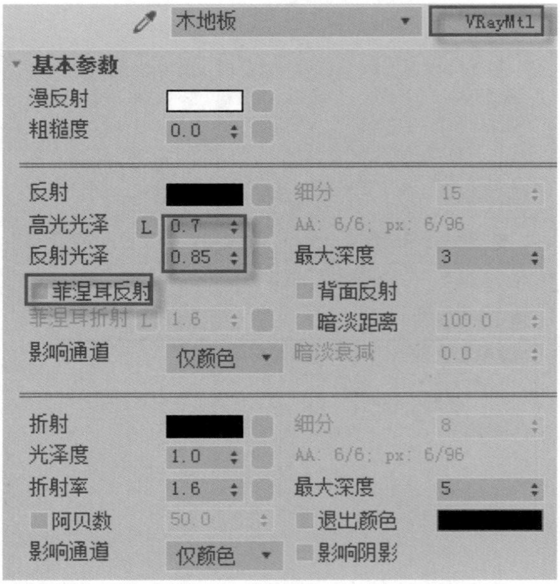

单击"漫反射"后面贴图按钮，添加木地板贴图，单击材质编辑器工具行中的按钮，在命令面板修改选项中，添加"UVW贴图"命令，设置贴图类型和尺寸参数，如图7-10所示。

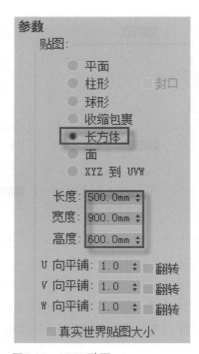

图7-9　木地板材质

图7-10　UVW贴图

单击材质编辑器工具行中的 按钮，再次单击"反射"后面的贴图按钮，添加"衰减"贴图，将其类型更改为"Fresnel"（菲涅耳），如图 7-11 所示。

按【F10】键，加载渲染参数，按【Shift+Q】组合键进行渲染，生成木地板效果，如图 7-12 所示。

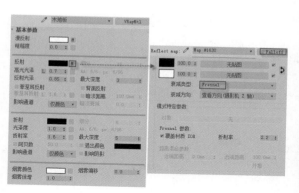

图7-11　衰减贴图

图7-12　木地板

7.1.3　地毯材质 ▼

在进行室内设计时，地毯类材质也是常见的地面铺装材料，覆盖于住宅、宾馆、酒店、会议室、娱乐场所、体育馆、展览厅、车辆、船舶、飞机等的地面，有减少噪声、隔热、改善脚感、防止滑倒、防止空气污染等作用。住宅内部使用区域多为卧室、床边、茶几沙发、客厅等。

1. 短毛地毯

选择场景中需要制作短毛地毯材质的物体，按【M】键，打开材质编辑器，选择样本球，单击材质编辑器工具行中的 按钮，将材质类型更改为"VRayMtl"（VR 材质），设置基本参数，如图 7-13 所示。

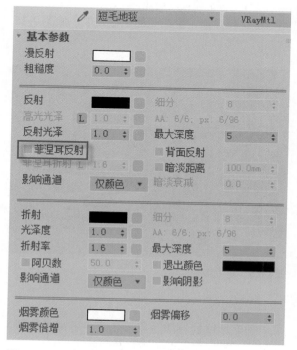

图7-13　VR材质

单击"漫反射"后面的贴图按钮，添加短毛地毯的纹理图像，在命令面板修改选项中，添加"UVW 贴图"，调整贴图平铺方式和参数，在材质编辑器贴图选项中，将"漫反射"的贴图方式单击并拖动到"凹凸"贴图选项，设置数量，如图 7-14 所示。

图7-14　凹凸贴图

按【F10】键，加载渲染参数，按【Shift+Q】组合键进行渲染，生成短毛地毯效果，如图 7-15 所示。

图7-15　短毛地毯

2. 长毛地毯

长毛地毯的材质适用于场景中的局部区域，并不适合整体场景中大面积的铺装。

选择场景中需要制作长毛地毯材质的物体，

按【M】键，打开材质编辑器，选择样本球，单击材质编辑器工具行中的 按钮，将材质类型更改为"VRayMtl"（VR 材质），设置基本参数，如图 7-16 所示。

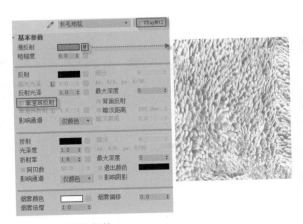

图7-16　材质参数

单击材质编辑器工具行中的 按钮，在命令面板修改选项中，添加"UVW 贴图"命令，调整合适的贴图方式和参数，如图 7-17 所示。

图7-17　UVW贴图

在材质编辑器贴图选项中，将"漫反射"贴图单击并拖动到"置换"贴图选项，设置参数，如图 7-18 所示。

按【F10】键，加载渲染参数，按【Shift+Q】组合键进行渲染，生成长毛地毯效果，如图 7-19 所示。

图7-18　置换贴图

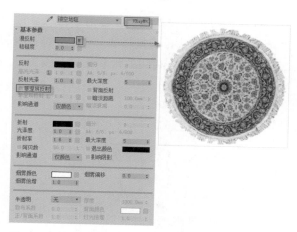

图7-20　镂空贴图

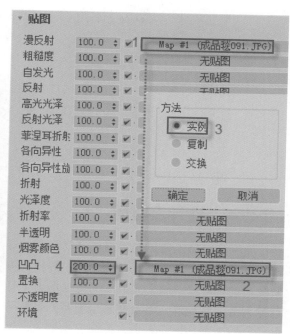

图7-19　长毛地毯

3. 镂空地毯

选择场景中需要制作镂空地毯材质的物体，按【M】键，打开材质编辑器，选择样本球，单击材质编辑器工具行中 按钮，将材质类型更改为"VRayMtl"（VR材质），设置基本参数，单击"漫反射"后面的贴图按钮，添加贴图，如图7-20所示。

在"贴图"选项中，将漫反射的贴图以"实例"的方式复制到"凹凸"贴图中，设置参数，如图7-21所示。

在贴图选项中，单击"不透明度"后面的贴图按钮，添加黑白相间的图像，如图7-22所示。

图7-21　凹凸贴图

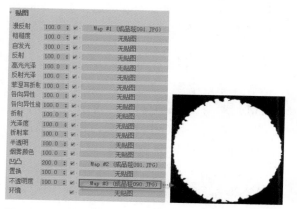

图7-22　不透明度贴图

选择镂空地毯模型物体，在命令面板修改选项中，添加"VRay置换模式"命令，选择材质编辑器"漫反射"相同的地毯图像，设置参数，如图7-23所示。

图7-23　VRay置换

按【F10】键，加载渲染参数，按【Shift+Q】组合键进行渲染，生成镂空地毯效果，如图7-24所示。

图7-24　镂空地毯

7.1.4　地坪漆材质 ▼

地坪漆材质是常见的地面铺装材料，以环氧地坪漆最为多见。环氧地坪漆是一种特别美观耐用的地坪漆。施工完成后的地坪场地具有整体无缝、易清洗、不集聚灰尘细菌、表面平整、色彩丰富，地面无毒，符合卫生要求，具有一定的防滑性。如停车场地面须有一定的粗糙度，一般水泥地面就难以满足要求，这时环氧地坪漆就是不错的选择。

环氧地坪漆

选择场景中需要制作地坪漆材质的物体，按【M】键，打开材质编辑器，选择样本球，单击材质编辑器工具行中 🖼 按钮，将材质类型更改为"VRayMtl"（VR材质），设置基本参数，单击"漫反射"后面的贴图按钮，添加贴图，如图7-25所示。

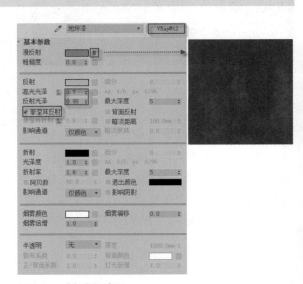

图7-25　材质和贴图

单击"反射"后面的贴图按钮，在弹出的界面中，双击"位图"，添加反射的另外贴图，如图7-26所示。

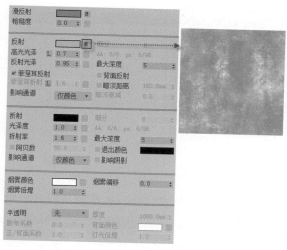

图7-26　反射贴图

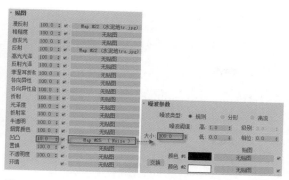

图7-27　凹凸贴图

在材质编辑器贴图选项中，单击凹凸贴图后面的按钮，在弹出的界面中，双击"噪波"贴图，并设置参数，如图 7-27 所示。

按【F10】键，加载渲染参数，按【Shift+Q】组合键进行渲染，生成地坪漆效果，如图 7-28 所示。

图7-28　地坪漆

7.2 墙面部分

在进行室内效果图制作时，墙面材质也属于空间材质表现的重要组成部分，场景中材质的纹理和灯光的反射、散射等物理特性，都时时刻刻地影响着墙面材质的最终渲染效果。

墙面装饰的常用材质包括乳胶漆、壁纸、壁挂大理石以及墙面装饰画等。

7.2.1 乳胶漆材质 ▼

乳胶漆材料无污染、无毒、无火灾隐患，易于涂刷、干燥迅速、漆膜耐水、耐擦洗性好，色彩柔和，是进行室内设计时常用的一种表面装饰材质。这种材质，因其透气性好，能够避免因涂膜内外温度压力差而导致的涂膜起泡等弊病，适合未干透的墙面涂装。

1. 白色乳胶漆

选择场景中需要制作白色乳胶漆材质的物体，按【M】键，打开材质编辑器，选择样本球，单击材质编辑器工具行中的 按钮，将材质类型更改为"VRayMtl"（VR 材质），设置基本参数，如图 7-29 所示。

选择白色乳胶漆附近的灯光，将其过滤颜色更改为暖白色，如图 7-30 所示。

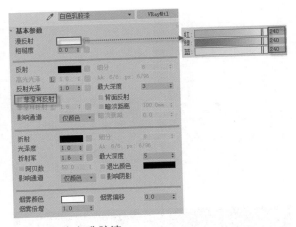

图7-29　白色乳胶漆

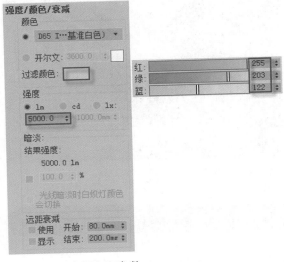

图7-30　灯光颜色和参数

按【F10】键，加载渲染参数，按【Shift+Q】组合键进行渲染，生成白乳胶漆效果，如图7-31所示。

图7-31　白色乳胶漆效果

白色乳胶漆效果，在室内设计时，通常用于顶部空间。浅色系位于空间顶部，容易拓展室内空间的视觉高度。渲染完成的白色乳胶漆效果，是材质本身颜色与灯光颜色相互结合生成的最终效果。

2. 彩色乳胶漆

选择场景中需要制作彩色乳胶漆材质的物体，按【M】键，打开材质编辑器，选择样本球，单击材质编辑器工具行中 按钮，将材质类型更改为"VRayMtl"（VR材质），设置基本参数，如图7-32所示。

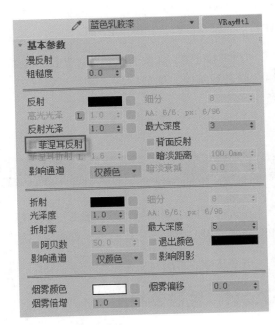

图7-32　彩色乳胶漆

按【F10】键，加载渲染参数，按【Shift+Q】组合键进行渲染，生成彩色乳胶漆效果，如图7-33所示。

在设置彩色乳胶漆时，只需要更改材质参数中"漫反射"的颜色即可，关掉"菲涅耳反射"，其他参数保持默认不变。

图7-33　彩色乳胶漆

3. 乳胶漆溢色

在进行室内效果图制作时，对于场景中大面积的单一颜色，在材质执行反射、散射以后，容易对周围物体影响过大，从而产生"溢色"问题，如图 7-34 所示。

图7-34　溢色

选择场景中木地板物体，按【M】键，打开材质编辑器，单击"VRayMtl"按钮，在弹出的界面中，再次加载"VR 材质包裹器"材质，设置参数，如图 7-35 所示。

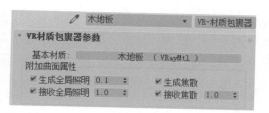

图7-35　材质包裹器

选择场景中沙发物体，按【M】键，打开材质编辑器，单击"VRayMtl"按钮，在弹出的界面中，再次加载"VR 材质包裹器"材质，设置参数，如图 7-36 所示。

图7-36　材质包裹器

按【F10】键，加载渲染参数，按【Shift+Q】组合键进行渲染，色溢问题得以解决，如图 7-37 所示。

图7-37　溢色问题解决

7.2.2　其他墙面材质　▼

在进行室内设计时，除了常规的乳胶漆材质以外，还有其他常见的表面装饰材质，如壁纸、文化石、喷砂和大理石等装饰，都是室内设计整体风格里面所包含的元素。

1. 壁纸

壁纸也称墙纸，是一种用于裱糊墙面的室内装修材料，广泛用于住宅、办公室、宾馆、酒店的室内装饰。壁纸具有色彩多样、图案丰富、豪华气派、安全环保、施工方便、价格适宜等其他室内装饰材料所无法比拟的特点，所以，在近几年室内装饰设计中得以迅速普及。

操作步骤：

选择场景中需要制作壁纸材质的物体，按【M】键，打开材质编辑器，选择样本球，单击材质编辑器工具行中的 按钮，将材质类型更改为"VRayMtl"（VR材质），设置基本参数，如图7-38所示。

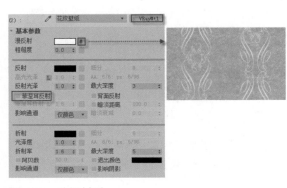

图7-38　壁纸材质

单击材质编辑器工具行中的 按钮，选择壁纸材质所在物体，在命令面板修改选项中，添加"UVW贴图"编辑命令，设置合理的贴图方式，如图7-39所示。

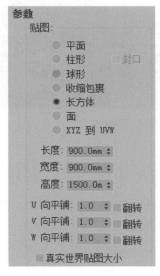

图7-39　UVW贴图

按【F10】键，加载渲染参数，按【Shift+Q】组合键进行渲染，查看壁纸效果，如图7-40所示。

图7-40　壁纸

2. 文化石

文化石也是近几年开始流行的墙面装饰表面材质，是采用浮石、陶粒、硅钙等材料经过专业加工精制而成的，运用高新技术把天然形成的每种石材的纹理、色泽，质感以人工的方法进行升级再现，效果极富原始韵味，自然、古朴。高档人造文化石具有环保节能、质地轻、色彩丰富、不霉、不燃、抗融冻性好、便于安装等特点。

操作步骤：

选择需要文化石材质的墙面物体，按【M】键，打开材质编辑器，选择样本球，单击材质编辑器工具行中的 按钮，将材质类型更改为"VRayMtl"（VR材质），设置基本参数，如图7-41所示。

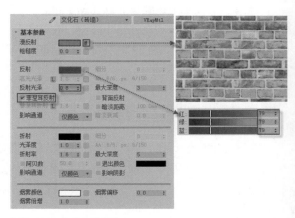

图7-41　文化石材质

在材质编辑器贴图选项中，单击"反射"后面的贴图按钮，在弹出的界面中，双击"位图"，给反射贴图通道添加黑白灰图像，如图7-42所示。

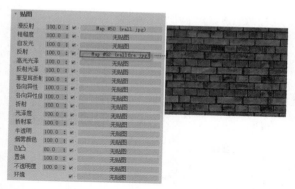

图7-42　反射贴图

采取同样的方法，在凹凸通道中，添加另外处理过的图像文件，如图 7-43 所示。

图7-43　凹凸贴图

按【F10】键，加载渲染参数，按【Shift+Q】组合键进行渲染，查看壁纸效果，如图7-44所示。

图7-44　文化石材质

3. 墙面喷砂

对墙面进行喷砂装饰是一种常见的室外墙面装饰方式，在进行室内设计时，通过喷砂的墙面处理方式，可以方便地生成影视背景墙的装饰效果。

操作步骤：

选择需要喷砂材质的墙面物体，按【M】键，打开材质编辑器，选择样本球，单击材质编辑器工具行中的 按钮，将材质类型更改为"VRayMtl"（VR材质），设置基本参数，如图7-45所示。

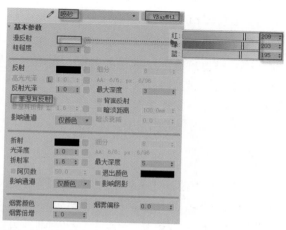

图7-45　喷砂材质

在材质编辑器贴图选项中，单击"凹凸"后面的贴图按钮，在弹出的界面中，双击"位图"，给凹凸贴图通道添加黑白灰图像，如图7-46所示。

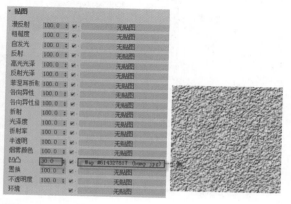

图7-46　凹凸贴图

按【F10】键，加载渲染参数，按【Shift+Q】组合键进行渲染，查看喷砂效果，如图7-47所示。

图7-47 墙面喷砂

4. 壁挂大理石

在进行室内设计时，在墙面上采取壁挂大理石的方式也是近几年常用的方法，在毛坯的墙基层表面，通过壁挂大理石的方式，生成内墙表面装饰，不仅整体美观上档次，在进行卫生清理维护方面也提供了很多方便。

制作步骤：

选择需要大理石材质的墙面物体，按【M】键，打开材质编辑器，选择样本球，单击材质编辑器工具行中 按钮，将材质类型更改为"VRayMtl"（VR材质），设置基本参数，如图7-48所示。

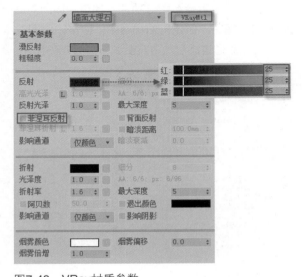

图7-48 VRay材质参数

在材质编辑器界面中，单击"漫反射"后面的贴图按钮，在弹出的界面中，双击"位图"，添加大理石纹理贴图，如图7-49所示。

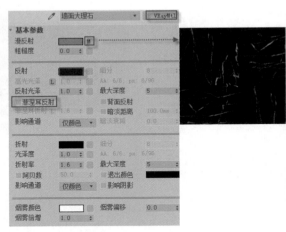

图7-49 大理石贴图

单击材质编辑器工具栏中的 按钮，在命令面板修改选项中，添加"UVW贴图"命令，调整合适的贴图方式，如图7-50所示。

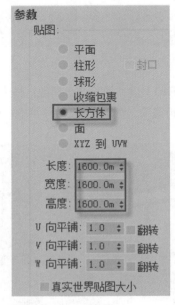

图7-50 UVW贴图

按【F10】键，加载渲染参数，按【Shift+Q】组合键进行渲染，查看壁挂大理石效果，如图 7-51 所示。

图7-51　壁挂大理石

7.3　家居部分

在进行室内效果图设计时，家居部分的材质表现也属于整体表现风格的重要组成部分，对于整体效果风格表现起到十分重要的作用。家居的材质、纹理、反射等特点，直接影响着地面、墙面和顶部等材质的整体表现。因此，在进行室内设计时，对于家居造型的材质，需要反复去调整，直到可以真实体现生活中材质效果，才能达到照片级效果图表现。

7.3.1　布艺类　▼

布艺装饰是进行室内软装常用的材质表现形式之一，常见的布艺包括窗帘、枕套、床罩、椅垫、靠垫、沙发套、台布等。

布艺类设计在现代家庭中越来越受到人们的青睐，它柔化了室内空间生硬的线条，赋予居室一种温馨的氛围，不仅可以让整体空间清新自然、典雅华丽，还可以让整体空间体现出温馨浪漫的格调。

1. 布艺沙发

布艺术沙发通常用在现代简约、地中海、田园等装饰风格中，是室内设计应用较为广泛的一种室内摆件，是客厅空间重要的组成部分。

操作步骤：

选择沙发模型，按【M】键，打开材质编辑器，选择样本球，单击材质编辑器工具行中的 按钮，将材质类型更改为"VRayMtl"（VR

材质），设置参数并添加"位图"，如图 7-52 所示。

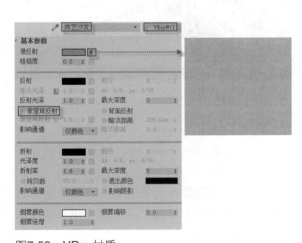

图7-52　VRay材质

在材质编辑器贴图选项中，单击"漫反射"后面的贴图按钮并拖动到"凹凸"贴图上，松开后，复制方式为"实例"，设置"凹凸"数量，如图 7-53 所示。

171

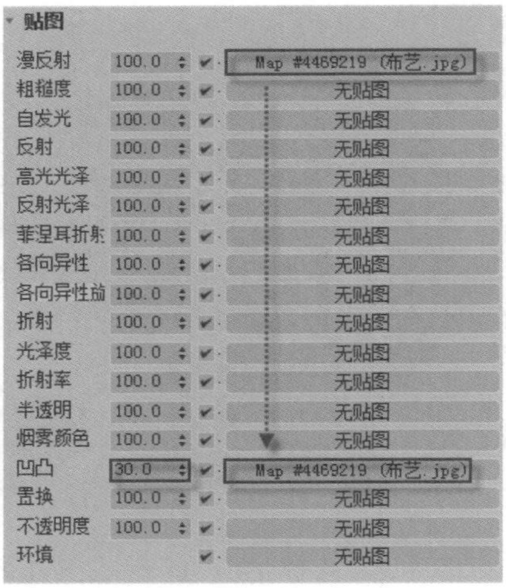

图7-53　贴图参数

按【F10】键，加载渲染参数，按【Shift+Q】组合键进行渲染，查看布艺沙发效果，如图7-54所示。

图7-54　布艺沙发

2. 桌布

在进行室内餐厅设计时，餐桌和餐椅等对象的材质，是整个餐厅设计的核心部分，材质、色彩、纹理和造型等元素是整体风格的重要组成部分。大面积布艺类场景，也是 VRay 渲染器的核心应用领域。

操作步骤：

选择桌布模型，按【M】键，打开材质编辑器，选择样本球，单击材质编辑器工具行中的按钮，将材质类型更改为"混合材质"，对材质1进行设置，如图7-55所示。

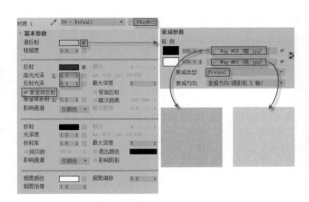

图7-55　桌面材质1参数

单击材质编辑器工具行中的按钮，在"贴图"选项中，单击"漫反射"贴图按钮并拖动到"反射"贴图按钮上，采用"实例"的方式进行复制，如图 7-56 所示。

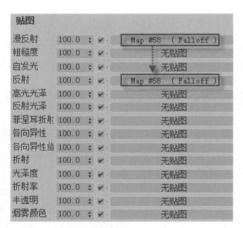

图7-56　贴图参数

采用同样的方法，对材质 2 进行参数设置，如图 7-57 所示。

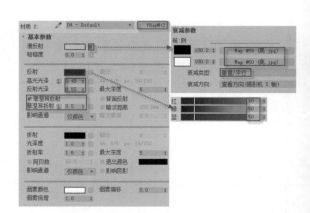

图7-57　材质2参数

按【F10】键，加载渲染参数，按【Shift+Q】组合键进行渲染，查看桌布和座椅效果，如图7-58所示。

图7-58　桌布

3．窗帘

窗帘是室内设计中常见的组成部分，根据整体效果图风格的不同，选用不同的款式、颜色、纹理和材质，在整体风格上，起到画龙点睛的作用。

制作步骤：

选择窗帘模型，按【M】键，打开材质编辑器，选择样本球，单击材质编辑器工具行中按钮，将材质类型更改为"VRay双面材质"，单击"前面"材质按钮，设置参数，如图7-59所示。

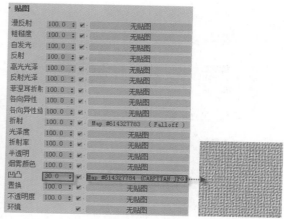

图7-59　前面材质

在材质编辑器贴图选项中，单击"凹凸"贴图后面的按钮，在弹出的界面中，双击"位图"，给"凹凸"贴图通道添加图像，如图7-60所示。

图7-60　添加凹凸贴图

按【F10】键，加载渲染参数，按【Shift+Q】组合键进行渲染，实现半透明窗帘效果，如图7-61所示。

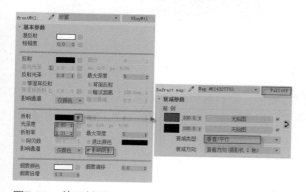

图7-61　半透明窗帘

4．抱枕

常见的抱枕一般有枕头的一半大小，抱在怀中可以起到保暖和一定的保护作用，给人温馨舒适的感觉，是家居中的常见饰物和车饰必备物品。

制作步骤：

选择抱枕模型，按【M】键，打开材质编辑器，选择样本球，单击材质编辑器工具行中的按钮，将材质类型更改为"混合材质"，单击材质1按钮，对材质1进行参数设置，如图7-62所示。

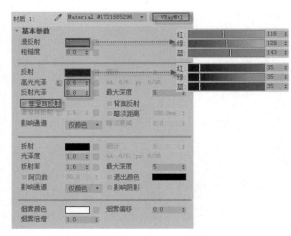

图7-62 材质1参数

单击材质编辑器工具行中的 按钮，对材质 2 进行参数设置，如图 7-63 所示。

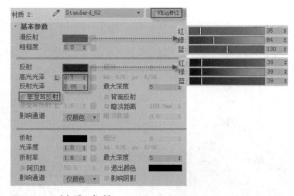

图7-63 材质2参数

单击材质编辑器工具行中的 按钮，返回到"混合材质"界面，单击"遮罩"后面的按钮，为遮罩添加黑白位图，如图 7-64 所示。

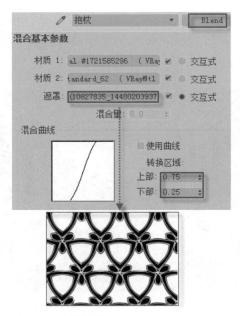

图7-64 遮罩参数

按【F10】键，加载渲染参数，按【Shift+Q】组合键进行渲染，实现抱枕材质效果，如图 7-65 所示。

图7-65 抱枕

7.3.2 家具类 ▼

家具跟随时代的脚步不断发展创新，到如今门类繁多、用料各异、品种齐全，用途不一，是室内空间布局设置的核心元素之一。不同家具的款式、材质、颜色和纹理，影响着不同风格的室内空间设计效果。

1. 镜子

在进行室内设计时，镜子类材质通常用在客厅、卫浴等室内空间，除了其功能性应用以外，还可以从视觉上起到扩展空间的效果。

制作步骤：

选择镜子模型，按【M】键，打开材质编辑器，选择样本球，单击材质编辑器工具行中的 按钮，将材质类型更改为"VRayMtl"（VR材质），设置参数，如图 7-66 所示。

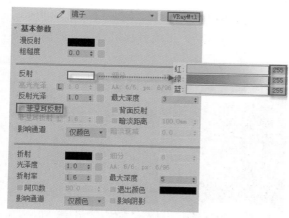

图7-66 镜子材质

按【F10】键，加载渲染参数，按【Shift+Q】组合键进行渲染，实现镜面效果，如图7-67所示。

图7-67 镜面材质

2．实木茶几

茶几是常见的客厅家具，不同的装饰风格需要匹配不同的茶几造型。在此，仅介绍新中式风格中的实木茶几，其他风格中的茶几制作方法与之类似，这里不再赘述。

制作步骤：

选择茶几模型，按【M】键，打开材质编辑器，选择样本球，单击材质编辑器工具行中按钮，将材质类型更改为"多维/子对象材质"，根据实木茶几部分对应的ID编号，设置其子材质参数，如图7-68所示。

在材质编辑器贴图选项中，单击"反射"后面的贴图按钮，在弹出的界面中，双击"衰

减"贴图，设置参数，如图7-69所示。

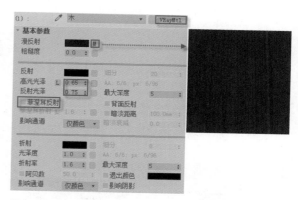

图7-68 实木材质

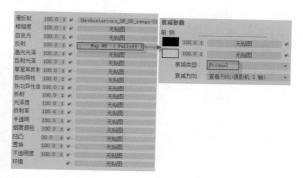

图7-69 衰减贴图

按【F10】键，加载渲染参数，按【Shift+Q】组合键进行渲染，实现实木茶几效果，如图7-70所示。

图7-70 实木茶几

3．电视机

电视机通常位于客厅、卧室等空间，是进行室内空间家具布局时经常用到的元素。

电视机材质在进行表现时，需要将屏幕和外壳分别进行调整。

制作步骤：

选择电视机外壳模型，按【M】键，打开材质编辑器，选择样本球，单击材质编辑器工具行中的 按钮，将材质类型更改为"VRayMtl"（VR材质），设置其材质参数，如图7-71所示。

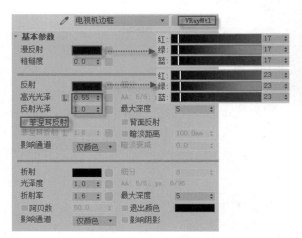

图7-71　电视机边框材质

选择电视机屏幕模型，按【M】键，打开材质编辑器，选择样本球，单击材质编辑器工具行中 Standard 按钮，将材质类型更改为"VR灯光材质"，单击 VR 灯光材质参数中颜色后面的贴图按钮，选择屏幕贴图，如图7-72所示。

图7-72　电视机屏幕

按【F10】键，加载渲染参数，按【Shift+Q】组合键进行渲染，生成电视机效果，如图7-73所示。

图7-73　电视机

4. 餐桌

在室内空间设计时，餐桌是构成餐厅必不可少的元素之一，根据空间大小和业主常住人口，确定餐桌的尺寸和座位数。餐桌、餐椅需要与整体设计风格保持一致。

不同风格场景中餐桌的造型、材质和纹理等各不相同。在此，以大理石台面、不锈钢桌腿的餐桌为例进行介绍。

制作步骤：

选择餐桌桌面模型，按【M】键，打开材质编辑器，选择样本球，单击材质编辑器工具行中 按钮，将材质类型更改为"VRayMtl"（VR材质），设置其材质参数，如图7-74所示。

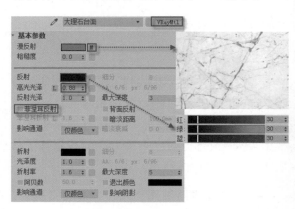

图7-74　餐桌大理石台面

选择餐桌桌腿模型，按【M】键，打开材质编辑器，选择样本球，单击材质编辑器工具行中 按钮，将材质类型更改为"VRayMtl"（VR材质），设置其材质参数，如图 7-75 所示。

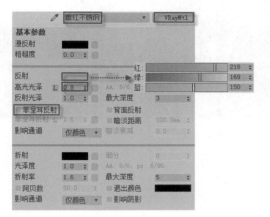

图7-75 暗红不锈钢桌腿

按【F10】键，加载渲染参数，按【Shift+Q】组合键进行渲染，生成餐桌效果，如图 7-76 所示。

图7-76 餐桌

5. 皮革

皮革材质在制作室内效果图中应用比较广泛，其制作方法简单，如果读者掌握了前面喷砂墙面材质的调整方法，那么调整皮革材质，也会更加得心应手。

操作步骤：

选择座椅模型，按【M】键，打开材质编辑器，选择样本球，单击材质编辑器工具行中 按钮，将材质类型更改为"VRayMtl"（VR材质），设置其材质参数，如图 7-77 所示。

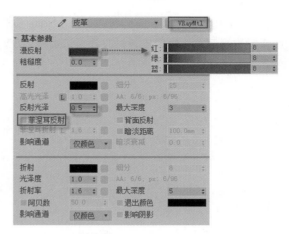

图7-77 VR材参数

在材质编辑器中，单击"反射"后面的贴图按钮，在弹出的界面中，双击"衰减"贴图，设置"衰减类型"为"Fresnel"，如图 7-78 所示。

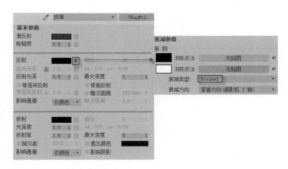

图7-78 衰减参数

在材质编辑器贴图选项中，单击"凹凸"后面的贴图按钮，在弹出的界面中，双击"位图"，添加灰白图像，设置"凹凸"数量，如图 7-79 所示。

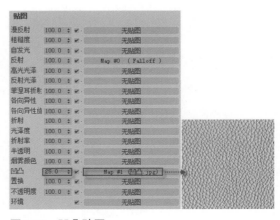

图7-79 凹凸贴图

按【F10】键，加载渲染参数，按【Shift+Q】组合键进行渲染，生成皮革材质效果，如图 7-80 所示。

图7-80　皮革材质

第 8 章

室内设计灯光案例

本章要点：

① 室内灯光

② 阳光方案

　　本书基础篇中已经对室内设计的基础内容进行了讲解，在提高篇中，将以实际案例为基础进行整体设计方面的提升，包括材质案例、灯光案例以及各种常见风格案例等。本章主要介绍常见室内设计的灯光案例，具体将分为室内灯光和阳光方案两个方面。

8.1 | 室内灯光

在进行室内效果图整体表现时，灯光不仅可以起到照亮场景、体现空间层次的作用，还可以根据渲染的参数设置，对材质、灯光的渲染计算，实现预先构想的设计风格和设计效果。

设计师在为室内效果图设置灯光时，不仅要兼顾其功能性的设置要求，更为重要的是对其艺术氛围塑造的调整。在进行室内设计时，需要结合不同灯光的特点创作出丰富的图像层次及微妙的光照效果。

8.1.1　吊灯　▼

在进行室内设计时，吊灯通常作为场景中的主光源，它不仅是亮度最高的光源，也影响着场景中阴影的方向，是室内场景布光最为重要的组成部分。

1. 客厅吊灯

吊灯是在进行室内设计常用的灯具类型，其造型优雅具有很强的装饰作用，并且在设计中易于营造出温馨、唯美的室内空间效果。

制作步骤：

在命令面板"新建"选项中，单击 ● 按钮，从灯光类型下拉列表中，选择"VRay"，单击"VR 灯光"按钮，设置类型为"球体"，在顶视图中单击创建"VR 球形灯光"，通过前视图和左视图，调节灯光到合适位置，设置参数，如图 8-1 所示。

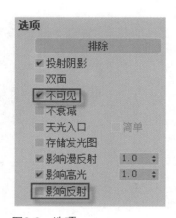

图8-2　选项

在场景中添加其他灯光并进行参数调整，按【F10】键，加载渲染参数，按【Shift+Q】组合键进行渲染，查看客厅吊灯效果，如图8-3所示。

图8-1　VR灯光基本参数

在"选项"中，选中"不可见"复选框，去掉"影响反射"选项，如图 8-2 所示。

图8-3　客厅吊灯

2. 餐厅吊灯

在室内设计时，除了客厅或大堂需要吊灯之外，餐厅或酒店包间中也经常需要吊灯来装饰。餐厅中的吊灯除了可以照亮场景，还可以照亮餐桌上的餐品，增加菜品的色彩，提升餐厅整体效果。

制作步骤：

根据当前餐厅布局的需要，选择吊灯模型，按【Alt+Q】组合键，将其执行"孤立"显示操作，在命令面板新建选项中，单击 按钮，从灯光类型下拉列表中，选择"VRay"，单击"VR 灯光"按钮，设置类型为"平面"，在顶视图中，单击并拖动，创建 VR 平面灯光，在不同的视图中调整位置和灯光方向，设置参数，如图 8-4 所示。

图8-4　VR平面灯光

在命令面板"修改"选项中，去掉"不可见"和"影响反射"选项，如图 8-5 所示。

图8-5　VR灯光选项

场景中添加其他灯光并进行参数调整，按【F10】键，加载渲染参数，按【Shift+Q】组合键进行渲染，查看餐厅吊灯效果，如图 8-6 所示。

图8-6　餐厅吊灯

8.1.2　灯槽 ▼

灯槽在进行室内设计时应用比较广泛，不仅可以起到照亮场景的作用，还可以增加室内灯光的层次性和空间的立体感。根据施工方式的不同，灯槽可以分为直型灯槽和异型灯槽两种类型，制作方法相对简单，实际效果比较漂亮，是进行室内设计中不可缺少的造型。

1. 直型灯槽

根据室内空间吊顶的形状，沿吊顶部分进

行布置 LED 灯条，在实际施工时，根据实际亮度的需要，可以进行双线布置。

操作步骤：

在场景中，选择吊顶灯槽模型，按【Alt+Q】组合键，执行"孤立"显示操作，在命令面板新建选项中，单击 按钮，从灯光类型下拉列表中，选择"VRay"，单击"VR 灯光"按钮，设置类型为"平面"，在顶视图中，单击并拖动，创建 VR 平面灯光，在不同的视图中调整位置和灯光方向，设置参数，如图 8-7 所示。

图8-7　VR平面参数

在命令面板"修改"选项中，选中"不可见"选项，去掉"影响高光"和"影响反射"选项，如图 8-8 所示。

图8-8　VRay灯光选项

场景中添加其他灯光并进行参数调整，按【F10】键，加载渲染参数，按【Shift+Q】组合键进行渲染，查看直型灯槽效果，如图 8-9 所示。

2. 异型灯槽

在进行室内设计时，对于一些异型室内空间或是不规则的空间造型，单纯的使用直线型灯槽很难将空间进行合理的分隔，可以借助异型灯槽造型进行合理的分隔与协调，将不规则的空间进行合理的划分，更好、更巧妙地区分空间。

图8-9　直型灯槽

操作步骤：

在场景中，选择需要布置异型灯槽的模型，按【Alt+Q】组合键，将其执行"孤立"显示操作，在顶视图中，沿异型灯槽区域绘制二维样条线，设置其"可渲染"选项，如图 8-10 所示。

图8-10　二维线条

选择样条线对象，按【M】键，打开材质编辑器，选择空样本球，单击材质编辑器工具行中 按钮，单击"Standard"按钮，在弹出的界面中，双击"VRay 灯光"材质，更改参数，如图 8-11 所示。

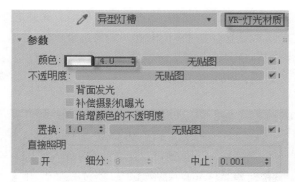

图8-11 VRay灯光材质

保持二维样条线为选中状态，在视图中右击，在弹出的屏幕菜单中选择"对象属性"，设置当前样条线图像的属性，如图 8-12 所示。

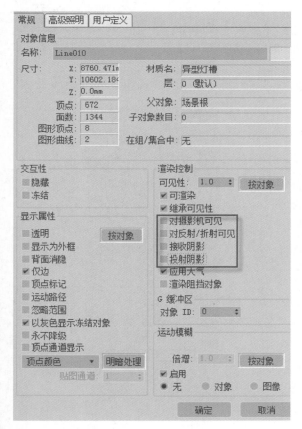

图8-12 对象属性

场景中添加其他灯光并进行参数调整，按【F10】键，加载渲染参数，按【Shift+Q】组合键进行渲染，查看异型灯槽效果，如图 8-13 所示

图8-13 异型灯槽

3. 磨砂LED日光灯

在进行室内办公场景设计时，磨砂类的 LED 日光灯是常用的室内主照明光源，内部 LED 的光线透过磨砂的灯罩，既保持了灯光的亮度，又均匀地将强光进行了合理的分散，是设计师或业主们常用的照明光源。

制作步骤：

选择场景中日光灯所在的区域模型，按【Alt+Q】组合键，执行"孤立"显示操作，在命令面板新建选项中，单击 ◉ 按钮，从灯光类型下拉列表中，选择"VRay"，单击"VR 灯光"按钮，设置类型为"平面"，在顶视图中，单击并拖动，创建 VR 平面灯光，在不同的视图中调整位置和灯光方向，设置参数，如图 8-14 所示。

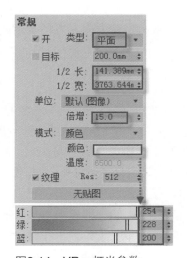

图8-14 VRay灯光参数

在命令面板"修改"选项中，选中"不可见"选项，去掉"影响高光"和"影响反射"选项，如图8-15所示。

图8-15 选项

采用"实例"的方式，复制生成另外的几个灯光，对于LED日光灯模型发光的表面，添加"VR灯光"材质，场景中添加其他灯光并进行参数调整，按【F10】键，加载渲染参数，按【Shift+Q】组合键进行渲染，查看磨砂LED日光效果，如图8-16所示。

图8-16 磨砂LED日光灯

8.1.3 射灯 ▼

射灯是室内设计常用的灯光之一，可安置在吊顶四周或家具上部、墙内、墙裙或踢脚线里。光线直接照射在需要强调的家其器物上，以突出主观审美作用，营造重点突出、环境独特、层次丰富、气氛浓郁、缤纷多彩的艺术效果。射灯光线柔和，雍容华贵，既可对整体照明起主导作用，又可用于局部采光，烘托气氛。

1. 轨道射灯

轨道射灯是一种常用的室内射灯，通过固定光源的起点和调整方向，方便灵活的进行室内灯光照明。

制作步骤：

选择场景中射灯所在的光源模型，按【Alt+Q】组合键，执行"孤立"显示操作，在命令面板新建选项中，单击 按钮，从灯光类型下拉列表中，选择"光度学"，单击"目标灯光"按钮，在顶视图中，单击并拖动，创建光度学灯光，在不同的视图中调整位置和灯光方向，从"灯光分布"下拉列表中选择"光度学Web"，设置参数，如图8-17所示。

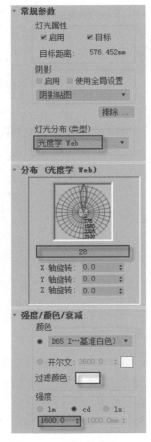

图8-17 光域网参数

采用"实例"的方式，复制生成另外的几个灯光，对于射灯模型发光的表面，添加"VR 灯光"材质，场景中添加其他灯光并进行参数调整，按【F10】键，加载渲染参数，按【Shift+Q】组合键进行渲染，查看轨道射灯效果，如图 8-18 所示。

图8-18　轨道射灯

2. 筒灯

在进行室内工装或是家装设计中，筒灯的使用率非常高，常见的造型有吸入式筒灯，也有轨道式筒灯。筒灯的主要发光材料也从之前普及的节能灯转向了亮度更高、使用寿命更久的 LED 灯，只要控制好灯具的散热问题，LED 灯就可以发挥良好的使用效果。

制作步骤：

选择场景中射灯所在的光源模型，按【Alt+Q】组合键，执行"孤立"显示操作，在命令面板新建选项中，单击 按钮，从灯光类型下拉列表中，选择"光度学"，单击"目标灯光"按钮，在顶视图中，单击并拖动，创建光度学灯光，在不同的视图中调整位置和灯光方向，从"灯光分布"下拉列表中，选择"光度学 Web"，设置参数，如图 8-19 所示。

采用"实例"的方式，复制生成另外几个灯光，对于射灯模型发光的表面，添加"VR 灯光"材质，场景中添加其他灯光并进行参数调整，按【F10】键，加载渲染参数，按【Shift+Q】组合键进行渲染，查看筒灯效果，如图 8-20 所示。

图8-19　灯光参数

图8-20　筒灯

🔘 技巧分享

在使用光度学灯光时，目标灯光方便调整灯光的起点位置和照射方向，在调整完成后，可以将其转换为自由灯光，方便移动位置。

8.1.4 其他灯光 ▼

在进行室内灯光布局时，除了上面讲过的常见灯光类型以外，还有诸如吸顶灯、台灯、亚克力字等常见类型，在此，统一将其归属于其他类灯光进行介绍。

1. 吸顶灯

在进行室内设计时，若办公区域层高相对较低，吸顶灯可以作为室内场景中的主光源。吸顶灯是室内设计常用的顶部灯光之一，合理利用吸顶灯的主光源效果，不仅可以起到照亮场景的作用，还可以体现出场景空间的恢宏大气。

制作步骤：

选择吸顶灯所在的模型，按【Alt+Q】组合键，将其执行"孤立"显示操作，选择需要发光的灯片物体，按【M】键，在弹出的材质编辑器界面中，选择任意样本球，单击材质编辑器工具行中的按钮，将"漫反射"颜色更改为白色，在"自发光"选项中，添加"输出"贴图，在"反射"贴图中，添加"VRay贴图"，如图8-21所示。

单击"Standard"按钮，在弹出的界面中，双击"VRay材质包裹器"材质，将"生成照明"和"接收全局照明"更改为0，如图8-22所示。

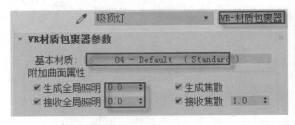

图8-22 材质参数

在命令面板新建选项中，单击按钮，从灯光类型下拉列表中，选择"VRay"，单击"VR灯光"按钮，设置类型为"平面"，在顶视图中，单击并拖动，创建VR平面灯光，在不同的视图中调整位置和灯光方向，设置参数，如图8-23所示。

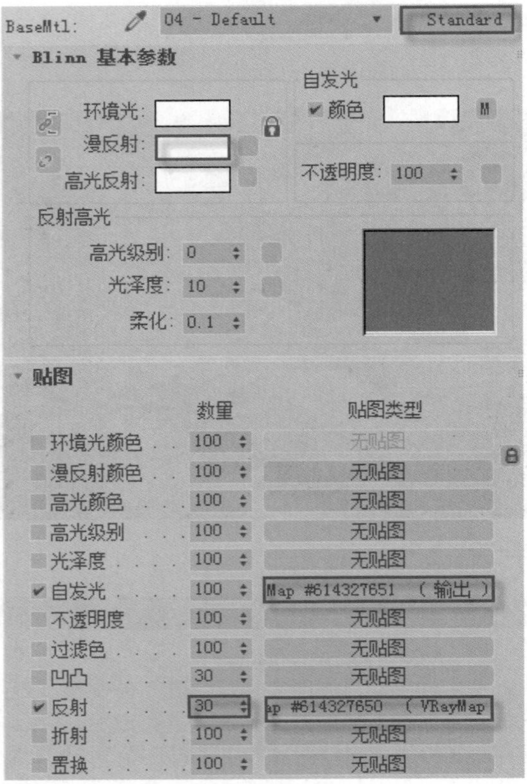

图8-21 基本材质参数

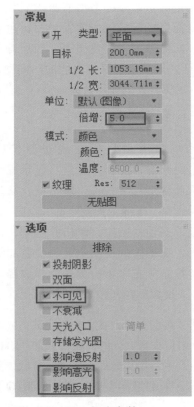

图8-23 VRay灯光参数

在场景中添加其他灯光并进行参数调整，按【F10】键，加载渲染参数，按【Shift+Q】组合键进行渲染，查看吸顶灯效果，如图 8-24 所示。

图8-24　吸顶灯

2. 台灯

台灯也是室内设计中常用的灯光类型之一，其作用不局限于照亮场景，在大的卧室空间中还可以起到点缀空间风格的效果，灯光的色调要与整个场景的色调相匹配，才可以起到画龙点睛的效果。

制作步骤：

选择场景中台灯所在的模型，按【Alt+Q】组合键，执行"孤立"显示操作，在命令面板新建选项中，单击■按钮，从灯光类型下拉列表中，选择"VRay"，单击"VR 灯光"按钮，设置类型为"球体"，在顶视图中，单击，创建 VR 球体灯光，在不同的视图中调整位置和灯光方向，设置参数，如图 8-25 所示。

采取"实例"的方式复制生成另外一侧台灯灯光，场景中添加其他灯光并进行参数调整，按【F10】键，加载渲染参数，按【Shift+Q】组合键进行渲染，查看台灯效果，如图 8-26 所示。

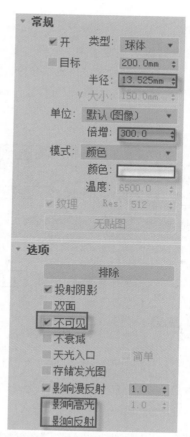

图8-25　VRay球体灯光

图8-26　台灯

3. 亚克力字

亚克力字又称亚克力发光字，是用亚克力板和 LED 灯组成的亚克力文字，在进行室内设计时，在很多场合都会用到的门头标语、广告文字等，都可以通过亚克力字来实现。

制作步骤：

在命令面板新建选项中，选择"图形"，输入相关的文字内容并添加"挤出"命令，按【M】键，给当前文字对象赋材质，设置参数，如图8-27所示。

在场景中添加其他灯光并进行参数调整，按【F10】键，加载渲染参数，按【Shift+Q】组合键进行渲染，查看亚克力文字效果，如图8-28所示。

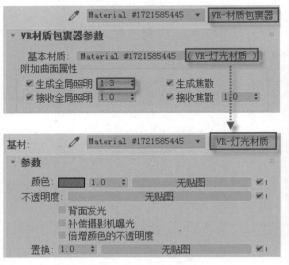

图8-27　亚克力材质

图8-28　亚克力文字

<h1>8.2 ▎ 阳光方案</h1>

在进行室内设计时，通过对场景中添加阳光来表现自然进光的效果，可以更好地表达空间采光的优越性，营造温馨舒适的自然光效果。

在进行阳光方案制作时，可以使用 VR 阳光或是使用 3ds Max 软件默认的平行光来实现，每种方法都有自己的使用规则和特点，各位读者可以根据个人习惯来选择和使用。

8.2.1　VRay阳光 ▼

VRay 阳光是 VRay 渲染器自带的灯光类型，可以真实模拟出生活中的阳光效果，如根据入射角度的不同，实现白天不同时间段阳光的亮度、曝光方式等。

1. 阳光入射

在制作室内效果图时，通过 VRay 阳光的添加，实现阳光穿过窗户入射到室内的光照效果，模拟自然阳光效果。

制作步骤：

在命令面板"新建"选项中，单击灯光，从下拉列表中选择"VRay"类型，单击 VRay 阳光，在左视图中单击并拖动，结合顶视图和左视图，调整 VRay 阳光的位置和入射角度，如图 8-29 所示。

在命令面板中，切换到"修改"选项，设置 VRay 太阳参数，如图 8-30 所示。

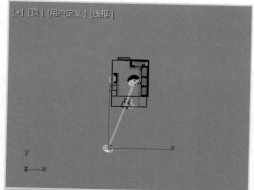

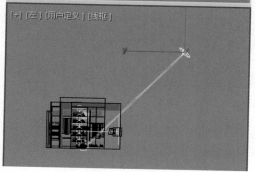

图8-29 VRay阳光位置和入射角度

图8-31 阳光方案

调节角度和参数，场景中添加其他灯光并进行参数调整，按【F10】键，加载渲染参数，按【Shift+Q】组合键进行渲染，查看阳光入射效果，如图 8-31 所示。

2. 模拟环境光

在进行阳光方案设计时，可以根据环境光的亮度来影响整体的室内光照效果，也可以形成 VRay 阳光方案。

操作步骤：

打开场景文件，在顶视图中绘制线条，转换到可编辑样条线，执行"轮廓"操作后，添加"挤出"命令，生成背景，如图 8-32 所示。

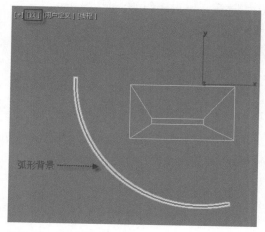

图8-32 弧形背景

图8-30 VRay太阳参数

在命令面板新建选项中，选择"摄像机"选项，在当前场景中添加"VRay 物理相机"，按【M】键，在弹出的材质编辑器界面中，选择样本球，单击材质编辑器工具行中的![]按钮，分别在"漫反射"和"自发光"贴图通道中添加外景图像，单击材质编辑器工具行中的![]按钮，再次添加"材质包裹器"材质，更改参数，如图 8-33 所示。

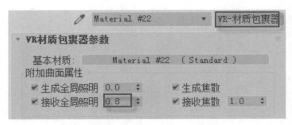

图8-33　材质参数

选择弧形背景物体对象，在命令面板"修改"选项中，添加"UVW 贴图"命令，调整贴图方式，调整并查看环境贴图效果，如图 8-34 所示。

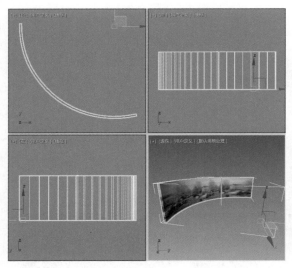

图8-34　环境贴图效果

在命令面板"新建"选项中，选择"VRay灯光"，创建 VRay 平面灯光，在场景中调整位置并设置参数，如图 8-35 所示。

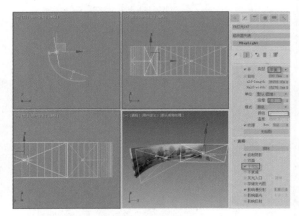

图8-35　VRay平面灯

在场景中添加摄像机，按【F10】键，加载渲染参数，按【Shift+Q】组合键进行渲染，查看阳光入射效果，如图 8-36 所示。

图8-36　环境天光

8.2.2　平行光方案 ▼

在进行室内阳光方案表现时，除了使用 VRay 渲染器自带的 VRay 阳光以外，还可以通过 3ds Max 软件系统自带的目标平行光来实现。

1. 平行阳光方案

目标平行光是一种具有方向和目标但不扩散的点光源，根据目标平行光的特点，可以用于模拟阳光或激光。

制作步骤：

在命令面板新建选项中，单击选择"灯光"，从下拉列表中选择"标准"，单击"目标平行光"按钮，在前视图中单击并拖动，创建目标平行光，在顶视图和左视图中，调节灯光位置，调整参数，如图 8-37 所示。

图8-37 目标平行光参数

在灯光参数中，单击"排除"按钮，在弹出的界面中，将灯光入射位置的室外环境排除，如图 8-38 所示。

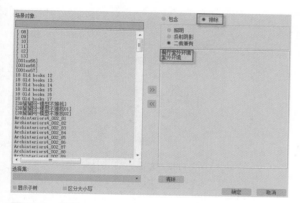

图8-38 排除

在场景中添加其他灯光并进行参数调整，按【F10】键，加载渲染参数，按【Shift+Q】组合键进行渲染，查看阳光入射效果，如图 8-39 所示。

图8-39 平行光方案

2. 平行光+辅助光

对于开放或半开放式的空间，在进行阳光方案表现时，其光照的角度和配置有所不同，既要表现出空间的开放，又需要体现阳光的照射，需要将两者完美地结合起来，才能更好地表现阳光的效果。

制作步骤：

在命令面板"新建"选项中，选择"目标平行光"按钮，在左视图中单击并拖动，创建目标平行光，分别在顶视图和左视图中调节灯光的入射角度和位置，如图 8-40 所示。

在选定目标平行光的前提下，切换到命令面板"修改"选项中，更改目标平行光参数，如图 8-41 所示。

在命令面板"新建"选项中，选择"VRay灯光"，在前视图开放空间的位置创建平面灯光，调整大小、位置和参数，如图 8-42 所示。

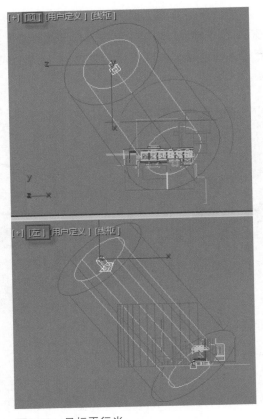

图8-40 目标平行光

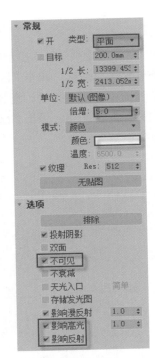

图8-42 平面灯光

在左视图中，选择开放空间窗口处的平面灯光，按住【Shift】键的同时，采用"复制"的方式生成另外平面灯光，调整角度和参数，如图 8-43 所示。

图8-41 目标平行光参数

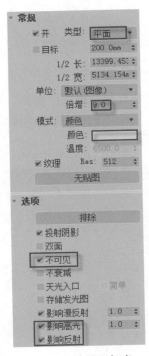

图8-43 另外平面灯光

在场景中添加其他灯光并进行参数调整，按【F10】键，加载渲染参数，按【Shift+Q】组合键进行渲染，查看阳光入射效果，如图 8-44 所示。

图8-44　平行光和辅助光

第 **9** 章

效果图后期处理

本章要点：

① 选区操作

② 图像修饰

在进行效果图制作时，通常需要使用AutoCAD、3ds Max、VRay和Photoshop等软件分工协作，不同的软件来完成效果图的不同部分。在使用VRay渲染完成后，还可以通过专业的平面图像处理软件进行后期操作，获得满意的效果图作品。

9.1 选区操作

在 Photoshop 软件中，当需要对图像进行编辑时，分两种情况，一是对当前图层中的全部内容进行统一编辑，二是对图像的局部内容进行编辑。在对图像局部内容进行编辑时，需要建立选区。因此，选区的创建与编辑，将是本章的核心内容。

9.1.1 选区创建 ▼

在 Photoshop 软件中，可以生成选区的工具包括工具箱中的选框、套索、魔术棒、钢笔等工具，还包括色彩范围、通道等方式，在此，先介绍工具箱中的选区创建工具。

1. 选框工具：【M】

分为矩形选框工具、椭圆选框工具、单行选框工具和单列选框工具四种，通常用于绘制规则选区，右击或长按鼠标左键可以全部显示，如图 9-1 所示。

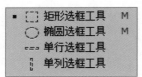

图9-1　选框工具

选择相应的选框工具，在当前页面中，单击并按住左键进行拖动到合适位置时，释放鼠标左键，完成选区的创建。此时，鼠标置于选区内部时，呈现样式变化，单击并拖动鼠标，可以实现选区的移动操作，如图 9-2 所示。

图9-2　选区移动

2. 套索工具：【L】

分为套索工具、多边形套索和磁性套索，方便生成不规则的选区，如图 9-3 所示。

在使用矩形/椭圆选框工具时，按住【Shift】键，可以限制选区等比例，按住【Alt】键，可以限制选区对称，同时按住【Shift+Alt】组合键时，可以限制以鼠标单击点为中心的正方形选区。通过属性栏中的"样式"，可以设置绘制选框的尺寸和比例。

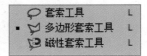

图9-3　套索工具

套索工具：选择套索工具后，在页面中单击并拖动，释放左键时，自动进行选区的首尾闭合，用于绘制任意的选区，平时应用较少。

多边形套索：通过依次单击多边形的角点，需要闭合时，双击，完成选区闭合，适用于建立与边缘闭合的图像选区，如图 9-4 所示。

图9-4　多边形选区

磁性套索：根据鼠标经过区域边缘颜色的对比，自动生成选区，适用于建立边缘对比明显的图像选区。

使用方法

单击选择工具箱中的"磁性套索"工具，在图像中单击，释放左键，沿对比明显的区域拖动鼠标，自动完成"定位"点，鼠标经过转角位置自动"定位"不合适时，按键盘中的【Del】键，删除后再重新"定位"，也可以单击强制进行定位，如图9-5所示。

图9-5　磁性套索

选择与单击点颜色相近的连续区域，如图9-6所示。

图9-6　相同"容差"参数下，连续与不连续的区别

快速选择工具

在"魔棒工具"的前提下，用于快速选择与鼠标拖动或单击点颜色相近的区域，类似于按住【Shift】键的前提下，使用"魔棒工具"。操作简单，在此不再赘述。

技巧分享

在使用磁性套索建立选区时，遇到图像边界时，可以在按住【Alt】键的同时单击，磁性套索工具会临时切换到多边形套索，释放【Alt】键后，再次单击，当前工具会自动返回磁性套索工具。若当前为多边形套索，按下【Alt】键的同时，套索工具会临时切换到套索工具。

3. 魔棒工具：【W】

该工具组分为魔棒工具和快速选择工具，用于快速建立与单击点颜色相近的选区。

魔棒参数说明

容差：用于控制建立选区与单击点颜色相近的程度，默认为32，参数范围0～255，值越小，生成选区与单击点颜色的相近程度越高。

连续：选中该参数后，生成的选区为当前页面中只要与单击点颜色相近便一起被选中，否则只

4. 钢笔工具：【P】

钢笔工具也称路径工具，可以方便快捷地创建路径、形状等对象，根据实际需要转换成选区来使用。因此，灵活方便的使用钢笔工具，也是进行平面后期处理的基本要素。路径创建完成后，通过"直接选择"工具进行再次调整。

使用方法：

选择钢笔工具后，通过属性栏设置其"路径"属性，单击创建角点，单击并拖动生成平滑点，定位点创建完成后，按【Ctrl】键的同时可以移动点的位置，按【Alt】键单击平滑点手柄，可以删除一半手柄，路径创建完成后，按【Ctrl+Enter】组合键，转换为选区，如图9-7所示。

5. 渲染彩通道

在使用 VRay 进行渲染时，通常需要渲染彩通道，相同的材质会自动匹配相同的颜色，方便后期快速建立选区。

图9-7　钢笔路径

基本操作：

在 3ds Max 软件中，按【F10】键，在弹出的渲染设置对话框中，切换到"Render Element（渲染元素）"选项中，添加"VrayWireColor（VRay 线框颜色）"，如图 9-8 所示。

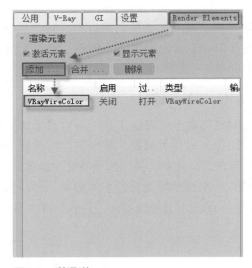

图9-8　彩通道

正常渲染完成后，在生成 RGB 图像的同时，自动生成彩通道渲染图像，将其保存即可，如图 9-9 所示。

6．Alpha通道

在进行效果图渲染时，对于需要 Photoshop 进行处理的窗口或环境，通常在渲染时，输出专门的 Alpha 通道，方便在后期处理时，快速建立窗口或环境选区，如图 9-10 所示。

图9-9　VrayWireColor渲染输出

图9-10　环境窗口

9.1.2 选区编辑 ▼

在已经创建选区的前提下，需要对当前选区进行基本的编辑操作，常见的编辑有增加选区、减少选区、反向选择、取消选区等操作。

1. 基础编辑：

添加选区：

在已经存在选区的前提下，按住【Shift】键或单击属性工具栏中的按钮，可以在已有选区的前提下添加选区的操作。

减少选区：

在已经存在选区的前提下，按住【Alt】键或单击属性工具栏中的按钮，可以在已有选区的前提下执行减少选区的操作。

选区交叉：

在已经存在选区的前提下，按住【Shift+Alt】组合键或单击属性工具栏中的按钮，可以在已有选区的前提下执行选区交叉的操作。

反向选择：

在已经存在选区的前提下，按【Ctrl+Shift+i】组合键或执行【选择】菜单/【反向】命令。

取消选择：

在已经存在选区的前提下，按【Ctrl+D】组合键或执行【选择】菜单/【取消选择】命令。

选区羽化：

在已经存在选区的前提下，对选区的边缘进行羽化操作，通常使用【Shift+F6】组合键进行，选区羽化后，再对选区进行颜色填充时，边缘部分为半透明效果。

选区移动：

在已经存在选区的前提下，鼠标置于选区内容，呈现显示时，单击并拖动鼠标，可以进行选区的移动操作。

◎ 技巧分享

在进行选区移动时，每按一下键盘中的"方向键"，可以精确到以1个像素的位置移动，按住【Shift】键的同时，按"方向键"，可以精确到以10个像素的位置移动。

2. 选区存储与载入：

存储选区：

在已经存在选区的前提下，执行【选择】菜单/【存储选区】命令，可以将当前选区自动保存为"Alpha 通道"，方便进行选区的计算、载入等操作，也可以直接在"通道"面板中，单击面板左下方的按钮，生成"Alpha 通道"。

载入选区：

将存储过的选区与当前的选区进行并集、减集和交集运算。执行【选择】菜单/【载入选区】命令，从"通道"列表中选择要进行计算的通道，从"操作"选项中选择要进行运算的方式。

◎ 技巧分享

在进行选区操作时，按住【Ctrl】键的同时，单击"图层"缩略图，也可以快捷方便的载入当前图层内容的选区。

9.2 图像修饰

效果图经过参数调整和多次渲染测试后，就可以进入正式渲染过程，渲染完成后，对于不满意或是不符合要求的图像部分，通常可使用专业的平面处理软件进行图像修饰。

在进行图像修饰时，通常可以分为瑕疵调整和美化提升两部分。

9.2.1 瑕疵调整 ▼

不同类型的软件，有其擅长和应用的领域，渲染完成后的图像，对于其中的贴图问题、灯光问题、层次问题以及其他瑕疵，都可以通过平面软件 Photoshop 进行调整。

1. 仿制图章修复瑕疵

在进行效果图制作给模型贴图时，由于没有通过"多维 / 子对象"材质进行单独子材质编辑，造成贴图瑕疵问题，如图 9-11 所示。

图9-11 贴图瑕疵

使用方法：

打开图像，在工具箱中选择"仿制图章"工具，按【Ctrl+"+"】组合键，将图像放大，按【Alt】键的同时单击，定义仿制源，释放【Alt】键后单击，完成图像的仿制，如图 9-12 所示。

图9-12 仿制修复

2. 绘制灯带

通常情况下，设置好了渲染参数后，需要等待一段渲染时间，渲染完成后的图像，当发现灯带效果不自然或不真实时，往往都需要重新设置参数，然后再经过一段时间的渲染才能达到效果。

在此，可以借助专业的平面设计软件，如 Photoshop，进行简单的后期处理，来弥补效果图渲染的不足。

操作方法：

打开渲染完成需要添加灯带的图像，新建图层，使用"钢笔"工具绘制路径，按【Ctrl+Enter】组合键，将其转换为选区，如图 9-13 所示。

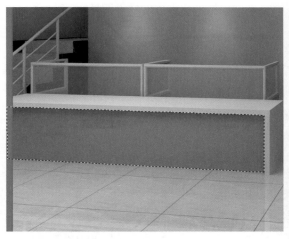

图9-13 创建选区

按【G】快捷键，设置从暖白到透明的线性渐变，从选区的上边缘开始，单击并向下拖动，更改当前图层不透明度，生成灯带效果，如图 9-14 所示。

3. 绘制光效

效果图渲染完成后，对于场景中筒灯或是射灯的位置，通常都会出现光弧的效果以突出效果图的真实性，但渲染完成后，发现光弧效果不明显时，可以借助后期处理软件对其进行瑕疵调整。

图9-14　进行渐变填充

操作方法：

打开渲染完成的图像文件，按【F7】键，打开图层面板，单击图层面板底部"新建"按钮，按【B】快捷键，单击属性栏中的画笔样式按钮，载入光域网画笔样式，如图 9-15所示。

设置前景色为暖白色，调整笔刷大小，在筒灯或射灯底部单击，完成灯光光效绘制，如图 9-16 所示。

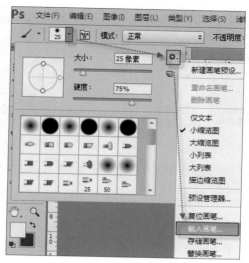

图9-15　载入画笔

图9-16　射灯光效

9.2.2　美化提升　▼

作为专业的图像处理软件，Photoshop 不仅可以进行瑕疵修复，还可以在图像美化提升领域发挥更强大的作用，轻轻松松就可以实现图像画质的变化。

1. 室外景观配景

在进行室外景观或园木设计时，对于周围的绿植、配景等环境对象，可以通过在后期使用 Photoshop 软件进行合成操作，方便快捷，效果美观。

场景参数设置完成渲染后，保存为"*.tga"格式文件，通过 Photoshop 软件将其打开，如图 9-17 所示。

图9-17　渲染结果

使用"魔术棒"工具，载入背景黑色区域选区，在图层列表中，新建图层，粘贴合适的背景图像，采用同样的操作方法，更换水面区域，从另外的文件中提取与当前场景匹配的绿植等内容，依次粘贴到当前文件中，如图9-18所示。

图9-18　匹配环境

从外面配套文件中，将需要导入当前文件的图像部分建立选区，执行"复制"操作，到当前室外文件中执行"粘贴"操作，调整大小和位置，根据实际需要调整图层顺序，生成室外其他背景，如图9-19所示。

图9-19　环境背景

最后，对于图像的细节部分进行调整，如根据阳光的方向，调整光照的明暗和对比度，增强建筑物的立体感，为效果图再添加黑色边框，生成室外效果，如图9-20所示。

图9-20　室外效果图

2. 绿植合成

在进行效果图渲染时，大面积的绿植造型，由于其面数很多，影响整体的渲染速度，因此，可以通过采取后期平面处理的方式来实现。

启动 Photoshop 软件，将场景文件打开，打开绿植所在的文件，建立选区，执行"复制"操作，返回当前文件，执行"粘贴"操作，通过"自由变换"操作调整大小和位置，如图9-21所示。

图9-21　插入绿植

通过"色阶"和"色彩平衡"等操作，调整当前绿植的明暗和对比度，使之与当前场景的色彩保持一致，如图 9-22 所示。

在图层面板中，选择当前图层并拖动到底部"新建"按钮，执行"自由变换"操作，通过图层列表，调整图层的上下顺序，实现局部绿植倒影效果，如图 9-23 所示。

图9-22 调整色彩

图9-23 倒影

第10章

室内设计家装案例

本章要点：

1. 现代简约风格
2. 地中海风格
3. 新中式风格

在进行效果图制作时，家装部分的设计占据了很大的比例，既需要满足不同业主的要求，又需要在相对的狭小空间中来展现不同的创意思维，体现设计师们的创意和设计，以获得满意的效果图作品。

10.1 现代简约风格

现代简约风格是以简约为主的装修风格。简约不等于简单，它是经过深思熟虑后创新得出设计和思路的延展，不是简单"堆砌"和平淡的"摆放"。比如床头背景设计有些简约到只有一个十字挂件，但是它凝结着设计师的独具匠心，既美观又实用。

在家具配置上，白亮光系列家具，独特的光泽使家具倍感时尚，既舒适又美观。在配饰上，延续了黑白灰的主色调，以简洁的造型、完美的细节，营造出时尚前卫的感觉。

10.1.1 项目说明 ▼

本案例以客厅为场景，进行现代简约风格诠释，既要保证体现客厅采光的通透，又需要体现设计的简约和时尚感。

1. 风格要素

在进行室内设计时，需要事先确定设计的风格，风格确定后，再结合空间的布局和特点，确定组合成空间的造型内容。

简约风格的构成元素主要包括场景中的造型和色彩。造型通常是指场景中的家具造型，需要符合简约风格的特点。色彩方面包括家具材质以及材质所使用的纹理等方面，也需要符合现代的风格，如图 10-1 所示。

图10-1 现代简约客厅

2. 装饰要素

在进行现代简约风格设计时，可以采用的装饰要素有金属灯罩、玻璃灯、高纯度色彩且线条简洁的家具和到位的软装等元素。

金属是工业化社会的产物，也是体现简约风格最有力的手段。各种不同造型的金属灯，都是现代简约派的代表产品。

强调功能性设计，线条简约流畅，色彩对比强烈，这是现代风格家具的特点。软装到位是现代风格家具装饰的关键，如图 10-2 所示。

图10-2 软装为主

3. 颜色要素

空间简约，色彩就要跳跃出来。苹果绿、深蓝、大红、纯黄等高纯度色彩大量运用，大胆而灵活，不单是对简约风格的遵循，也是个性的展示。

中心色为黄、橙色。可选择橙色地毯、窗帘、床罩用黄白印花布。沙发、天花板用灰色调，在搭配一些绿色植物作为衬托，使居室充满惬意、轻松的气氛。

中心色为柔和的粉红色。地毯、灯罩、窗帘可用红加白色调，家具为白色，房间局部点缀淡蓝，以增添浪漫的气氛。

中心色为粉色。沙发、灯罩可用粉红色。窗帘、床罩用粉红色印花布，地板淡茶色，墙用奶白色。

中心色为玫瑰和淡紫色。地毯可用浅玫瑰色，沙发用比地毯浓一些的玫瑰色，窗帘可选用淡紫印花棉布，灯罩和灯杆用玫瑰色或紫色。再放一些绿色的靠垫和盆栽植物加以点缀，墙和家具用灰白色，可取得雅致优美的效果。

中心色为橘红色、蓝色和金色。沙发可使用酒红色，地毯为同色系的暗土红色，墙面用

明亮的米色，局部点缀些金色，如镀金的壁灯，再加一些蓝色作为辅助，便形成豪华的格调，如图 10-3 所示。

图10-3　黑白灰色彩

10.1.2　场景制作 ▼

在进行现代简约客厅效果图的制作时，由于客厅内部造型相对简单，因此，可以采取 AutoCAD 创建空间布局，直接导入 3ds Max 软件生成空间的方法来生成，再通过导入外部模型的方法导入简约风格所需要的模型，最终生成整个场景。

1. 空间生成

在 AutoCAD 软件中，将墙体线所在的图层显示，其余图层进行隐藏，保存文件。启动 3ds Max 软件，执行【自定义】菜单 /【单位设置】命令，将系统和显示单位均改为"毫米"，执行【文件】菜单 /【导入】/【导入】命令，选择 CAD 文件，在弹出的界面中，选中"焊接附近顶点"选项，如图 10-4 所示。

选择导入的线条对象，在命令面板"修改"选项中，添加"挤出"命令，设置高度为 3000mm，生成闭合的墙体空间，按【M】键，选择任意样本球并赋给当前墙体空间，如图 10-5 所示。

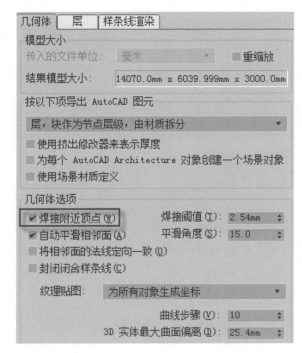

图10-4　导入选项

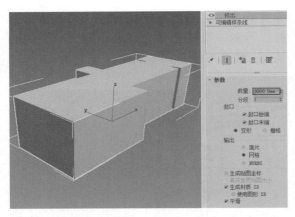

图10-5 生成闭合墙体

右击，执行【转换为】/【转换为可编辑多边形】命令，按数字【5】键，选择物体，再次右击，在弹出的屏幕菜单中选择"翻转法线"命令，设置物体的"背面消隐"显示属性，生成室内单面空间，如图10-6所示。

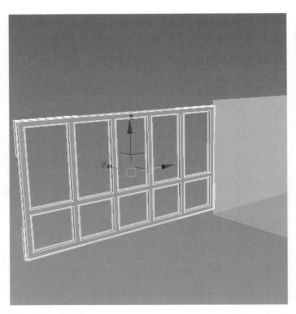

图10-7 窗框

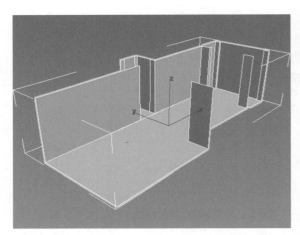

图10-6 室内空间

2. 阳台生成

按同样的方法，导入阳台的CAD图形文件，在命令面板"修改"选项中，添加"挤出"命令，数量为80mm，生成阳台窗框，在视图中通过"旋转"、"移动"和"对齐"等操作，调整其位置，如图10-7所示。

在顶视图中，创建矩形并添加"挤出"命令并向上复制，生成窗框上下两段横梁并选择样本球赋给当前选中对象，如图10-8所示。

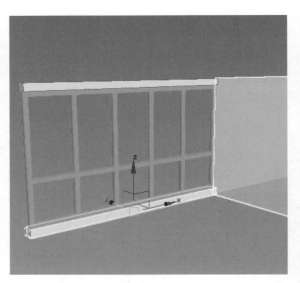

图10-8 窗框横梁

创建300mm×300mm×3000mm的长方体，生成阳台角柱，将窗框和横梁选中，执行"旋转并复制"的操作，生成另外的窗框对象，调整位置和对齐，生成阳台，如图10-9所示。

3. 创建阳台背景

在顶视图中，沿阳台窗户外侧创建线条，在命令面板"修改"选项中，添加"挤出"命令，生成阳台外面的室外背景，按【M】键，在弹出的界面中选择样本球并单击主工具栏中的
按钮，将当前材质类型更改为"VR 灯光材质"，
添加贴图，如图 10-10 所示。

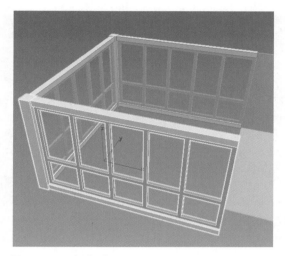

图10-9 阳台造型

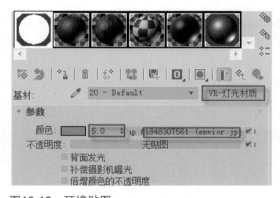

图10-10 环境贴图

单击材质工具栏中的 按钮，再次添加
"VR 材质包裹器"材质，更改其生成全局照明
和接收全局照明的参数，如图 10-11 所示。

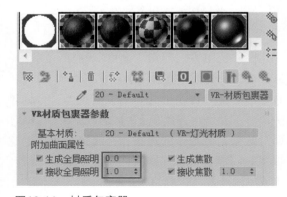

图10-11 材质包裹器

4. 客厅空间背景墙

在前视图中，创建长度为 2600mm、宽度
为 4800mm 的长方形，在命令面板"修改"选
项中添加"挤出"命令，数量为 20mm，右击，
将其转换为"可编辑多边形"操作，按数字
【2】键，选中"忽略背面"选项，分别执行"连
接"命令，对墙面进行分隔操作，如图 10-12
所示。

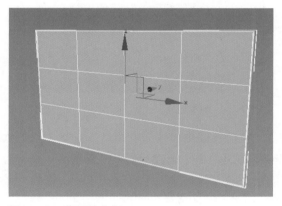

图10-12 背景墙分割

按数字【4】键，选择中间所有面，执行
"倒角"命令，生成大理石拼缝客厅背景墙，如
图 10-13 所示。

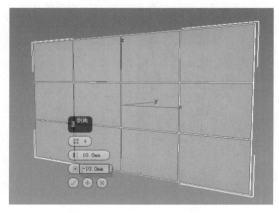

图10-13 倒角

按数字【6】键，退出可编辑多边形操作，生成客厅大理石背景墙。

5. 木质背景板

在前视图中，创建长度 2700mm、宽度为 90mm 的矩形，右击，将其转换为"可编辑样条线"操作，按数字【3】键，对其执行"轮廓"操作，数值为 30，退出子编辑后，在命令面板"修改"选项中，添加"挤出"命令，数量为 40mm，生成背景板轮廓，如图 10-14 所示。

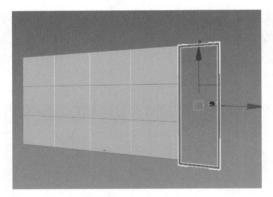

图10-14　木质边框

在前视图中，开启"端点"捕捉，沿边框内侧创建平面（长度分段 5，宽度分段为 2），右击，将其转换为"可编辑多边形"操作，按数字【4】键，选择中间所有面，执行"倒角"操作，如图 10-15 所示。

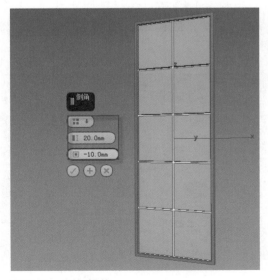

图10-15　倒角操作

选择木质边框和大理石背景墙图形，在顶视图中调整其位置，生成客厅背景墙，如图 10-16 所示。

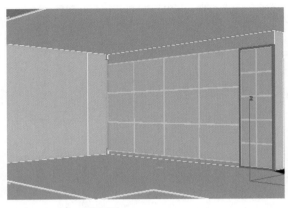

图10-16　客厅影视墙

6. 沙发背景墙

在前视图中，创建长度为 2700mm、宽度为 5500mm 的矩形，右击，转换到"可编辑样条线"操作，按数字【2】键，将底部边线删除，按数字【3】键，执行"轮廓"操作，数值为 60，退出子编辑后，添加"挤出"命令，数量为 40，生成沙发背景墙轮廓，如图 10-17 所示。

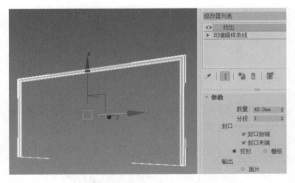

图10-17　沙发背景墙边框

在前视图中，开启"端点"捕捉，创建矩形，在命令面板"修改"选项中，添加"挤出"命令，数量为 20，右击，将其转换为"可编辑多边形"操作，按数字【2】键，选中"忽略背面"选项，对选择的边执行"连接"操作，按数字【4】键，选择中间面，执行"倒角"操作，生成中间造型，如图 10-18 所示。

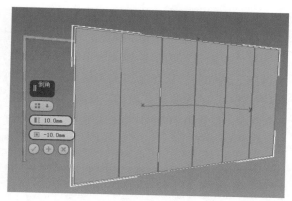

图10-18 沙发背景墙

按数字【6】键，退出可编辑多边形子编辑，调整沙发背景墙、边框与客厅空间的位置，生成沙发背景墙造型，如图 10-19 所示。

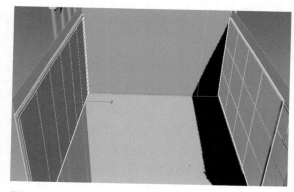

图10-19 客厅墙面

7. 阳台推拉窗

选择空间模型，按数字【4】键，选择"忽略背面"选项，选择客厅到阳台区域的面，按【Del】键将其删除，生成推拉窗洞口，如图10-20所示。

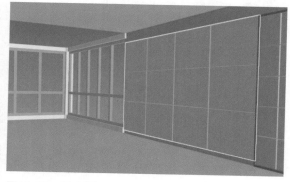

图10-20 阳台洞口

8. 创建地面

选择空间模型，按数字【4】键，选择地面对象，单击参数中的"分离"按钮，将其分离生成单独模型，在顶视图中，开启"端点"捕捉，使用"线条"工具，绘制阳台区域，转换为"可编辑多边形"操作，单击参数中的"附加"按钮，单击空间分离出的地面部分，生成空间地面，如图 10-21 所示。

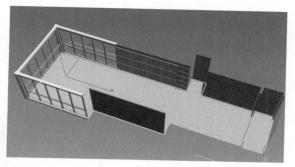

图10-21 地面部分

9. 圈边区域

选择地面对象，按【Alt+Q】组合键，将其执行"孤立"显示操作，在顶视图中，开启2.5维"端点"捕捉，使用"线"工具，绘制圈边大理石的外边框，如图 10-22 所示。

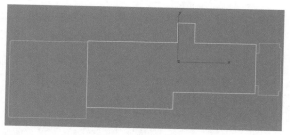

图10-22 圈边区域外边框

按数字【3】键，执行"轮廓"操作，向内执行 150mm，退出子编辑操作后，添加"挤出"命令，数量为 2mm，生成大理石圈边区域，如图 10-23 所示。

10. 室外背景

在顶视图中，沿室外阳台区域创建线条，在命令面板"修改"选项中，添加"挤出"命令，数量为 4000mm，生成阳台室外背景区域，如图 10-24 所示。

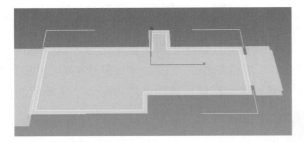

图10-23　圈边区域

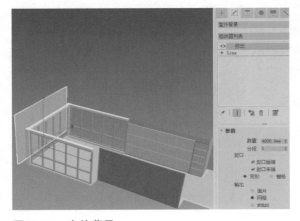

图10-24　室外背景

11. 吊顶制作

选择 CAD 墙体线条模型，按【Alt+Q】组合键，执行"孤立"显示操作，在顶视图中，开启"端点"捕捉，沿端点绘制闭合线条，并向内执行 50mm"轮廓"操作，添加"挤出"命令，数量为 600mm 生成顶部外造型，在前视图或左视图中调整其位置，如图 10-25 所示。

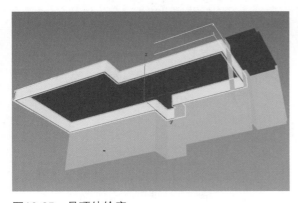

图10-25　吊顶外轮廓

选择生成的吊顶外轮廓造型，按【Alt+Q】组合键，执行"孤立"显示操作，开启"端点"捕捉操作，沿造型内部绘制闭合区域，分别绘制客厅区域和餐厅区域顶部方形区域，在可编辑样条线中，将其执行"附加"操作，添加"挤出"命令，数量为 300mm，生成吊顶中间区域，如图 10-26 所示。

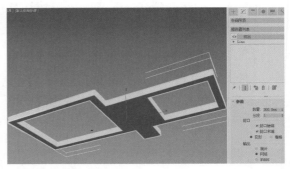

图10-26　中间吊顶

在顶视图中，开启"端点"捕捉，沿客厅顶部中间空洞区域绘制矩形，在前视图中，绘制倒角剖面线条，选择顶视图中的矩形，在命令面板"修改"选项中，添加"倒角剖面"命令，拾取前视图中绘制的剖面线条，生成客厅区域吊顶部分，如图 10-27 所示。

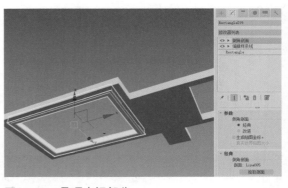

图10-27　吊顶中间部分

在前视图或左视图中，调整吊顶区域三组模型的位置关系，生成室内空间顶部造型，如图 10-28 所示。

12. 合并场景模型

选择与当前风格匹配的家具模型，执行【文件】菜单/【导入】/【合并】命令，导入家具模

型，在场景调整位置和大小，生成空间模型，如
图 10-29 所示。

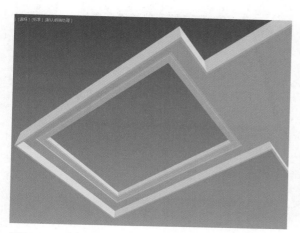

图10-28 空间吊顶

图10-29 合并模型

在合并模型时，尽量将材质、贴图等外部链接资源，一起复制到当前模型文件所在的文件夹，防止在
渲染时外部链接资源因存储路径发生变化，而造成外部资源丢失的问题。

10.1.3 材质编辑 ▼

场景模型创建完成后，接下来的工作就是进行相关的材质编辑调整。在进行建模时，对于后期
需要复制生成的模型，通常都是先赋材质，再对其执行"复制"操作，方便调整材质时已经指定材
质的物体自动变化。

在本书案例中，场景材质主要是以 VRay 材质为主进行调整。按【F10】键，为当前文件指定
材质编辑器和渲染器。

1. 地面材质

选择场景地面物体，按【M】键，在弹出
的材质编辑器中，将材质类型更改为"VRayMtl
（VR 材质）"，选择样本球，单击材质编辑器工
具行中的 🔳 按钮，单击"漫反射"后面的贴图
按钮，在弹出的界面中选择大理石地面贴图，
更改反射组参数，如图 10-30 所示。

单击材质编辑器工具行中的 ◉ 按钮，在命
令面板"修改"选项中，添加"UVW 贴图"编
辑命令，将贴图方式更改为"长方体"并设置
相关参数，如图 10-31 所示。

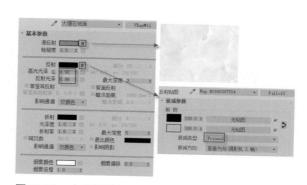

图10-30 大理石地面

213

图10-31　UVW贴图方式

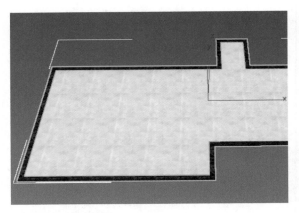

图10-33　地面材质

选择地面圈边大理石物体，在材质编辑器中，将地面大理石材质样本球单击并拖动样本球到空白样本球，更改名称，再次单击材质编辑器工具行中的按钮，更改"漫反射"参数中的贴图，实现地面圈边大理石材质，如图10-32所示。

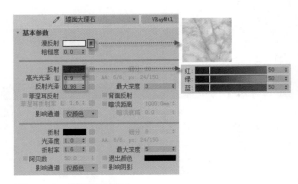

图10-34　墙面大理石

选择大理石旁边的木纹墙板物体，在材质编辑器中，选择空白样本球，更改材质类型为"VR材质"，单击工具行中的按钮，更改材质参数，如图10-35所示。

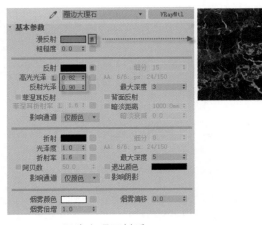

图10-32　圈边大理石材质

调整完材质参数后，可以将圈边大理石物体和地面物体执行"组"操作，生成地面材质效果，如图10-33所示。

2. 墙面材质

选择电视背景墙物体，按【M】键，选择空白样本球，将材质类型更改为VR材质，单击材质编辑器工具行中的按钮，更改材质参数，如图10-34所示。

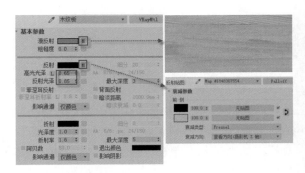

图10-35　木纹墙板材质

选择木纹墙板边框，再次单击材质编辑器工具行中的按钮，当前样本球材质指定木纹板边框对象，将木纹板和边框物体执行"组"操作。

选择沙发所在背景墙物体，按【M】键，选择空白样本球，将材质类型更改为"VR 材质"，单击材质编辑工具行中的 按钮，更改材质参数，如图 10-36 所示。

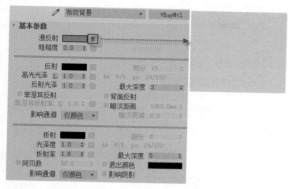

图10-36 布纹材质

在"贴图"选项中，单击"凹凸"后面的贴图按钮，在弹出的界面中，添加黑白纹理的位图，更改"凹凸"数量为 40，如图 10-37 所示。

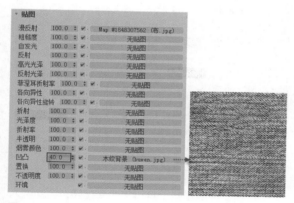

图10-37 凹凸贴图

选择布纹背景边框物体，按【M】键，选择空白样本球，更改材质类型为"VR 材质"，单击材质编辑器工具行中的 按钮，更改材质参数，如图 10-38 所示。

单击材质编辑器工具行中的 按钮，在命令面板"修改"选项中，添加"UVW 贴图"命令，更改贴图方式，使贴图可以正常显示。

选择布纹背景墙和边框物体，执行"组"命令，将其组成组对象。

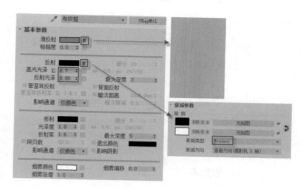

图10-38 布纹框材质

3. 窗帘材质

在当前场景中，窗帘包括两类，一类是半透明的窗帘，另外一类是绿色的不透明窗帘。选择透明窗帘物体，按【M】键，选择空白样本球，更改材质类型为"VR 材质"，更改材质参数，如图 10-39 所示。

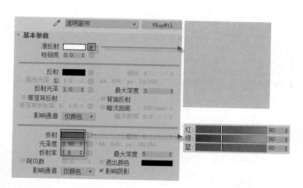

图10-39 透明窗帘

在贴图选项中，单击"不透明度"后面的贴图按钮，添加"混合"贴图，在混合量中添加"黑白灰"贴图，如图 10-40 所示。

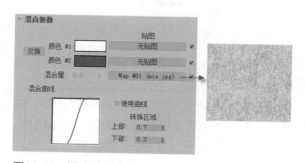

图10-40 混合贴图参数

选择不透明窗帘物体，按【M】键，在弹出

的界面中选择空白样本球，将材质类型更改为"VR 材质"，单击材质编辑器工具行中的 按钮，更改材质参数，如图 10-41 所示。

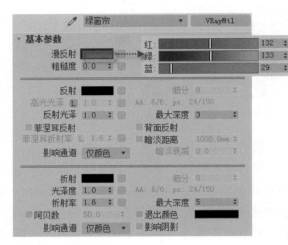

图10-41　绿色窗帘

4. 装饰画材质

选择沙发所在墙面的装饰画玻璃物体，按【Alt+Q】组合键，执行"孤立"显示操作，按【M】键，将材质类型更改为"VR 材质"，单击材质编辑器工具行中的 按钮，调整材质参数，如图 10-42 所示。

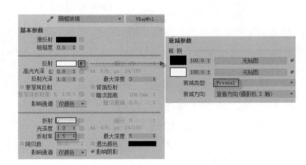

图10-42　画框玻璃

选择装饰画画框物体，右击，转换到可编辑多边形编辑，在多边形编辑方式下，分别对画框、页面和中间页面编辑不同的 ID 编号，编辑完成后，退出可编辑多边形操作，按【M】键，将材质类型更改为"多维/子对象材质"，进入边框子材质选项，将材质类型更改为"VR 材质"，调整材质参数，如图 10-43 所示。

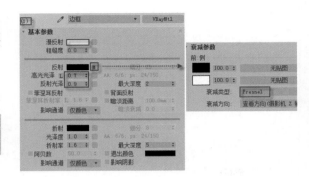

图10-43　装饰画框

单击材质编辑器工具行中的 按钮，再次进入 2 号 ID 子材质进行编辑，将材质类型更改为"VR 材质"，设置参数，如图 10-44 所示。

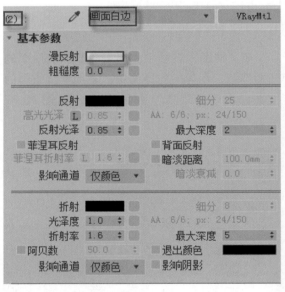

图10-44　装饰画白边材质

单击材质编辑器工具行中的 按钮，再次进入 3 号 ID 子材质进行编辑，设置参数，如图 10-45 所示。

图10-45　装饰画面内容

单击材质编辑器工具行中的 按钮，将当前材质指定给装饰画物体，将装饰画和装饰画玻璃物体执行"组"操作。

5. 吊顶材质

选择空间吊顶物体，按【M】键，选择空白样本球，将材质类型更改为"VR 材质"，单击材质编辑器工具行中的 按钮，更改材质参数，如图 10-46 所示。

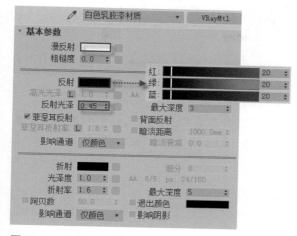

图10-46 白色乳胶漆

将吊顶所有物体都使用当前样本球材质，材质指定完成后，将其执行"组"操作。

6. 吊灯材质

在当前场景中，对于客厅的吊灯效果表现，需要将材质和灯光两方面结合起来，经过渲染后才能看到最终的表现效果。

选择客厅吊灯灯罩物体，按【M】键，选择空白样本球，将材质类型更改为"VR 材质"，单击材质编辑器工具行中的 按钮，调整参数，如图 10-47 所示。

将当前样本球的材质指定给其他吊灯面片造型，退出材质编辑后，将其执行"组"操作。

7. 沙发材质

在当前场景中，沙发主要包括带有靠背的多人沙发和长条沙发凳两个造型，其中多人沙发的材质包括布艺造型和不锈钢腿，长条沙发

凳的材质包括布艺和木质造型腿两部分。

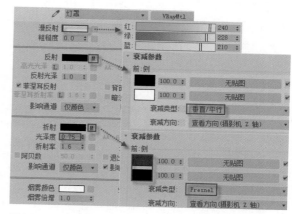

图10-47 灯罩材质

选择多人沙发布艺造型物体，按【M】键，将材质类型更改为"VR 材质"，单击材质编辑器工具行中的 按钮，更改材质参数，如图 10-48 所示。

图10-48 多人沙发布纹

在贴图"凹凸"参数中，单击贴图按钮，添加黑白灰纹理图像，设置数量为 44，如图 10-49 所示。

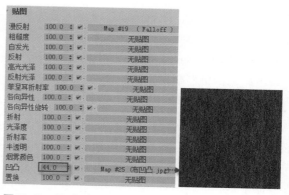

图10-49 凹凸贴图

217

选择不锈钢沙发腿物体，按【M】键，选择空白样本球，将材质类型更改为"VR 材质"，单击材质编辑器工具行中的 按钮，更改材质参数，如图 10-50 所示。

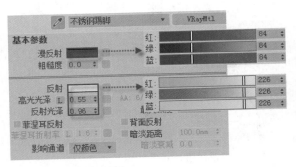

图10-50　不锈钢材质

选择长条沙发凳物体，按【M】键，选择空白样本球，将材质类型更改为"VR 材质"，单击材质编辑器工具行中的 按钮，调整参数，如图 10-51 所示。

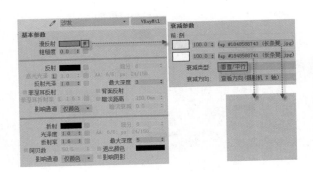

图10-51　长条凳材质

选择长条凳物体，按【M】键，选择空白样本球，将材质类型更改为"VR 材质"，单击材质编辑器工具行中的 按钮，调整参数，如图 10-52所示。

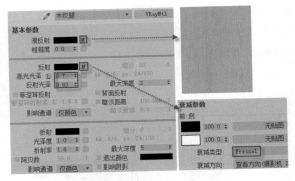

图10-52　木纹腿材质

材质调整完成后，退出材质编辑器，将长条沙发凳和木纹腿执行"组"操作。

> **说明**
>
> 至此，现代风格客厅的基本材质已经调整完成，对于室内家具类的其他材质，可以通过"材质库"的方法快速实现，在二维码视频中会进行详细讲解，文字篇不再赘述。

10.1.4　灯光渲染 ▼

场景中的材质基本调整完成后，需要对当前场景添加灯光，然后再通过渲染来查看整体的材质表现。因此，场景在没有灯光时，是无法进行渲染测试的。在使用 VRay 渲染时，需要添加摄像机，根据相机所在空间的位置，设置是否需要进行"剪切平面"操作。

场景添加灯光时，根据场景要表现的特点，按类别进行添加。本案例中，以室外阳光和室内灯光相结合，实现现代风格的明亮表现。

1.　添加摄像机

在命令面板"新建"选项中，选择"摄影机"方式，选择"目标"按钮，在顶视图中单击并拖动，在前视图和左视图中，调整摄像机位置和角度，鼠标移动到透视图区域，右击，按【C】键，切换到摄像机视图，查看摄像机视图效果，在命令面板中，切换到"修改"选项，设置参数，如图 10-53 所示。

摄像机参数调整完成后，再次右击，在弹出的屏幕菜单中选择"应用摄像机校正修改器"

命令，自动完成 2 点透视校正操作，如图 10-54 所示。

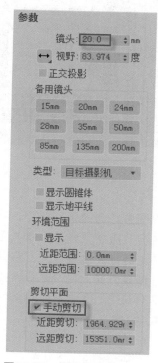

图10-53 摄像机参数

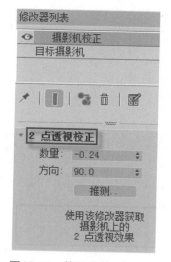

图10-54 校正修改

摄像机调整完成后，可以按【Shift+C】组合键，执行摄像机隐藏操作。

2. 室外光源

在命令面板"新建"选项中，选择"灯光"方式，从下拉列表中选择 VRay，选择"VR 灯光"，设置类型为"平面"，在前视图中单击并拖动，通过顶视图调整灯光位置，设置参数，如图 10-55 所示。

图10-55 VR平面灯光

在顶视图中，采用旋转复制的方法，通过"实例"方式生成另外灯光，调整位置，如图 10-56 所示。

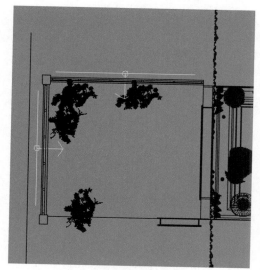

图10-56 实例复制另外灯光

在顶视图中，选择左侧 VR 平面灯光，按住【Shift】键的同时移动，采用"复制"的方式生成窗帘外面灯光，调整灯光大小和设置参数，如图 10-57 所示。

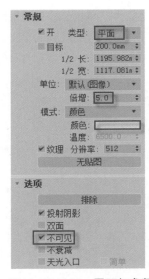

图10-57 VRay平面灯参数

采用"实例"的方式，镜像生成另外窗口光源，在顶视图中，移动到餐厅外窗口区域。

3. 客厅灯槽

选择客厅吊顶模型，按【Alt+Q】组合键，执行"孤立"显示操作，在命令面板"新建"选项中，选择"VRay平面灯"，在顶视图中单击并拖动，通过前视图或左视图，调整灯光位置，设置参数，如图10-58所示。

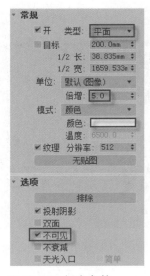

图10-58 灯光参数

在顶视图中，采用"实例"复制方式，生成另外三边灯光，如图10-59所示。

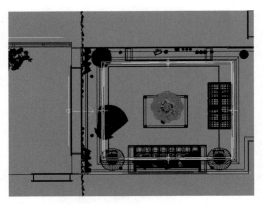

图10-59 灯槽

4. 室内射灯

在顶视图中，选择筒灯模型，按【Alt+Q】组合键，执行"孤立"显示操作，在命令面板的灯光选项中选择光度学灯光，在前视图中单击并拖动，创建灯光，在灯光分布选项中，选择"光度学Web"，添加光域网文件，设置参数，如图10-60所示。

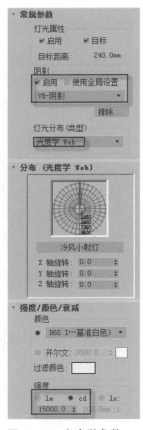

图10-60 光度学参数

单个参数调整完成后，在灯光类型中去掉"目标"选项，将其转换为自由灯光，在顶视图中，采用"实例"的方式生成其他同一个开关控制的射灯，完成顶部筒灯灯光布局。再次按【Alt+Q】组合键，退出"孤立"编辑操作。

合键，进行渲染测试，如图 10-62 所示。

图10-62　初步渲染结果

5. 吊灯灯光

在顶视图中，选择中间吊灯造型，按【Alt+Q】组合键，执行"孤立"显示操作，在命令面板的"灯光"选项中，选择 VR 灯光，设置类型为"球体"，单击创建 VR 球形灯，调整位置和参数，如图 10-61 所示。

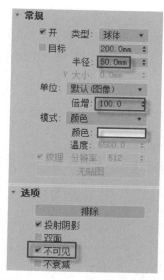

图10-61　吊灯参数

渲染测试完成后，需要对当前模型中的部分内容进行调整，包括灯光位置、材质的真实性表现等方面都需要进行再次调整。

调整当前场景中筒灯的位置和参数，按【Shift+Q】组合键，再次渲染，查看调整后的效果，如图 10-63 所示。

图10-63　调整后效果

6. 渲染测试

按照同样的方法，将餐厅处的灯光也一并布置完成并调整其位置，切换操作视图为相机视图，按【F10】键，弹出的渲染设置对话框，在"公用"选项中，设置输出尺寸，在"设置"选项中，快速载入渲染参数，按【Shift+Q】组

渲染测试完成后，按【F10】键，加载渲染参数，调整输出尺寸，执行渲染，生成现代风格客厅表现效果图。

10.2　地中海风格

地中海风格的美，包括"海"与"天"的明亮色彩，仿佛被水冲刷过后的白墙，薰衣草、玫瑰、茉莉的香气，路旁奔放的成片彩色花田、历史悠久的古建筑、土黄色与红褐色交织而成的强烈民族性色彩构成了强烈的地中海风格。

地中海风格的灵感，来源于西班牙蔚蓝海岸与白色沙滩，希腊白色村庄在碧海蓝天下闪闪发光，意大利南部向日葵花田在阳光下闪烁的金黄，法国南部薰衣草飘来的蓝紫色香气，北非特有沙漠及岩石等自然景观的红褐、土黄的浓厚色彩组合。

地中海风格的基础是明亮、大胆、色彩丰富、简单，有明显的民族特色。重现地中海风格不需要太大的技巧，而是保持简单的意念，捕捉光线、取材大自然，大胆而自由的运用色彩和样式。

10.2.1　项目说明　▼

本案例以客厅为场景，进行现代地中海风格诠释，既要保证体现客厅采光的通透，又需要体现地中海风格的简约和时尚。

1. 风格要素

在进行室内设计时，需要事先确定设计的风格，风格确定完成后，再结合空间的布局和特点，确定组合成空间的造型内容。地中海风格的形成元素主要包括场景中的造型和色彩，造型通常是指场景中的场景造型，需要符合地中海风格的特点，色彩方面包括家具材质以及材质所使用的纹理等方面，也需要符合地中海风格的特点，如图 10-64 所示。

图10-64　地中海风格的客厅

2. 家居特点

在家具选配上，通过擦漆做旧的处理方式，搭配贝壳、鹅卵石等，表现出自然清新的生活氛围，将海洋元素应用到家居设计中，给人自然浪漫的感觉。在造型上，广泛运用拱门与半拱门，给人延伸般的透视感。在材质上，一般选用自然的原木、天然的石材等，用来营造浪漫自然。在色彩上，以蓝色、白色、黄色为主色调，看起来明亮悦目。如图 10-65 所示。

图10-65 地中海风格

10.2.2 场景制作 ▼

在进行地中海客厅制作时，由于客厅内部造型相对简单，因此，可以采取 AutoCAD 创建空间布局，直接导入 3ds Max 软件生成空间的方法来生成。再通过导入外部模型的方法导入地中海风格所需要的模型，最终生成整个场景模型。

1. 空间生成

在 AutoCAD 软件中，将墙体线所在的图层显示，其余图层进行隐藏，保存文件。启动 3ds Max 软件，执行【自定义】菜单/【单位设置】命令，将系统和显示单位均改为"毫米"，执行【文件】菜单/【导入】/【导入】命令，选择CAD 文件，在弹出的界面中，选中"焊接附近顶点"选项，如图 10-66 所示。

选择导入的线条对象，在命令面板"修改"选项中，添加"挤出"命令，设置高度为2800mm，生成闭合的墙体空间，按【M】键，选择任意样本球并赋给当前墙体空间，如图 10-67 所示。

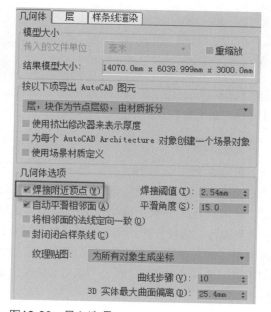

图10-66 导入选项

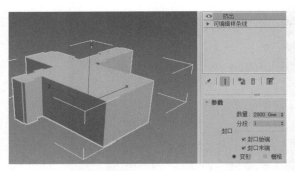

图10-67　生成闭合墙体

　　右击，执行【转换为】/【转换为可编辑多边形】命令，按数字【5】键，选择物体，再次右击，在弹出的屏幕菜单中选择"翻转法线"命令，设置物体的"背面消隐"显示属性，生成室内单面空间，如图10-68所示。

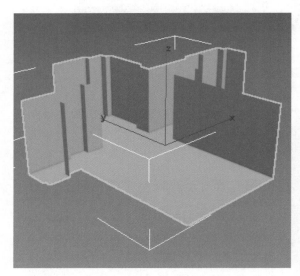

图10-68　室内空间

2. 地面生成

　　在可编辑多边形操作中，选择"多边形"方式，选中"忽略背面"选项，选择地面多边形，将其执行"分离"操作，退出当前可编辑多边形操作，选择分离的地面物体，按【Alt+Q】组合键，将其执行"孤立"显示操作，按数字【4】键，选择多边形，执行"插入"操作，如图10-69所示。

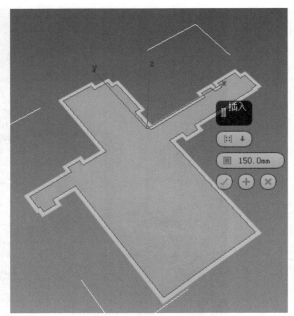

图10-69　插入多边形

　　选择中间的多边形，再将执行"分离"操作，分别指定不同的样本球材质，至此，地面生成圈边区域和中间理区域完成，如图10-70所示。

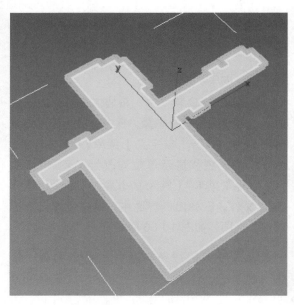

图10-70　地面造型

3. 影视墙造型

　　在左视图中依次创建两个矩形，并进行可编辑样条线操作，生成影视墙二维图形，如图10-71所示。

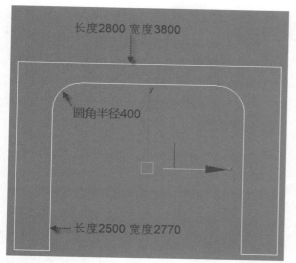

图10-71 影视墙图形

在命令面板"修改"选项中，添加"挤出"命令，数量为 400mm，右击，转换为可编辑多边形操作，按数字【2】键，选中"忽略背面"选项，选择中间边线，执行"切角"操作，如图 10-72 所示。

图10-72 边线切角

选择另外一侧边形，执行"利用所选内容创建图形"操作，生成二维样条线，将底部两端点执行"连接"操作，执行"挤出"操作，生成背景墙内部贴壁纸部分，如图 10-73 所示。

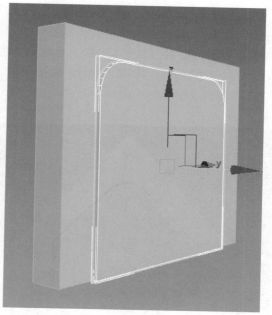

图10-73 背景墙

将生成的影视墙框架和背景物体执行"组"操作，在顶视图中调整其位置。

4. 餐厅吊顶

选择墙体物体，按【Alt+Q】组合键，将其执行"孤立"显示操作，开启"端点"操作，创建矩形，再次创建内部矩形，进行可编辑样条线操作，生成吊顶平面图形，如图 10-74 所示。

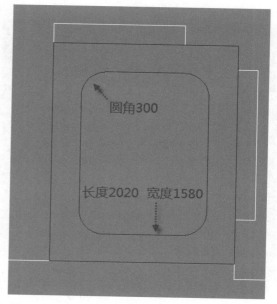

图10-74 吊顶图形

在命令面板"修改"选项中，添加"挤出"命令，数量为300mm，在前视图或左视图中，调整垂直方向位置，右击，转换为可编辑多边形，对内部边线执行"切角"操作，如图10-75所示。

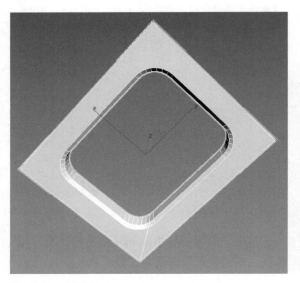

图10-75　吊顶部分

采用类似的方法，继续生成走廊吊顶部分，创建长方体，生成客厅顶部造型，至此，完成空间顶部造型制作，如图10-76所示。

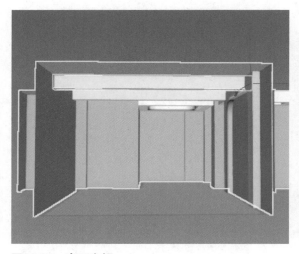

图10-76　客厅空间

5. 合并场景

根据当前场景文件风格的特点，依次选择合适的家具模型，最好附带材质等信息，执行【文件】菜单/【导入】/【合并】命令，导入当前场景文件并调整位置和大小，生成室内空间，如图10-77所示。

图10-77　场景合并

6. 添加摄像机

在命令面板"新建"选项中，选择"VRay物理相机"，在顶视图中，单击并拖动创建物理相机，通过前视图或左视图调整高度位置，切换透视图为相机视图，如图10-78所示。

图10-78　摄像机视图

10.2.3 材质编辑 ▼

场景模型创建完成后，接下来的工作就是进行相关的材质编辑调整，在进行建模时，对于后期需要复制生成的模型，通常都是先赋材质再对其执行"复制"操作，方便调整材质时，已经指定材质的物体自动变化。

在进行地中海风格调整时，模型的颜色或是贴图，都需要选择符合地中海风格的要素。

1. 地面材质

在场景中，选择地面物体，按【At+Q】组合键，将其执行"孤立"操作，按【M】键，在弹出的材质编辑器界面中，选择样本球，单击材质编辑器工具行中的 按钮，将材质类型更改为"VR 覆盖"，单击"基本材质"按钮，将材质类型更改为"VR 材质"，单击"漫反射"后面的贴图按钮，设置参数，如图 10-79 所示。

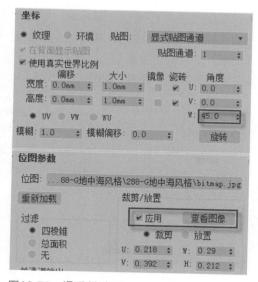

图10-79　漫反射贴图

单击材质编辑器工具行中的 按钮，在"贴图"选项中，单击"反射"后面的贴图按钮，添加"黑白"类型的图像，根据实际需要进行图像裁切，单击材质编辑器工具行中的 按钮，在"贴图"选项中，单击"反射"按钮中的贴图并拖动到"凹凸"贴图上，实现"实例"方式的复制，如图 10-80 所示。

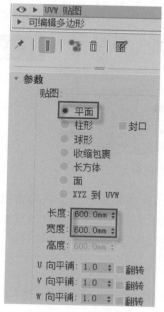

图10-80　贴图复制

材质编辑完成后，单击工具栏中的 按钮，选择地面物体，在命令面板"修改"选项中，添加"UVW 贴图"命令，设置参数，如图 10-81 所示。

图10-81　UVW贴图

2. 地面圈边材质

选择地面需要圈边的物体，按【Alt+Q】组合键，执行"孤立"显示操作，按【M】键，在弹出的材质编辑器中，选择空白样本球，单击材质编辑器工具行中的 按钮，将材质类型更改为"VR材质"，添加"漫反射"和"反射"贴图，设置参数，如图10-82所示。

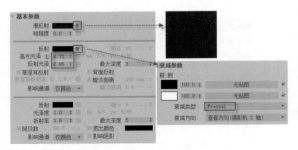

图10-82　圈边材质参数

3. 墙面材质

选择墙面物体，按【Alt】+【Q】组合键，执行"孤立"显示操作，按【M】键，在弹出的材质编辑器中，选择空白样本球，单击材质编辑器工具行中的 按钮，将材质类型更改为"VR材质"，设置参数，如图10-83所示。

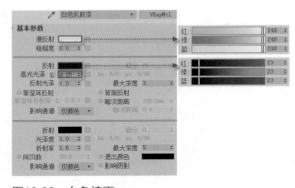

图10-83　白色墙面

再次选择房顶物体，直接单击材质编辑器工具行中的 按钮，将当前样本球材质赋给屋顶对象，实现墙面、屋顶材质的一致。

4. 踢脚线材质

选择踢脚线物体，按【Alt+Q】组合键，执行"孤立"显示操作，按【M】键，在弹出的材质编辑器中，选择空白样本球，单击材质编辑器工具行中的 按钮，将材质类型更改为"VR材质"，单击"漫反射"后面的贴图按钮，添加贴图并进行适当裁切，如图10-84所示。

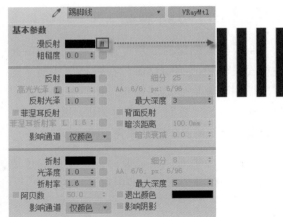

图10-84　踢脚线材质

单击材质编辑器工具行中的 按钮，在命令面板"修改"选项中，添加"UVW贴图"命令，设置参数，使其可以正常显示。

5. 横梁材质

选择房间顶部横梁物体，按【Alt+Q】组合键，执行"孤立"显示操作，按【M】键，在弹出的材质编辑器中选择空白样本球，单击材质编辑器工具行中的 按钮，将材质类型更改为"VR材质"，单击"漫反射"后面的贴图按钮，添加贴图并更改旋转角度，如图10-85所示。

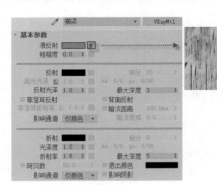

图10-85　横梁材质

6. 影视墙背景材质

选择影视墙背景物体，按【Alt+Q】组合键，执行"孤立"显示操作，按【M】键，在弹出的材质编辑器中，选择空白样本球，单击材质编辑器工具行中的 按钮，将材质类型更改为"VR覆盖材质"，单击"基本材质"按钮，设置参数，如图10-86所示。

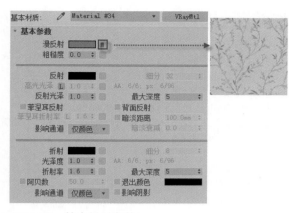

图10-86　基本材质参数

单击材质编辑器工具行中的 按钮，对全局照明材质进行参数调整，如图 10-87 所示。

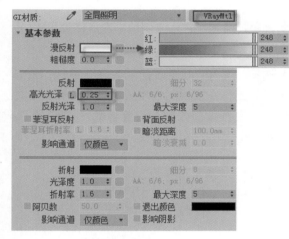

图10-87　全局照明材质

7. 推拉门材质

选择餐厅与阳台连接处的推拉门物体，按【Alt+Q】组合键，执行"孤立"显示操作，按【M】键，在弹出的材质编辑器中，选择空白样本球，单击材质编辑器工具行中的 按钮，设置参数，如图 10-88 所示。

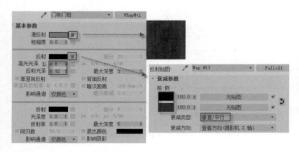

图10-88　推拉门材质

选择推拉门门框物体，在材质编辑器中，单击 按钮，将其指定与推拉门相同的材质，选择推拉门和门框物体，执行"组"操作。

8. 窗帘材质

选择餐厅处的窗帘物体，按【Alt+Q】组合键，执行"孤立"显示操作，按【M】键，在弹出的材质编辑器中选择空白样本球，单击材质编辑器工具行中的 按钮，将材质类型更改为"VR 双面材质"，只需要设置其"正面材质"参数，如图 10-89 所示。

图10-89　窗帘材质

9. 装饰画

选择客厅左侧墙面装饰画物体，在可编辑多边形编辑方式下，分别对不同的区域设置不同的 ID 编号，按【Alt+Q】组合键，执行"孤立"显示操作，按【M】键，在弹出的材质编辑器中，选择空白样本球，单击材质编辑器工具行中的 按钮，将材质类型更改为"多维 / 子对象材质"，设置装饰画框材质，如图 10-90 所示。

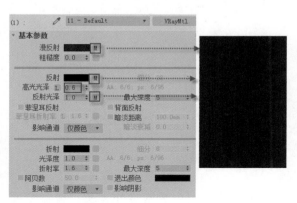

图10-90　ID子材质

在多边形编辑方式下，查看 ID 编号为 2 所确定的区域，在"多维 / 子对象材质"中，直接指定子材质类型为"VR 材质"，设置漫反射颜色为白色。

设置 ID 为 3 所确定的区域，设置类型为"VR 材质"，单击"漫反射"后面的贴图按钮，为其指定贴图，采取同样的操作方法，对其他子材质进行参数调整，完成装饰画框材质调节。

技巧说明

在进行效果图制作时，通常将已经指定完成材质的模型一起合并到当前场景，方便快捷地完成效果整体的材质编辑。因此，在当前案例中，除家具类材质以外的其他物体的材质编辑，将在随书配套的视频中进行讲解。

10.2.4　灯光渲染 ▼

场景中的材质基本调整完成后，需要对当前场景添加灯光，然后再通过渲染来查看整体的材质表现。场景没有灯光时是无法进行渲染测试的。在使用 VRay 渲染时，需要添加摄像机，根据相机所在空间的位置，设置是否需要"剪切平面"操作。

场景添加灯光时，根据场景要表现的特点，按类别进行添加。在本案例地中海风格效果图中，以干净的海洋风格为主要特点，实现地中海风格的明亮表现。

1. 吊灯光源

在顶视图中，选择中间吊灯对象，按【Alt+Q】组合键，执行"孤立"显示操作，在命令面板"新建"选项，选择"灯光"选项，选择"VR 灯光（球体）"，在顶视图中单击并拖动，调整位置和参数，如图 10-91 所示。

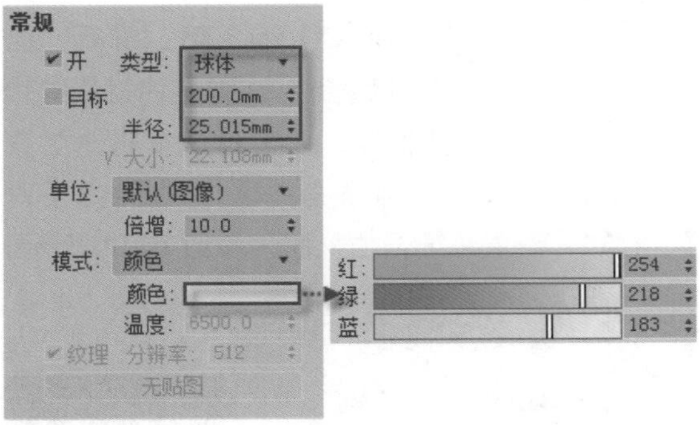

型选择"平面"，在场景中单击并拖动，创建平面灯光，在顶视图或左视图调整位置，使其位于阳台推拉门内侧，设置参数，如图 10-92 所示。

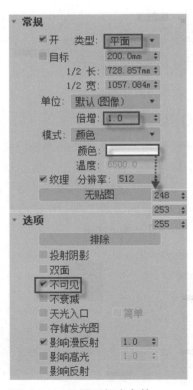

图10-91　VR灯光（球体）参数

在顶视图中，使用"实例"的复制方式，生成另外的几个灯头位置的光源，实现吊灯光源添加。

2. 阳台灯光

切换前视图为当前操作视图，在命令面板"新建"选项中，选择"VR 灯光"，将其类

图10-92　VR平面灯光参数

3. 餐厅光源

选择餐桌对象，按【Alt+Q】组合键，将其执行"孤立"显示，在命令面板"新建"选项的灯光选项中，从列表中选择"VRay"，选择"VRay IES 灯光"，在前视图餐椅上方单击并拖动，通过顶视图和左视图，调整灯光所在位置，在命令面板"修改"选项中，设置灯光参数，如图 10-93 所示。

VRay IES 参数	
启用	✔
启用视口着色	✔
显示分布	✔
目标	✔
IES 文件	照家具 阴影
X 轴旋转	0.0
Y 轴旋转	0.0
Z 轴旋转	0.0
中止	0.001
阴影偏移	0.2mm
投影阴影	✔
影响漫反射	✔
漫反射基值	1.0
影响高光	
高光基值	1.0
使用灯光图形	仅阴影
覆盖图形	
图形	点
高度	0.0mm
宽度	0.0mm
长度	0.0mm
直径	0.0mm
图形细分	32
颜色模式	颜色
颜色	
色温	6500.0
强度类型	功率 (lm)
强度值	1500.0

图10-93　VRay　IES光源参数

在顶视图中，对其执行"实例"的复制方式，生成另外三个光源，退出"孤立"显示方式后，在前视图或左视图中，适当调整其高度位置。

4. 台灯

在顶视图中，选择台灯灯罩造型，按【Alt+Q】组合键，执行"孤立"显示操作，在命令面板"新建"选项中，选择"VRay"灯光，添加"VR 灯光"，类型为"球体"，设置参数，生成台灯光源，如图 10-94 所示。

图10-94　台灯光源

在顶视图中，选择 VR 球体灯光，采用"实例"的方式，生成另外的台灯光源。

5. 其他辅助光源

在当前场景中，除了上述基本光源以外，在客厅以及客厅与餐厅之间的走廊等位置，都需要添加辅助光源，可以在保持场景整体亮度的基础上，实现明暗过渡的自然效果。

在顶视图中，选择餐厅处灯光，采用"复制"的方式，生成走廊灯光，更改灯光颜色参数，如图 10-95 所示。

采用同样的方法，复制生成客厅辅助光源，调整位置，对于同一空间的辅助光源，可以使用"实例"的方式进行复制，完成场景灯光的布置。

图10-95　走廊辅助光源

6. 渲染参数

按【F10】键，打开渲染设置对话框，锁定渲染视图，设置渲染输出窗口尺寸，如图10-96所示。

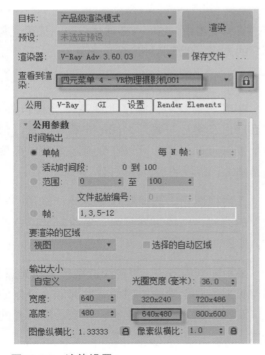

图10-96　渲染设置

在"VRay"选项中，设置"全局开关"和"图像采样器"参数，如图10-97所示。

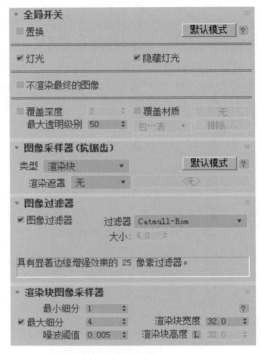

图10-97　全局开关和采样器

切换到"GI"选项，设置全局照明参数，如图10-98所示。

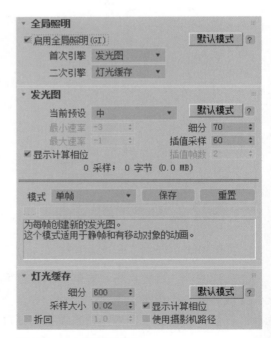

图10-98　全局照明参数

按【Shift+Q】组合键，执行渲染测试，生成初步效果，如图10-99所示。

渲染测试完成后，需要对当前模型中的部分内容进行调整，包括灯光位置，材质的真实性表现等方面以及渲染参数等。经过多次测试调整后，更改渲染输出尺寸大小、发光图参数和灯光缓存的细分参数数值，按【Shift+Q】组合键，执行渲染输出，如图10-100所示。

图10-99　渲染测试

图10-100　渲染结果

10.3 新中式风格

新中式风格是在原有中式风格的基础上逐渐发展而来的一种风格，中式元素与现代材质的巧妙结合，明清家具、窗棂、布艺床品相互辉映，再现了移步变景的精妙小品。

中国风不是纯粹的传统元素堆砌，也并非完全意义上的复古明清，而是通过对传统文化的认识，将现代元素和传统元素结合在一起，以现代人的审美需求来打造富有传统韵味的事物，表达对清雅含蓄、端庄典雅的东方式精神境界的追求。

10.3.1　项目说明　▼

本案例以客厅为场景，进行新中式风格诠释，通过制作客厅的夜景效果来体现新中式风格客厅的整体效果。

1. 风格要素

依据住宅使用人数和私密程度的不同，需要做出分隔的功能性空间，则采用"垭口"或简约化的"博古架"来区分；在需要隔绝视线的地方，使用中式的屏风或窗棂，通过这种新的分隔方式，单元式住宅就展现出中式家居的层次之美，如图10-101所示。

2. 造型特点

进行新中式风格表现，主要体现在传统家具（多为明清家具为主）、装饰品及黑、红为主的装饰色彩上。室内多采用对称式的布局方式，格调高雅，造型简朴优美，色彩浓重而成熟。中国传统室内陈设包括字画、匾幅、挂屏、盆景、瓷器、古玩、屏风、博古架等，追求一种修身养性的生活境界。中国传统室内装饰艺术的特点是总体布局对称均衡，端正稳健，而在装饰细节上崇尚自然情趣，花鸟鱼虫等精雕细琢富于变化，充分体现出中国的传统美学精神，如图 10-102 所示。

图10-101　新中式风格

图10-102　新中式客厅

10.3.2　场景制作　▼

在进行新中式客厅效果制作时，由于客厅内部造型相对简单，因此，可以采取 AutoCAD 创建空间布局，在 3ds Max 中，根据空间结构布局，生成相关的墙体模块，为方便墙体编辑材质，采取分块的方式来实现，再通过导入外部模型的方法导入新中式风格所需的模型，最终生成整个场景模型。

1. 空间墙体

启动 3ds Max 软件，设置单位为"毫米"，执行【文件】菜单 /【导入】/【导入】命令，选择室内空间 CAD 文件，选择线条，右击，执行"冻结"操作，如图 10-103 所示。

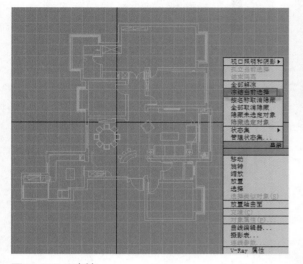

图10-103　冻结

在主工具栏中，开启"端点"捕捉，在捕捉"选项"中选中"捕捉到冻结对象"，如图 10-104 所示。

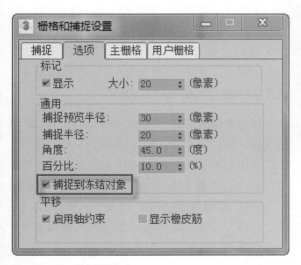

图10-104　捕捉设置

使用二维图形中的线条绘制闭合墙段，添加"挤出"命令，生成墙体，如图 10-105 所示。

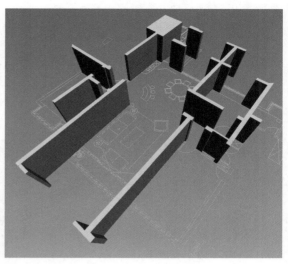

图10-105　墙体

在顶视图中，捕捉门窗洞口，绘制矩形，添加"挤出"命令，调整其位置，生成门窗横梁部分，如图 10-106 所示。

图10-106　门窗横梁

采用同样的方法，在顶视图中，捕捉门口端点，绘制矩形，添加"挤出"命令，数量为 1mm，通过"对齐"和"捕捉"的方法，调整位置，作为过门石对象，按【M】键，给当前物体添加 VR 材质并添加贴图，如图 10-107 所示。

图10-107　过门石造型

2. 沙发背景墙

选择沙发背景所在墙面对象，按【Alt+Q】组合键，执行"孤立"显示操作，在前视图中，创建矩形（长度450mm 宽度780mm），添加"挤出"命令，数量为40，右击，转换为"可编辑多边形"操作，生成侧面上部分造型，如图10-108 所示。

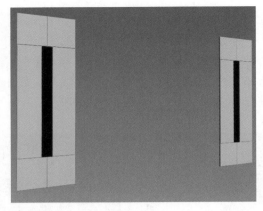

图10-109　沙发背景墙侧面

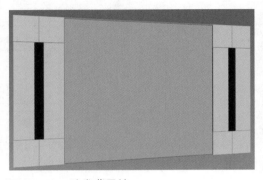

图10-110　沙发背景墙

3. 影视墙

在前视图中，选择影视墙所在的墙段物体，执行【文件】菜单/【导入】/【导入】命令，导入 CAD 花格文件，在顶视图中，对其执行"旋转"操作，使其在前视图中为正常显示方向，添加"挤出"命令，数量为40，在前视图中，调整其位置，如图 10-111 所示。

按住【Shift】键的同时，水平复制，选择两侧花格对象，按【Alt+Q】组合键，执行"孤立"显示操作，通过"端点"捕捉绘制矩形，添加"挤出"命令，数量为20，右击，转换为"可编辑多边形"，按数字【2】键，选择垂直的两边，执行"连接"操作，再通过"多边形"编辑方式，执行"倒角"操作，如图 10-112 所示。

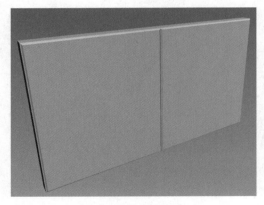

图10-108　沙发背景侧面上方

采用同样的方法，通过对矩形实行"挤出"和转换"可编辑多边形"的操作，生成沙发背景墙侧面部分，如图 10-109 所示。

在前视图中，开启"端点"捕捉，通过矩形创建沙发背景墙中间部分，添加"挤出"命令，生成沙发背景墙中间部分，将所有沙发背景墙的物体选中，执行"组"操作，如图 10-110 所示。

在前视图中，开启"端点"捕捉，绘制矩形，添加"挤出"命令，生成影视墙两侧背景部分，调整其位置关系，生成影视墙，如图 10-113 所示。

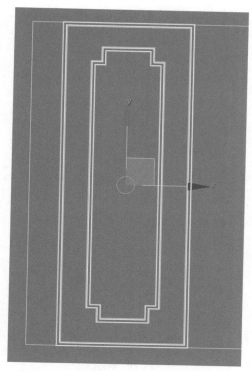

图10-111　中式花格

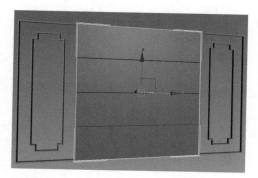

图10-112　中间部分

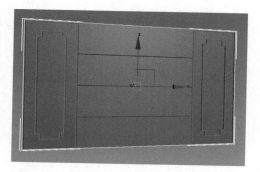

图10-113　影视墙

4. 餐厅背景墙

在前视图中，选择餐厅墙面物体，按

【Alt+Q】组合键，执行"孤立"显示操作，执行【文件】菜单 /【导入】/【导入】命令，使用与影视墙类似的方法，导入 CAD 图形，生成餐厅背景墙效果，如图 10-114 所示。

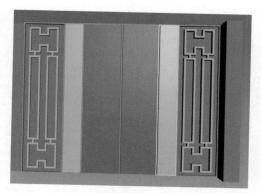

图10-114　餐厅背景墙

5. 客厅吊顶

在顶视图中，沿客厅内边缘绘制吊顶最小区域矩形，在前或左视图中，绘制剖面线条，如图 10-115 所示。

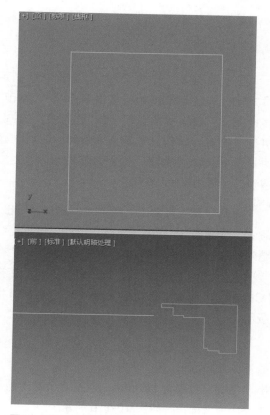

图10-115　绘制图形和剖面

选择顶视图中的矩形，切换到命令面板"修改"选项中，从下拉列表中选择"倒角剖面"命令，倒角部面方式为"经典"，拾取前视图中的剖面线，生成客厅顶部造型，如图10-116所示。

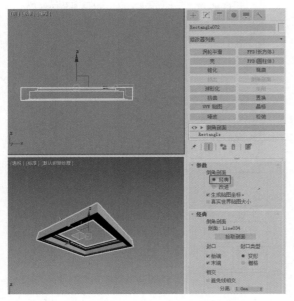

图10-116 客厅顶部造型

6. 走廊吊顶

在顶视图中，开启"端点"捕捉，绘制走廊矩形，长度2700mm、宽度855mm，右击，转换为"可编辑样条线"，在"样条线"方式，执行"轮廓"操作，数量为85mm，四周创建边长为160mm的矩形，进行样条线编辑，生成造型，如图10-117所示。

在命令面板"修改"选项中，添加"挤出"命令，数量为340mm，开启"端点"捕捉，绘制内侧线条，在"可编辑样条线"操作中，执行"轮廓"操作，数量为20，选择内部线，直接按【Ctrl+V】组合键，执行原位粘贴，如图10-118所示。

将"内部白顶"对象，添加"挤出"命令，数量为300mm，将"内轮廓"对象，添加"挤出"命令，数量为360mm，调整三个物体顶部对齐，生成吊顶，如图10-119所示。

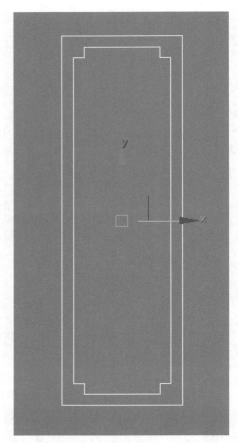

图10-117 绘制图形

图10-118 内部白顶

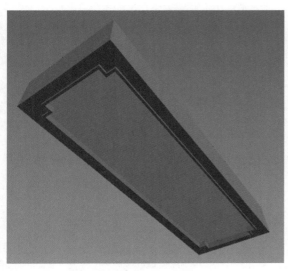

图10-119 吊顶造型

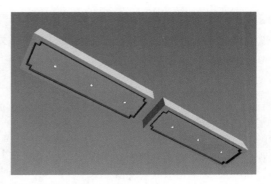

图10-120 复制生成

按【M】键，分别选择吊顶造型，对其指定样本球材质，将其执行"组"操作，在顶视图中，对其执行"复制"操作，添加筒灯造型，生成走廊区域吊顶，如图 10-120 所示。

7. 场景其他部分

餐厅顶部吊顶，采取与客厅吊顶类似的操作方式可以实现，在顶视图中，开启"端点"操作，绘制 CAD 图形边缘，添加"挤出"命令，生成房间顶部空白区域。将其复制，生成空间地面部分，场景其他部分操作相对简单，在此，只进行思路分析，具体操作不再赘述。通过"合并"的方式，导入场景中的其他家具。

◎ 技巧分享

在进行建模时，对于需要通过复制才能生成的物体，通常在复制操作前，对其指定材质，方便物体复制后，材质自动同步复制。

10.3.3 材质编辑 ▼

场景模型创建完成后，需要根据其最初确定的"新中式"风格，进行场景材质调整，新中式风格在调整时，模型的颜色或是贴图，都要选择符合新中式风格的要素。

1. 沙发材质

当前新中式客厅沙发类材质主要包括实木纹理材质、布艺材质以及场景中摆件材质等，对于材质相同的部分，可以使用同一个样本球来实现。

选择场景中实木材质的物体，按【Alt+Q】组合键，将其执行"孤立"显示操作，按【M】键，在弹出的材质编辑器界面中，选择样本球并单击工具行中 按钮，将当前材质更改为"VRayMtl"，设置参数，如图 10-121 所示。

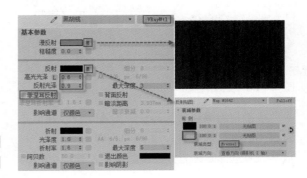

图10-121 实木材质

选择沙发布艺材质的物体，按【Alt+Q】组合键，将其执行"孤立"显示操作，按【M】

键，在弹出的材质编辑器界面中，选择样本球并单击工具行中 按钮，将当前材质更改为"VRayMtl"，设置参数，如图10-122所示。

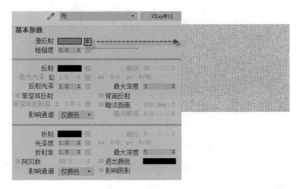

图10-122 漫反射贴图

在材质编辑器"贴图"选项中，单击"漫反射"后面的贴图按钮并拖动到"凹凸"贴图按钮上，选择"实例"复制方式，如图10-123所示。

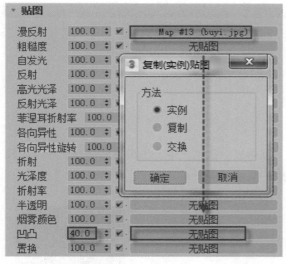

图10-123 贴图复制

单击材质编辑器工具栏中的 按钮，在命令面板"修改"选项中，添加"UVW贴图"命令，从参数中选择贴图方式并设置参数，如图10-124所示。

在当前场景沙发组合中，选择另外与当前材质相同的物体，直接单击材质编辑器工具行中的 按钮，完成实木和布艺材质。

图10-124 UVW贴图

2. 靠垫材质

选择沙发上的靠垫物体，按【Alt+Q】组合键，将其执行"孤立"显示操作，按【M】键，在弹出的材质编辑器界面中，选择样本球并单击工具行中的 按钮，将当前材质更改为"VRayMtl"，单击"漫反射"后面的贴图按钮，在弹出的界面中选择位图并进行裁切，设置参数，如图10-125所示。

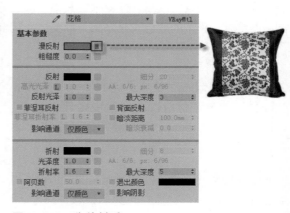

图10-125 靠垫材质

单击材质编辑器工具栏中的 按钮，在命令面板"修改"选项中，添加"UVW贴图"并设置合适的贴图方式。

选择另外的靠垫物体，在材质编辑器中，将当前样本球单击并拖动到空白样本球，重新进行材质命名，单击工具栏 按钮，单击"漫反射"后面的贴图按钮，在弹出界面的"位图参数"中，单击按钮，直接更换不同的靠垫纹理贴图，即可实现同类材质但纹理不同的材质调整方法，生成其他靠垫材质，如图 10-126 所示。

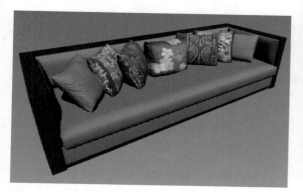

图10-126 靠垫材质

3. 台灯材质

选择沙发组合中的台灯物体，执行【组】菜单/【解组】命令，选择台灯底部物体，按【Alt+Q】组合键，将其执行"孤立"显示操作，按【M】键，在弹出的材质编辑器界面中，选择样本球并单击工具行中的 按钮，将当前材质更改为"VRayMtl"，设置参数，单击"漫反射"后面的贴图按钮，在弹出的界面中，选择位图并进行裁切，设置参数，如图 10-127 所示。

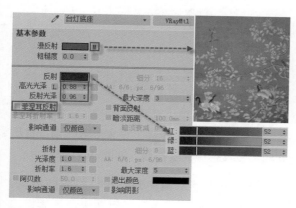

图10-127 台灯底座

单击材质编辑器工具栏中的 按钮，在命令面板"修改"选项中，添加"UVW 贴图"并设置合适的贴图方式，根据需要，将 UVW 贴图前的"+"展开，对"Gizmo"进行调整，如图 10-128 所示。

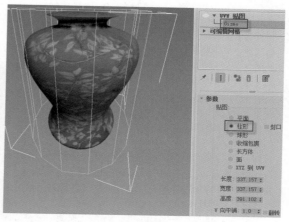

图10-128 调整台灯底座UVW贴图

选择台灯灯罩物体，在材质编辑器界面中，选择空白材质球，将材质类型更改为"VRayMtl"，设置参数，如图 10-129 所示。

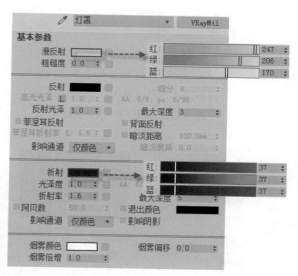

图10-129 灯罩材质

4. 地毯材质

选择沙发组合中的地毯物体，在材质编辑器界面中，选择空白材质球，将材质类型更改为"VRayMtl"，单击"漫反射"后面的贴图按钮，添加地毯贴图，在"贴图"选项中，将"漫反射"中的贴图单击并采用"实例"的方式，复制到"凹凸"通道，设置参数，如图 10-130 所示。

贴图

漫反射	100.0	✓	Map #12 (floor.jpg)
粗糙度	100.0	✓	无贴图
自发光	100.0	✓	无贴图
反射	100.0	✓	无贴图
高光光泽	100.0	✓	无贴图
反射光泽	100.0	✓	无贴图
菲涅耳折射率	100.0	✓	无贴图
各向异性	100.0	✓	无贴图
各向异性旋转	100.0	✓	无贴图
折射	100.0	✓	无贴图
光泽度	100.0	✓	无贴图
折射率	100.0	✓	无贴图
半透明	100.0	✓	无贴图
烟雾颜色	100.0	✓	无贴图
凹凸	30.0	✓	Map #12 (floor.jpg)
置换	100.0	✓	无贴图

图10-130　贴图参数

5. 茶几材质

选择当前场景中的茶几对象，按【Alt+Q】组合键，执行"孤立"显示操作，再次执行【组】菜单/【打开】命令，选择茶几桌面对象，按【M】键，在弹出的材质编辑器中，将当前样本球材质类型更改为"VRayMtl"，并对当前材质进行命名，设置参数，如图 10-131 所示。

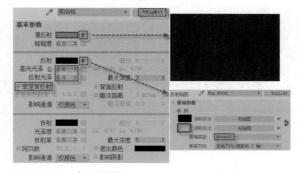

图10-131　桌面材质

单击材质编辑器工具行中的■按钮，在命令面板"修改"选项中，添加"UVW 贴图"命令，设置 UVW 贴图方式，如图 10-132 所示。

图10-132　桌面UVW贴图

选择茶几桌腿物体，选择当前样本球，直接单击材质编辑器工具行中的■按钮，指定与桌面为相同材质，在命令面板"修改"选项中，添加"UVW 贴图"命令，为桌腿指定不同的贴图方式。

茶几材质调整完成后，再次执行【组】菜单/【关闭】命令，将其退出单个物体编辑，返回成组状态。

技巧分享

对于使用同一材质的不同物体，需要在编辑材质时，将贴图执行显示操作，根据不同的方向，调整UVW贴图的方式。

6. 影视墙材质

选择客厅影视墙正面物体，按【M】键，在材质编辑器界面中，选择样本球，将材质类型更改为"VRayMtl"材质，设置参数，单击材质编辑器工具行中的■按钮，如图 10-133 所示。

选择影视墙两侧需要贴壁纸材质的物体，按【M】键，在材质编辑器界面中，选择样本球，将材质类型更改为"VRayMtl"材质，设

置参数,单击材质编辑器工具行中的▣按钮,
如图 10-134 所示。

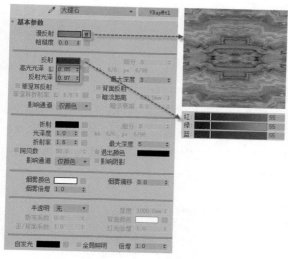

图10-133　大理石材质

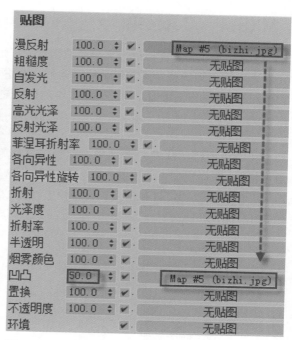

图10-135　贴图参数

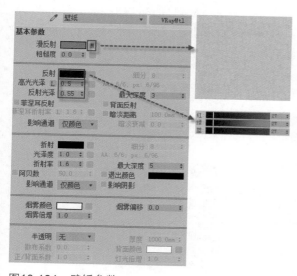

图10-134　壁纸参数

在"命令面板"修改选项中,添加"UVW
贴图"命令,在参数中设置合适的贴图方式,在
"贴图"选项中,将"漫反射"贴图单击并拖动
到"凹凸"贴图按钮,设置数量,如图 10-135
所示。

选择影视墙实木木条物体,按【M】键,在
材质编辑器界面中,选择样本球,将材质类型
更改为"VRayMtl"材质,设置参数,单击材质
编辑器工具行中的▣按钮,如图 10-136 所示。

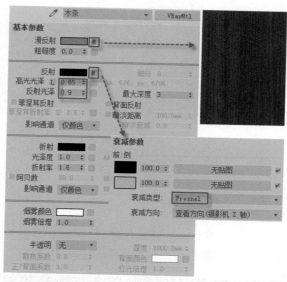

图10-136　木条

在"命令面板"修改选项中,添加"UVW
贴图"命令,在参数中设置合适的贴图方式,
选择其他相同材质的物体,单击材质编辑工具
行中❧按钮,使其使用相同的材质。

按照上述同样的方法,对当前客厅的其他
材质进行调整,详见本书配套视频,在此不再
赘述。

10.3.4 灯光渲染 ▼

场景中材质调整完成后，需要添加相机、灯光以及设置渲染参数后才可以进行渲染测试，对于经常渲染的不同场景，通常都是将渲染的参数进行存储，方便快捷载入渲染参数。同时，在使用VRay渲染器进行渲染时，需要对场景中的相机进行合理设置，否则，渲染容易出现"黑屏"问题。

1. 相机添加

在命令面板"新建"选项中，选择"目标摄像机"，在顶视图中单击并拖动，在前 / 左视图中，设置相机的位置和角度，设置相机参数，如图 10-137 所示。

图10-137 所示

在透视图中，按【C】键，切换到摄像机视图，按【Shift+F】组合键，如图 10-138 所示。

图10-138 相机视图

2. 筒灯添加

在命令面板"新建"选项中，选择光度学分类中的"目标灯光"，在前视图中单击并拖动，通过顶 / 左视图，调整灯光所在的位置，在"修改"选项中，添加"光域网"，设置参数，如图 10-139 所示。

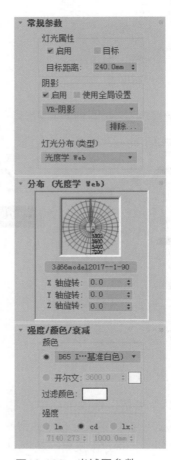

图10-139 光域网参数

灯光的位置和角度调整完成后，将其类型转换为"自由灯光"，在顶视图中，按【Shift】键的同时，执行"实例"复制，对于同一开关控制的多个灯光进行复制，采用同样的操作方法，对餐厅的灯光进行布置。

3. 壁灯添加

在命令面板"新建"选项中，选择 VR 灯光，将类型更改为"球体"，在前视图中单击并拖动，创建灯光，在前 / 左视图中调整其位置，设置参数，如图 10-140 所示。

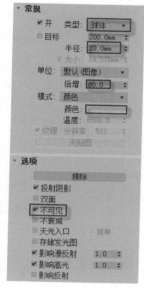

图10-140　灯光参数

采用"实例"的复制方式，生成另外的灯光，调整位置，完成影视墙正面两处壁灯灯光的设置。

4. 中间吊灯

选择中间吊灯组对象，按【Alt+Q】组合键，执行"孤立"显示操作，在命令面板"新建"选项中，选择 VR 灯光，类型为"球体"，在吊灯合适的位置单击并创建 VR 球形灯，设置参数，如图 10-141 所示。

采用"实例"的复制方式，生成吊灯的其他光源，完成操作后，将组关闭，选择吊灯所有灯光，执行复制，生成餐厅顶部灯光。

5. 辅助光源

在命令面板"新建"选项中，选择 VR 灯光，设置类型为"平面"，在顶视图吊灯位置处单击并拖动，通过前视图调整垂直方向的位置，设置参数，如图 10-142 所示。

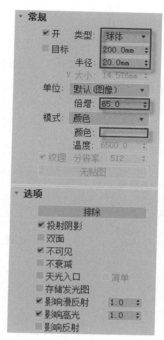

图10-141　吊灯参数

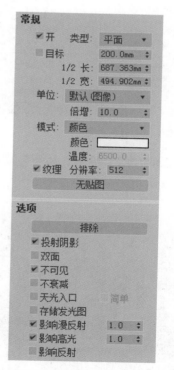

图10-142　VR平面灯光参数

在顶视图中，选择当前辅助光，采取复制方式，生成餐厅吊灯处辅助光源，更改倍增数值为 8，采样类似的方法，生成走廊、室外等几处辅助光源。

6. 渲染测试

按【F10】键，开启渲染设置对话框，在"设置"选项中，单击"系统"参数中"预设"按钮，在弹出的界面中，双击"测试"按钮，加载渲染参数，在"公用"选项中，设置输出尺寸，如图 10-143 所示。

图10-143　载入参数

按【Shift+Q】组合键，执行渲染测试，生成结果，如图 10-144 所示。

图10-144　渲染测试

按【F10】键，在"VRay"选项中，更改"颜色贴图"选项参数，更改"GI"选项参数，如图 10-145 所示。

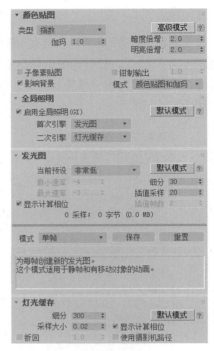

图10-145　更改参数

再次按【Shift+Q】组合键，执行渲染测试，如图 10-146 所示。

图10-146　测试效果

7. 正常渲染

场景经过多次测试后，就可以进行正常渲染输出，考虑到后期需要 Photoshop 软件进行局部调整，因此，在渲染时可以渲染输出"彩通道"，方便在 Photoshop 软件中快速生成选区。

在渲染设置界面中，更改输出尺寸，设置"GI"选项参数，在"Render Elements"（渲染元素）选项中，加载"VRayWireColor"选项，如图 10-147 所示。

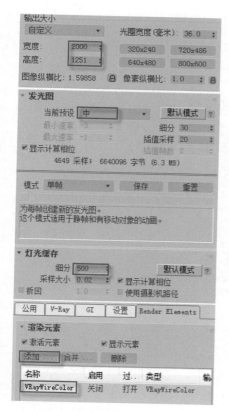

图10-147　更改参数

按【Shift+Q】组合键，执行正式渲染，渲染完成后，从左上角下拉列表中选择不同的结果，如图10-148所示。

图10-148　渲染结果

渲染结果保存后，就可以通过Photoshop软件进行图像后期处理，对渲染结果不满意的区域进行调整。当然，对于效果图行业有些设计师追求"零后期"的渲染结果，需要通过不断调整渲染参数来实现，不断追求更高品质的效果，笔者也是十分支持的。

第**11**章

室内设计工装案例

本章要点：

① 公共空间表现

② 办公空间表现

③ 大堂空间表现

在进行效果图制作时，工装部分的设计占据了很大的比例，通过空间的设计达到工装设计的要求，既要体现公共空间的广阔，又需要体现整体的设计风格。在进行工装设计时，追求空间广阔的特点是工装区别于家装最明显的地方，设计师们可结合这一特点，加上灵活巧妙的创意和设计，创作出令人满意的效果图作品。

11.1 公共空间表现

公共空间，通常是指那些供居民日常生活和社会生活公共使用的室外及室内空间。室外部分包括街道、广场、居住区户外场地、公园、体育场地等，室内部分包括政府机关、学校、图书馆、商业场所、办公空间、餐饮娱乐场所、酒店民宿等。

在进行公共空间的室内设计时，需要充分结合空间自身的特点加上设计师的创意，体现出公共空间宽敞实用的特色。

11.1.1 项目说明 ▼

本案例以公共电梯空间为场景，进行公共空间设计，既要保证公共空间的功能，又需要体现公共空间的设计感，毕竟相对于家装来讲，工装的设计成本和投入会更多一些。

1. 风格要素

公共空间并不是独立存在的一个区域。在进行公共空间设计时，其风格要素需要与当前空间所在的整体区域保持一致。

在本案例中，既要有体现原生态的木纹元素，又要有时尚的镂空元素，黑色不锈钢的门洞包边，灰白相间的大理石地面，体现时尚、舒适的风格特色，如图11-1所示。

2. 装饰要素

在进行其他类公共空间设计时，可以通过简单的装饰对当前空间的风格进行点缀。

根据公共空间的特殊性，在进行装饰要素分布时，以少而精为主，以点带面进行布置，如图11-2所示。

图11-1 公共电梯空间

图11-2 装饰要素

11.1.2　场景制作　▼

公共电梯空间的场景，主要包括场景空间和顶部造型两部分。对于场景空间，可以根据 CAD 平面图形来生成，顶部造型可以在 3ds Max 软件中来生成。

1. 场景空间

启动 3ds Max 软件，执行【自定义】菜单 /【单位设置】命令，设置系统单位和显示单位均为"毫米"，执行【文件】菜单 /【导入】/【导入】命令，选择 CAD 平面图形，在弹出的界面中，选中"焊接附近顶点"，如图 11-3 所示。

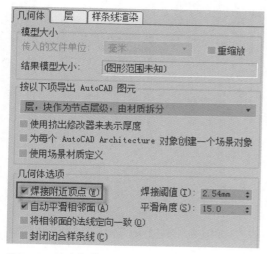

图11-3　选中焊接顶点附近

选择导入的图形，在命令面板"修改"选项中，添加"挤出"命令，数量为 4200，生成电梯空间高度，按【M】键，在弹出的界面中，选择任意样本球并指定给场景物体，右击，执行"转换为可编辑多边形"操作，如图 11-4 所示。

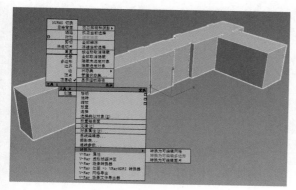

图11-4　转换为可编辑多边形

按数字【5】键，选择物体，右击，选择"翻转法线"命令，再按数字【5】键，退出子编辑，选择物体，右击，在对象属性参数中，选中"背面消隐"命令，如图 11-5 所示。

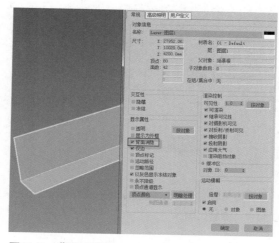

图11-5　背景面消隐

按数字【4】键，选中"忽略背面"选项，选择地面部分，执行"分离"操作，采用同样的方法，对其他墙面执行"分离"操作，生成不同的墙面部分，如图 11-6 所示。

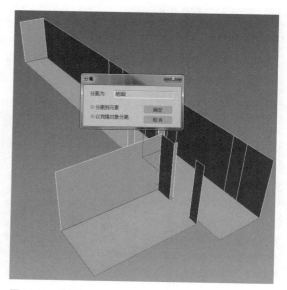

图11-6　分离

2. 门框、门洞

选择右侧墙面物体，按【Alt+Q】组合键，执行"孤立"显示操作，按数字【1】键，单击"切片平面"按钮，将高度设置为 2400mm，单击"切片"按钮，完成中间切割平面，按数字【4】键，选择门所在的面，执行"挤出"操作，如图 11-7 所示。

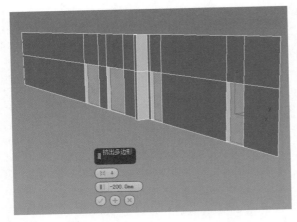

图11-7 删除门洞

将挤出后的门洞多边形执行"删除"操作，在前视图中，开启"端点"捕捉绘制矩形，右击，转换为"可编辑样条线"操作，删除底边线后，执行"轮廓"操作，添加"挤出"命令，如图 11-8 所示。

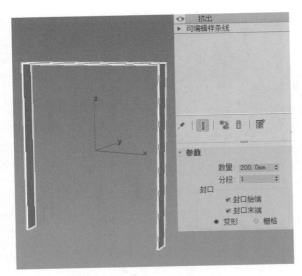

图11-8 门框挤出

在视图中选中物体，右击，转换为可编辑多边形，选择门框多边形，执行"挤出"操作，再选择刚刚挤出多边形表面，执行"挤出"生成门框面板，如图 11-9 所示。

图11-9 门框

通过不同的视图，调整门框与门洞的位置关系，采用"复制"或类似的操作方法，生成其他几个门洞位置的门框造型，如图 11-10 所示。

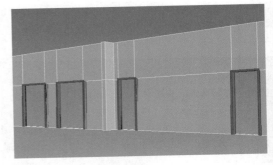

图11-10 多个门框造型

采用同样的方法，生成左侧墙面上的门框和门洞造型，在此不再赘述。

3. 地面制作

选择右墙物体，选择门洞挤出后生成的"过门石"多边形，执行"分离"操作，选择地面物体，执行"附加"操作，将其与"过门石"多边形合成为一个整体，如图 11-11 所示。

在顶视图中，执行"复制"操作，生成其他顶部造型，转换为"可编辑多边形"操作，通过"顶点"编辑方式，适当进行中间部分的变形操作，生成顶部造型，如图 11-13 所示。

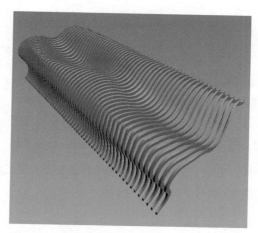

图11-13 顶部造型

采用类似的操作方法，继续在左视图中创建顶部的另外造型，生成左侧接地的造型，如图 11-14 所示。

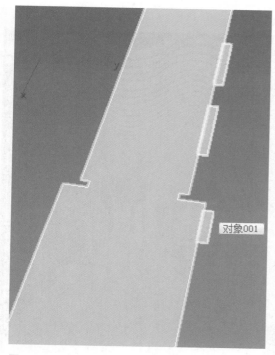

图11-11 附加

4. 顶部造型

选择左右墙面物体，在左视图中，使用样条线绘制顶部曲线，选中样条线"插值"参数中的"自适应"选项，执行"轮廓"操作后，再执行"挤出"编辑，数量为40，如图 11-12 所示。

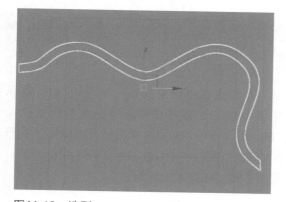

图11-12 造型

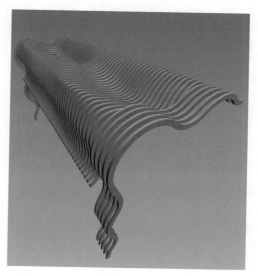

图11-14 顶部造型

5. 右侧装饰墙

选择右侧墙面物体，按【Alt+Q】组合键，执行"孤立"显示操作，开启"端点"捕捉，绘制样条线，添加"挤出"操作，数量为20，如图 11-15 所示。

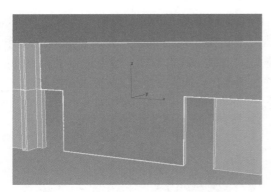

图11-15 装饰墙

导入装饰墙中间镂空部分的图案文件，添加"挤出"操作，与当前墙面进行"超级布尔"操作，右击，转换为"可编辑多边形"，指定不同的 ID 编号，如图 11-16 所示。

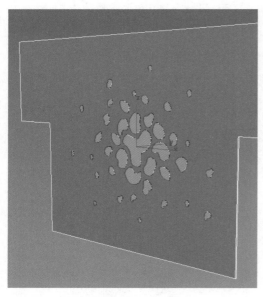

图11-16 指定ID编号

11.1.3 材质编辑 ▼

场景创建完成后，接下来的工作就是进行材质编辑，在进行材质编辑时，除了常规单个材质调节以外，还可以采用材质库的方式直接对场景物体赋材质，方便快捷。

当前场景中的材质主要分为地面区域、墙面区域、装饰区域和屋顶等区域的材质。

6. 场景中的其他部分

在场景左侧墙面上，通过创建多个长方体并对齐的方式，生成左侧墙面上的装饰画部分，执行【文件】菜单 /【导入】/【合并】命令，导入场景中的座椅和绿植等模型，调整位置，生成公共电梯空间，如图 11-17 所示。

图11-17 场景空间

◎ **技巧说明**

在进行场景建模时，对于场景中需要通过复制实现的多个模型，通常采取先赋材质，再进行复制的方法来实现。

1. 地面材质

选择场景中地面物体，按【M】键，在弹出的材质编辑器界面中，将材质类型更改为"Blend"（混合材质），单击材质编辑器工具行中 按钮，将材质 1 指定为"VRayMtl"材质，设置参数，如图 11-18 所示。

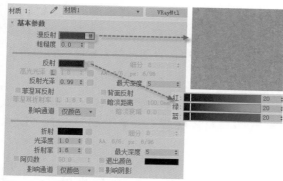

图11-18 材质1参数

单击材质编辑器工具行中的 按钮，将材质 1 后面按钮的材质单击并拖动到材质 2 按钮上，贴图不需要更换，只更改部分参数，如图 11-19 所示。

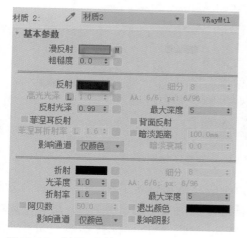

图11-19 材质2参数

单击材质编辑器工具行中的 按钮，设置当前混合材质参数，如图 11-20 所示。

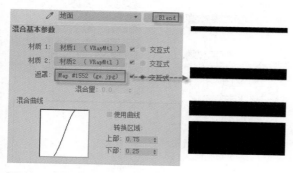

图11-20 混合材质参数

材质参数调整完成后，单击材质编辑器工具行中的 按钮，将贴图执行显示操作。

2. 墙面材质

选择右侧装饰墙面物体，按【Alt+Q】组合键，将其执行"孤立"显示操作，在材质编辑器界面中，选择空白样本球，单击材质编辑器工具行中的 按钮，将材质类型更改为"多维/子对象"材质，分别设置为有色镜面和白色乳胶漆材质。

设置 ID 为 1 的子材质为有色镜面材质，将材质类型更改为"VRayMtl"材质，设置参数，如图 11-21 所示。

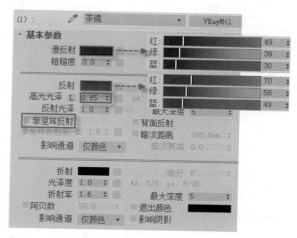

图11-21 有色镜面参数

单击材质编辑器工具行中的 按钮，设置 ID 为 2 的子材质为白色乳胶漆材质，将材质类型更改为"VRayMtl"材质，设置参数，如图 11-22 所示。

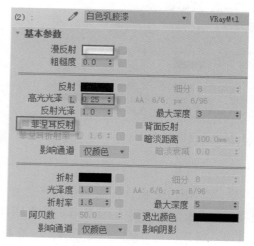

图11-22 白色乳胶漆材质

3. 右侧门和门框材质

选择墙面右内侧门框物体，按【M】键，在材质编辑器界面中，选择空白样本球，单击材质编辑器工具行中的 按钮，更改材质类型为"VRayMtl"材质，设置参数，如图11-23所示。

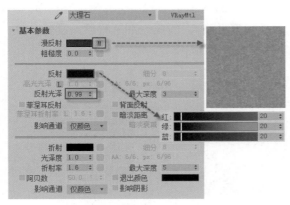

图11-23 门框大理石材质

选择右侧不锈钢门物体，按【M】键，在材质编辑器界面中，选择空白样本球，单击材质编辑器工具行中的 按钮，更改材质类型为"VRayMtl"材质，设置参数，如图11-24所示。

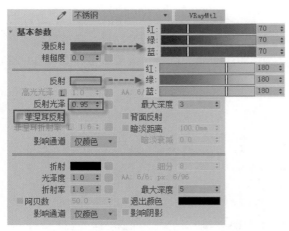

图11-24 不锈钢门

4. 左侧门框材质

选择左侧门框物体，在命令面板"修改"选项中，设置两个不同的ID编号。按【Alt+Q】组合键，将其执行"孤立"显示操作，在材质编辑器界面中，选择空白样本球，单击材质编辑器工具行中的 按钮，将材质类型更改为"多维/子对象"材质，分别设置为有色镜面和黑色不锈钢材质。

选择ID为1的子材质，将材质类型更改为"VRayMtl"材质，设置参数，如图11-25所示。

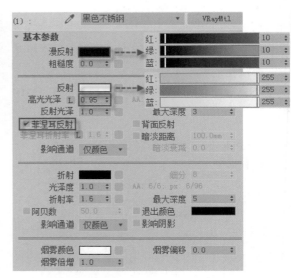

图11-25 黑色不锈钢

单击材质编辑器工具行中"返回"按钮，直接进行ID为2号的材质编辑，更改材质类型为"VRayMtl"材质，设置参数，如图11-26所示。

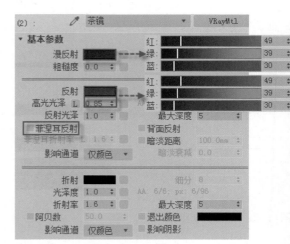

图11-26 茶色镜面材质

5. 顶部装饰木材质

选择空间顶部装饰物体，按【M】键，在材质编辑器界面中，选择空白样本球，单击材质编辑器工具行中的 🖸 按钮，更改材质类型为"VRayMtl"材质，设置参数，如图 11-27所示。

其他材质的调节方法相对简单，在此不再赘述，读者可以观看本书同步的视频教程。

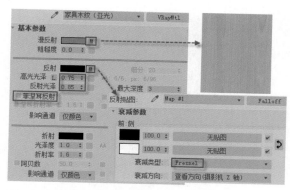

图11-27 顶部装饰木纹材质

11.1.4 灯光渲染 ▼

当前场景旨在表现室内明亮的空间效果，因此，在进行布光时以室内光源为主，通过光线照射的强度不同，突出空间的层次关系，配合相机两侧的照亮场景的辅助光源，共同营造出简约时尚的公共电梯空间。

1. 顶部射灯

在命令面板"新建"选项中，选择"光度学"灯光类别中的"目标灯光"选项，在前视图中，单击并拖动，通过顶视图和前视图调整其位置，选中灯光，在命令面板"修改"选项中，设置"灯光分布"类型为"光度学 Web"，设置参数，如图 11-28 所示。

通过不同的视图，调整灯光所在的位置，采用"实例"方式，生成公共电梯空间顶部的同一区域射灯光源。

2. 装饰画射灯

选择装饰画物体，按【Alt+Q】组合键，执行"孤立"显示操作，在命令面板"新建"选项中，选择光度学中"目标灯光"，在左视图中，沿装饰画位置单击并拖动，在"灯光分布"选项中，选择"光度学 Web"，选择光域网文件，设置参数，如图 11-29 所示。

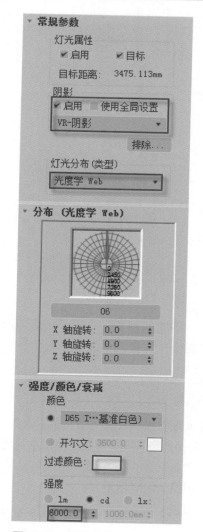

图11-28 目标灯光

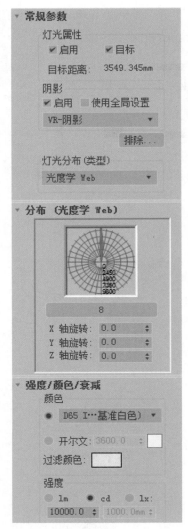

图11-29　装饰画射灯

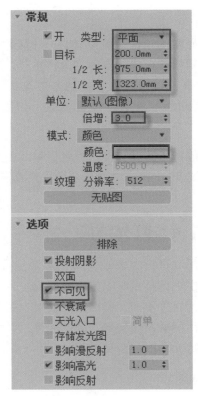

图11-30　灯光参数

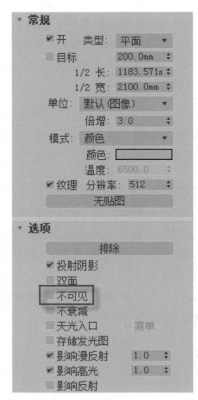

图11-31　辅助光源

通过不同的视图，调整灯光所在的位置，采用"实例"方式，生成另外三个装饰画顶部射灯。

3. 辅助灯光

在命令面板"新建"选项中，选择"VR 灯光"，将类型更改为"平面"，在左视图中，创建 VR 平面灯光，切换到"修改"选项，设置参数，如图 11-30 所示。

在不同的视图中，将其调整到后续摄像机所在的位置处，在顶视图中，采取镜像复制的方法，生成走廊远处的灯光，设置参数，如图 11-31所示。

4. 添加摄像机

在命令面板"新建"选项中，选择"物理摄像机"，在顶视图中单击并拖动，创建物理摄像机，在前/左视图中，调整相机位置，切换透视图为当前操作视图，按【C】键，切换到物理相机视图，在命令面板"修改"选项中，调整参数，如图11-32所示。

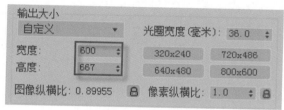

图11-33 测试参数和输出尺寸

等待渲染完成，形成初步效果，如图11-34所示。

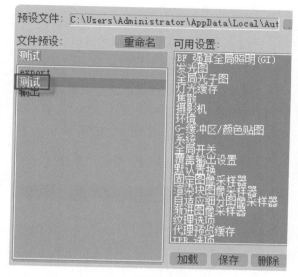

图11-32 摄像机参数

5. 测试渲染

按【F10】键，在弹出的渲染设置界面中，切换到"设置"选项，在"系统"参数中，点击"预设"按钮，在弹出的界面中，双击测试参数，在"公用"选项中，设置测试渲染的窗口尺寸，如图11-33所示。

图11-34 初步渲染

6. 正式渲染

经过多次测试渲染和参数调整后，就可以对当前场景执行正式渲染操作。

按【F10】键，在弹出的渲染设置对话框的"公用"选项中，更改输出尺寸，在"设置"选项中，加载渲染参数，如图 11-35 所示。

按【Shift+Q】组合键，等待渲染输出。

> **◎ 注意事项**
>
> 在进行场景测试渲染时，针对每次测试渲染的结果，需要多次进行参数调整。不同的设计师，测试阶段所需的时间也会不同。

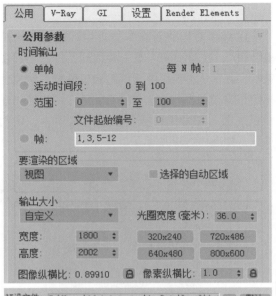

图 11-35　更改输出参数

11.2 | 办公空间表现

办公空间的主要职责就是要满足日常工作需要，办公空间设计需要考虑多方面的问题，涉及科学、技术、人文、艺术等诸多因素。空间设计的最大目标就是要为工作人员创造一个舒适、方便、卫生、安全、高效的工作环境，以便更大限度地提高员工的工作效率。这一目标在当前商业竞争日益激烈的情况下显得更为重要，它是办公空间设计的基础，是办公空间设计的首要目标。

其中"舒适"涉及建筑声学、建筑光学、建筑热工学、环境心理学、人类工效学等方面的内容；"方便"涉及功能流线分析、人类工效学等方面的内容；"卫生"涉及绿色材料、卫生学、给排水工程等方面的内容；而"安全"问题则涉及建筑防灾、装饰构造等方面的内容。

11.2.1　项目说明　▼

办公空间除了需要满足以上的特征要求以外，还需要根据空间不同的使用功能，进行不同的个性化设计。

1. 个性化办公区域

办公区域设计时，除了在空间设计上需要细心表现以外，办公位还需要满足个性化的设计要求，在节省空间的前提下，实现个性化的办公桌椅，如图 11-36 所示。

2. 空间通透

办公空间是一个员工长时间办公的场所，人员流动性不大。因此，需要给工作人员创建出通透开阔的空间感，有助于缓解和释放员工的工作压力，如图 11-37 所示。

图11-36 个性化办公位

图11-37 通透办公空间

11.2.2 项目制作 ▼

本案例以通透的办公空间为例，介绍办公空间表现场景的设计实现方法。

1. 场景空间

启动软件，执行【自定义】菜单/【单位设置】命令，将系统单位和显示单位均设置为"毫米"，执行【文件】菜单/【导入】/【导入】命令，选择已经在 CAD 文件中描好线条的文件，在弹出的界面中，选中"焊接附近顶点"选项，如图 11-38 所示。

选择 CAD 中描好的墙体内侧线条物体，在命令面板"修改"选项中，添加"挤出"命令，数量为"3200mm"，按【M】键，选择任意样本球，单击材质编辑器工具行中的 按钮，右击，执行"转换为可编辑多边形"操作，按数字【5】键，选择"翻转法线"命令，如图 11-39 所示。

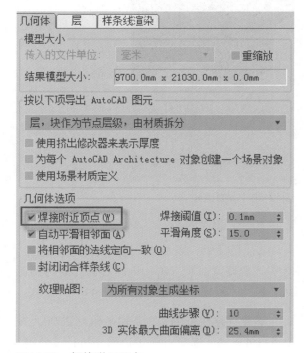

图11-38 焊接附近顶点

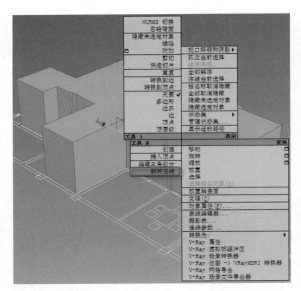

图11-39　翻转法线

按数字【6】键，退出"元素"子编辑操作，再次右击，选中"背面消隐"选项，如图11-40所示。

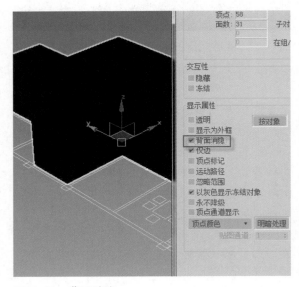

图11-40　背面消隐

2. 门洞生成

按【F4】键，显示分段线，按数字【2】键，选中"忽略背面"选项，选择右侧门洞两侧边线，执行"连接"命令，如图11-41所示。

调整连接生成的边，Z轴坐标为2300，按数字【4】键，选择中间多边形，执行"分隔"操作，生成门洞，如图11-42所示。

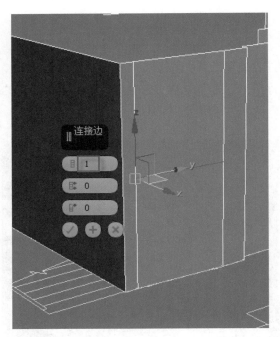

图11-41　连接

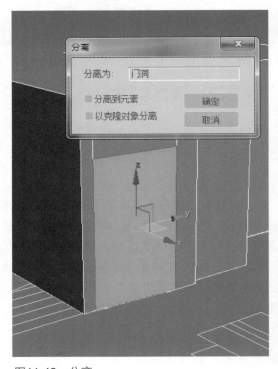

图11-42　分离

按数字【6】键，退出当前物体编辑，再次选择分离生成的门洞对象，按【Alt+Q】组合键，执行"孤立"显示操作，按数字【4】键，执行"插入"命令，如图11-43所示。

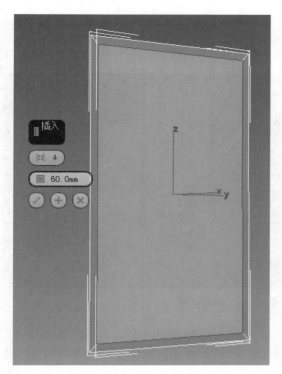

图11-43 插入操作

按数字【1】键，将底部两个点的坐标调整到底部，按数字【4】键，选择门洞外框多边形，执行"挤出"操作，如图 11-44 所示。

图11-44 挤出

选择门洞中间多边形，执行"挤出"操作，数量为 -200，选择中间多边形和底部多边形，按【Del】键，将其删除，生成门洞造型，如图 11-45 所示。

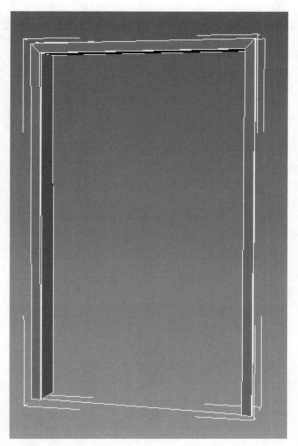

图11-45 门洞

采用类似的操作方法，制作另外门洞和窗洞，在制作窗洞时，不需要调整"插入"操作后点的坐标位置，详细操作，请参看本书配套视频。

3. 地面和屋顶

选择房间模型，按数字【4】键，选择地面区域，执行"分离"操作，生成地面部分，如图 11-46 所示。

在顶视图中，开启"端点"捕捉，利用"线"工具，绘制右侧两个门洞区域的地面部分，转换到可编辑多边形操作后，与"分离"出来的地面部分，执行"附加"操作，生成地面区域，如图 11-47 所示。

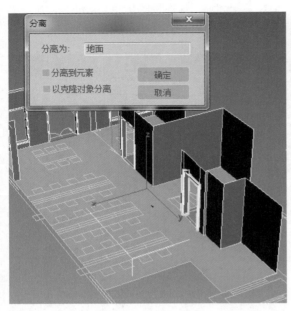

图11-46　地面分离

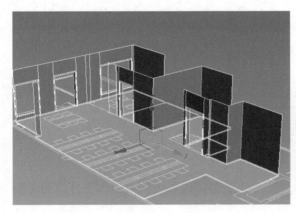

图11-47　地面

选择墙体物体，按数字【4】键，选择顶部多边形，执行"分离"操作，生成空间屋顶对象。

4. 踢脚线

选择墙体物体，按【Alt+Q】组合键，执行"孤立"显示操作，按数字【1】键，去掉"忽略背面"选项，执行"切片平面"操作，更改 Z 轴坐标为 100，再次单击"切片"操作，再次单击

"切片平面"按钮，退出编辑命令，如图 11-48 所示。

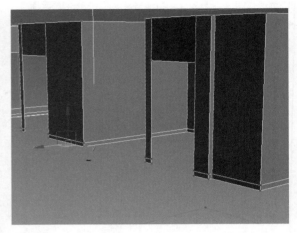

图11-48　切片平面

按住【Ctrl】键的同时，选择"多边形"子选项，在前视图中，按住【Alt】键的同时，减去踢脚线上面多选择的区域，执行"分离"操作，退出当前编辑操作，选择踢脚线对象，按【Alt+Q】组合键，执行"孤立"操作，按数字【4】键，执行"挤出"操作，生成踢脚线厚度，如图 11-49 所示。

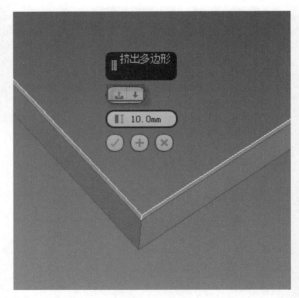

图11-49　挤出

5. 合并模型

执行【文件】菜单/【导入】/【合并】命令，分别导入办公家具、墙上书架和灯具等模型，调整位置和大小，生成室内场景空间，如图 11-50 所示。

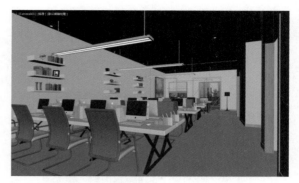

图11-50　场景空间

11.2.3　材质编辑 ▼

办公空间的模型已全部制作完成，合并到当前场景中的家具部分已经完成材质编辑，接下来，针对场景中空间部分进行材质编辑讲解。

在进行场景材质编辑时，必须要将 VRay 指定为默认渲染器。按【F10】键，在"公用"选项中，指定"VRay 渲染器"，并将材质一并指定或锁定。

1. 地面材质

选择地面物体，按【Alt+Q】组合键，执行"孤立"操作，按【M】键，在弹出的材质编辑器中，选择样本球，将材质类型更改为"VRayMtl"，单击材质编辑器工具行中的 按钮，设置参数，如图 11-51 所示。

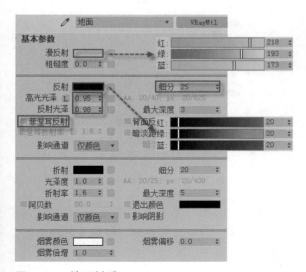

图11-51　地面材质

2. 白墙材质

选择左侧墙面物体，按【Alt+Q】组合键，执行"孤立"操作，按【M】键，在弹出的材质编辑器中，选择样本球，将材质类型更改为"VRayMtl"，单击材质编辑器工具行中的 按钮，设置参数，如图 11-52 所示。

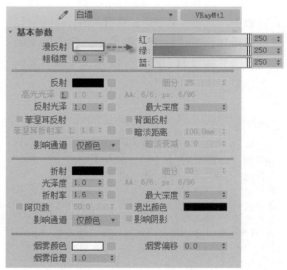

图11-52　白墙材质

选择场景中另外的墙面物体，将当前样本球材质指定给墙面物体，完成墙面白墙材质的调整。

3. 屋顶材质

选择屋顶物体，按【Alt+Q】组合键，执行"孤立"操作，按【M】键，在弹出的材质编辑器中，选择样本球，将材质类型更改为 "VRayMtl"，单击材质编辑器工具行中的 按钮，设置参数，如图 11-53 所示。

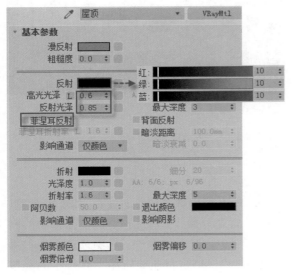

图11-53　基本参数

单击"漫反射"后面的贴图按钮，在弹出的界面中，双击"位图"，选择贴图，并进行局部裁切操作，在"贴图"参数中，将"漫反射"按钮单击并拖动到"凹凸"按钮，采用"实例"方式，如图 11-54 所示。

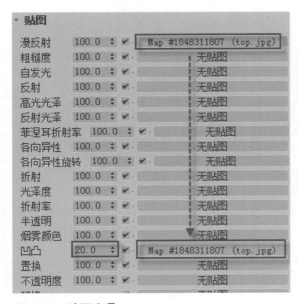

图11-54　贴图选项

选择屋顶物体，在命令面板"修改"选项中，添加"UVW 贴图"命令，设置贴图方式以及相关参数，如图 11-55 所示。

图11-55　UVW贴图

4. 门框材质

选择其中一个门框物体，按【Alt+Q】组合键，执行"孤立"操作，按【M】键，在弹出的材质编辑器中，选择样本球，将材质类型更改为 "VRayMtl"，单击材质编辑器工具行中的 按钮，设置参数，如图 11-56 所示

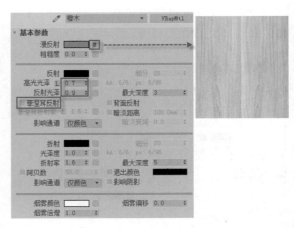

图11-56　门框

单击"反射"后面的贴图按钮，在弹出的界面中，添加"衰减"贴图，设置类型和参数，如图 11-57 所示。

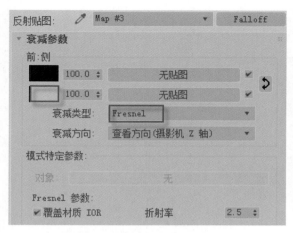

图11-57 衰减贴图

选择门框物体，在命令面板"修改"选项中，添加"UVW 贴图"命令，设置贴图方式和参数，如图 11-58 所示。

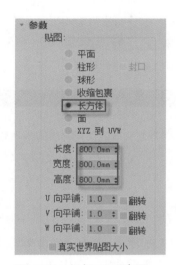

图11-58 门框UVW贴图

选择另外的门框物体，将当前样本球材质指定给物体，采用类似的方法，分别在命令面板"修改"选项中，添加"UVW 贴图"命令，纠正门框贴图的正常显示。

5. 玻璃隔断

选择场景中的玻璃隔断物体，按【Alt+Q】组合键，执行"孤立"操作，按【M】键，在弹出的材质编辑器中，选择样本球，将材质类型更改为"VRayMtl"，单击材质编辑器工具行中的 按钮，设置参数，如图 11-59 所示。

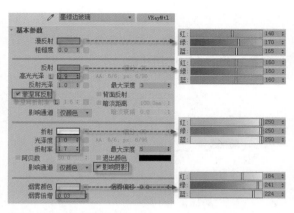

图11-59 玻璃材质

选择另外的玻璃隔断物体，将当前样本球材质赋给物体，实现玻璃隔断材质。

6. 黑色不锈钢材质

在当前场景的房间顶部，选择黑色不锈钢物体，按【Alt+Q】组合键，执行"孤立"操作，按【M】键，在弹出的材质编辑器中，选择样本球，将材质类型更改为"VRayMtl"，单击材质编辑器工具行中的 按钮，设置参数，如图 11-60 所示。

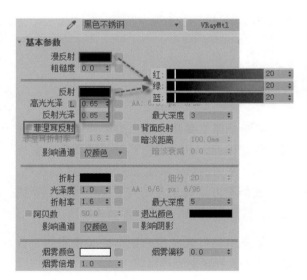

图11-60 黑色不锈钢

7. 室外背景

在顶视图中，创建弧形线条，添加"挤出"命令，按【M】键，在弹出的材质编辑器中，选择样本球，单击材质编辑器工具行中的 按钮，将材质类型更改为"VR 灯光材质",单击"颜色"后面的贴图按钮,添加室外环境贴图,设置参数,如图 11-61 所示。

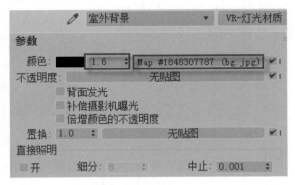

图11-61 室外背景

单击材质编辑器工具行中的 ◉ 按钮,查看室外背景中的贴图是否显示,根据需要添加"法线"命令,在命令面板"修改"选项中,添加"UVW 贴图"命令,设置贴图方式和参数,如图 11-62 所示。

图11-62 室外环境

注意事项

在进行场景材质编辑时,也可以直接加载日常使用的材质库,更方便快捷地实现材质的编辑和基本操作。材质调整完成后,还需要结合灯光的实际渲染效果,再进行局部微调处理。

11.2.4 灯光渲染 ▼

当前场景主要用于表现办公空间的通透开阔效果,因此,在进行布光时,需要结合室外的阳光、室内的灯光来体现空间场景的层次性,既需要照亮办公场景,又需要实现场景的光线过渡,营造出简约、明亮、时尚的氛围。

场景中的灯光主要有射灯、长条吊灯、台灯、室外光和辅助光等组成。

1. 射灯

场景中的射灯光源主要由顶部的六个黑色 LED 灯光来实现,选择其中一个灯具模型,按【Alt+Q】组合键,执行"孤立"操作,在命令面板"灯光"选项中,选择"光度学",选择"目标灯光",在前视图中,单击并拖动,通过顶视图和左视图,调整灯光的位置,在命令面板中,切换到"修改"选项,从"灯光分布"选项中,选择"光度学 Web",单击光度学文件按钮,在弹出的界面中,选择光度学文件,设置参数,如图 11-63 所示。

调整完目标灯光位置和角度后,在命令面板"修改"选项中,去掉"目标"复选框,退出"孤立"模式,在顶视图中,采用"实例"的方式,复制生成另外 5 个射灯灯光,完成射灯创建。

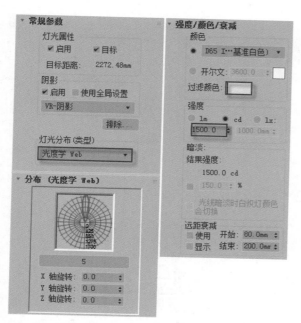

图11-63 射灯参数

2. 长条吊灯

选择办公空间顶部的长条吊灯模型，按【Alt+Q】组合键，执行"孤立"操作，在命令面板"新建"选项中，选择"灯光"，选择"VRay"，选择"VR-灯光"，设置类型为"平面"，如图11-64所示。

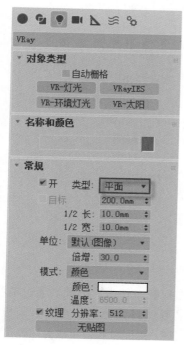

图11-64 VR平面灯

在视图中，单击并拖动，通过前视图和左视图，调整灯光位置和方向，设置参数，如图11-65所示。

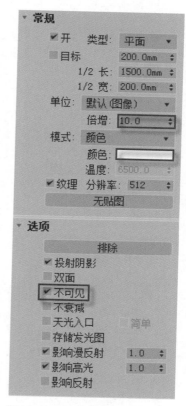

图11-65 VR灯光参数

采取与射灯类似的方法，在顶视图中，通过"实例"的方式，生成另外的长条吊灯。

3. 台灯

选择场景中的台灯模型，按【Alt+Q】组合键，执行"孤立"操作，在命令面板"新建"选项中，选择"灯光"，选择"VRay"，选择"VR-灯光"，设置类型为"球体"，如图11-66所示。

在前视图台灯位置处，单击并拖动，通过顶视图和左视图调整灯光位置，设置参数，如图11-67所示。

4. 室外光

在实现室外灯光时，可以使用目标平行光、VR穹顶光、VR太阳和VR球体，在此，使用VR球形光来实现室外灯光。

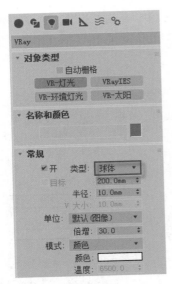

图11-66 球体灯光

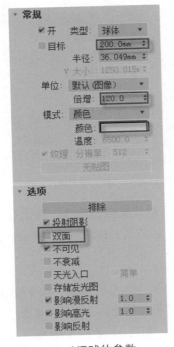

图11-67 VR球体参数

在命令面板"新建"选项中,选择"VR 灯光",设置类型为"VR 球体",在顶视图中单击并拖动,通过前视图和左视图,调整灯光所在位置,设置参数,如图 11-68 所示。

5. 辅助光

在当前场景中,辅助光主要包括办公桌区域和窗口区域两部分的辅助光源。

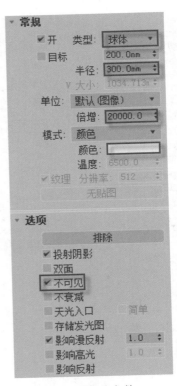

图11-68 VR球体参数

选择场景中一组办公桌椅物体,按【Alt+Q】组合键,将其执行"孤立"操作,在命令面板"新建"选项中,选择"光度学",选择"目标灯光",如图 11-69 所示。

图11-69 目标灯光

在左视图中单击并拖动,通过前视图和顶视图,调整体灯光位置,在命令面板"修改"选项中,将"灯光分布"更改为"光度学 Web"方式,选择光域网文件,如图 11-70 所示。

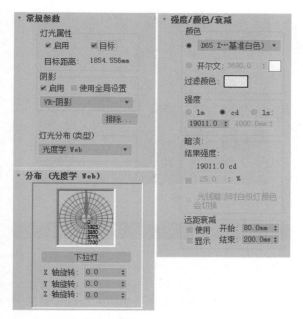

图11-70 辅助灯光参数

在命令面板"修改"选项中，去掉"目标"复选框，在顶视图中，采用"实例"的复制方式，生成其他座椅的辅助灯光。

在顶视图中，选择室外光线入射方向的窗户物体，按【Alt+Q】组合键，执行"孤立"操作，在命令面板"新建"选项中，选择"VR灯光"，将类型设置为"平面"，如图11-71所示。

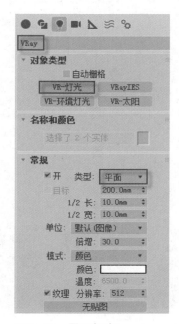

图11-71 平面灯光

在前视图中单击并拖动，通过顶视图和左视图，调整灯光方向和位置，设置参数，如图11-72所示。

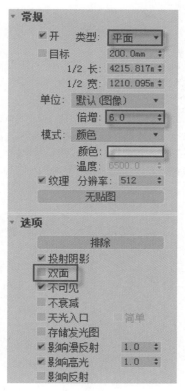

图11-72 灯光参数

6. 渲染测试

场景中材质和灯光添加完成后，需要通过渲染来查看实际的输出效果。渲染包括测试阶段和正式输出阶段。

按【F10】键，在弹出的渲染设置界面中，切换到"设置"选项，在"系统"参数中，点击"预设"按钮，在弹出的界面中，双击测试参数，在"公用"选项中，设置测试渲染的窗口尺寸，如图11-73所示

按【Shift+Q】组合键，对相机视图进行渲染测试，渲染完成后，如图11-74所示。

经过渲染测试后，对场景中不满意的材质和灯光进行再次调整，经过多次调整和渲染测试就可以进行正式渲染。

图11-73　测试参数

图11-74　初步测试

按【F10】键，更改输出的尺寸大小，在"GI"选项中，更改"发光图"选项中最大速率和最小速率，更改"灯光缓存"选项中的细分数值，在"Render Element（渲染元素）"选项中，添加"VrayWireColor（VRay 线框颜色）"参数，再次按【Shift+Q】组合键进行渲染，生成最终图形，如图 11-75 所示。

图11-75　渲染结果

注意事项

测试阶段根据设计师经验的不同，所需要测试的次数和整体时间也不同，通常有经验的设计师，测试阶段所需要的时间会比较短。对于初学者来讲，需要在测试阶段有足够的耐心和细心。

7.　后期处理

经过正式阶段渲染完成后，分别对 RGB 颜色和 VrayWireColor 进行保存，如图 11-76 所示。

图11-76　分别保存

启动 Photoshop 软件，打开渲染图像文件，按【Ctrl+J】组合健，复制背景层生成新图层，再打开线框颜色渲染的图像，调整图层顺序，如图 11-77 所示。

图11-77　调整图层顺序

单击图层面板底部的 ⊘.按钮，选择"色阶"，调整色阶滑块，提高图像亮度和对比度，如图 11-78 所示。

图11-78　调整色阶

将图层 1 和调整图层隐藏，选择"魔术棒"工具，单击选择墙面和顶部，显示图层 1，将当

前操作层切换为图层 1，通过"多边形"套索工具减去顶部选区，如图 11-79 所示。

图11-79　建立选区

再次单击图层面板底部的 ⊘.按钮，选择"曲线"，调整曲线，影响墙面部分，如图 11-80 所示。

图11-80　调整曲线

根据图像的明暗和整体的色彩，再进行局部细调即可。

> **◎ 注意事项**
>
> 渲染图像时，选择"ＶRay线框颜色"的图像，方便生成"彩通道"图像，在使用 Photoshop进行后期处理时，可以方便地建立选区，进行局部调整。

11.3　大堂空间表现

大堂空间作为现代设计的一个重要组成部分，不仅需要与整体空间的设计风格保持一致，还需要体现空间的设计水平和整体的设计风格。

11.3.1 项目说明 ▼

大堂空间包括酒店大堂、宾馆大堂、写字间大堂等公共空间。根据大堂空间的功能不同，其设计风格和空间格局也有所不同。

1. 设计思路

酒店大堂是宾客入住和办理离店手续的地方，其设计和布局都要营造出独特的氛围，给客人以轻松惬意的感觉。在满足实用性的前提下，酒店大堂设计还要兼顾艺术性，满足人们的心理需求，给予客人美的享受，如图 11-81 所示。

图11-81 酒店大堂

2. 空间开阔

在进行酒店类大堂设计时，除了色彩和风格上需要给人温馨惬意的感受以外，还需要在空间上尽量突出其开阔的特点，保证空间空气的流动性，如图 11-82 所示。

图11-82 空间开阔

11.3.2 项目制作 ▼

当前项目是以中式酒店大堂为中心进行介绍和讲解。

1. 场景空间

启动 3ds Max 软件，执行【自定义】菜单 /【单位设置】命令，将"显示单位"和"系统单位"都设置为"毫米"，执行【文件】菜单 /【导入】/【导入】命令，选择已经在 CAD 文件中描好线条的文件，在弹出的界面中，选中"焊接附近顶点"选项，如图 11-83 所示。

在命令面板"修改"选项中，添加"挤出"命令，数量为 3350，右击，转换为"可编辑多边形"操作，按数字【5】键，选择物体，右击，从弹出的屏幕菜单中选择"翻转法线"，如图 11-84 所示。

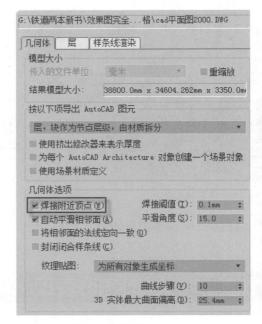

图11-83 导入CAD图形

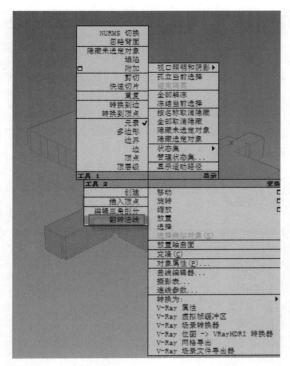

图11-84 翻转法线

按数字【6】键，退出"元素"子编辑操作，再次右击，选中"背面消隐"选项，如图11-85所示。

图11-85 背面消隐

按【M】键，选择任意样本球，单击材质编辑器工具行中的 ᵈ 按钮，将当前本球默认材质

赋给场景中的物体，实现整体空间造型。

2. 添加摄像机

在命令面板"新建"选项中，选择"摄像机"，选择"目标摄像机"，在顶视图中单击并拖动，通过前视图和左视图，调整相机的角度、位置等参数，在透视图中，按【C】键，切换到相机视图，如图11-86所示。

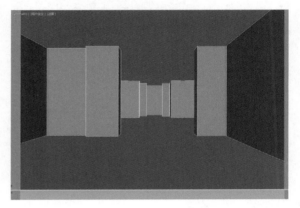

图11-86 相机视图

注意事项

在进行场景空间布局时，提早确定最终渲染的角度，然后添加摄像机，方便在大场景中确定最终需要显示或是放置的模型，渲染时不显示的角度或位置，可以不用添加模型。

3. 接待背景墙

在前视图中，创建背景墙轮廓截面和倒角轮廓的图形，如图11-87所示。

图11-87 图形和轮廓

选择图形，在命令面板"修改"选项中，添加"倒角剖面"命令，选择闭合的轮廓图形，生成背景墙轮廓，根据实际情况进行旋转操作，在前视图中，开启"端点"捕捉，绘制矩形并添加"挤出"命令，如图 11-88 所示。

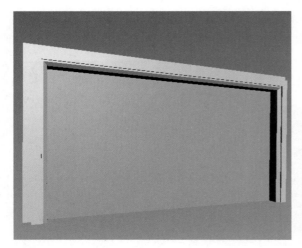

图11-88　中间造型

右击，转换为"可编辑多边形"，在"边"方式下，通过"连接"操作，将水平方向进行拆分，再通过"多边形"方式进行"挤出"操作，生成中间背景墙平分效果，如图 11-89 所示。

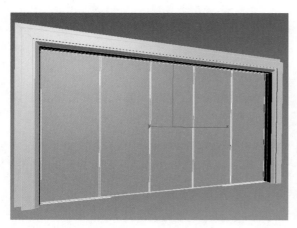

图11-89　水平分块

在前视图中，创建矩形（长度 2800mm，宽度 950mm），添加"挤出"命令后，转换为可编辑多边形操作，通过与"水平分块"类似的操作方法，生成垂直分块，再通过"复制"的方法，生成左右两侧造型，如图 11-90 所示。

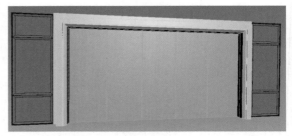

图11-90　两侧造型

采用类似的操作方法，生成接待背景墙两侧的大理石造型，如图 11-91 所示。

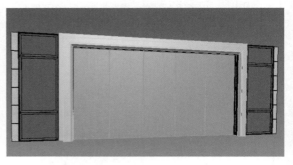

图11-91　接待背景墙

4. 休息区背景墙

在前视图中，创建矩形（长度 2840mm，宽度 5160mm），转换到可编辑样条线，执行"轮廓"操作，数量为 150mm，添加"挤出"命令，数量为 100mm，沿内侧捕捉绘制矩形，在顶视图中创建剖面线，如图 11-92 所示。

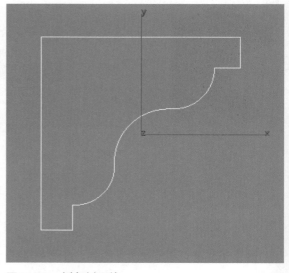

图11-92　倒角剖面线

在前视图中，选择中间矩形，在命令面板"修改"选项中，添加"倒角剖面"命令，拾取顶视图中的剖面线，生成内侧轮廓造型，如图11-93所示。

图11-93　外框造型

采用与接待背景墙类似的操作方法，生成中间背景造型，如图 11-94 所示。

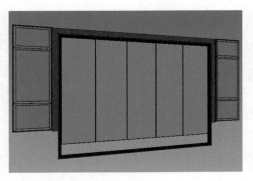

图11-94　中间背景墙造型

5. 地面部分

选择空间模型，按【Alt+Q】组合键，执行"孤立"操作，在顶视图中，开启"端点"捕捉，利用"线"绘制内部区域，创建矩形，执行"附加"操作，添加"挤出"命令，数量为 1mm，生成地面外轮廓，如图 11-95 所示。

分别采用"捕捉"端点的方式绘制矩形，再执行"轮廓"操作的方式，生成内部不同的层次拼花部分，如图 11-96 所示。

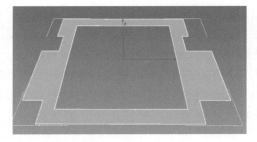

图11-95　地面部分

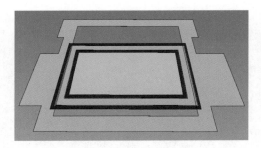

图11-96　地面拼花

6. 包柱操作

在顶视图中，通过"捕捉"CAD 平面图柱子端点的方式，生成内侧矩形，在顶视图中，创建剖面线，如图 11-97 所示。

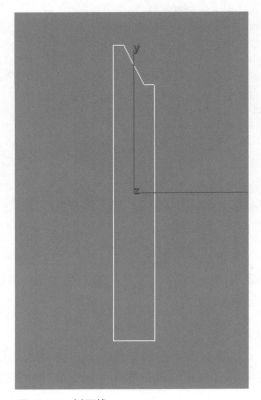

图11-97　剖面线

选择顶视图中的矩形，在命令面板"修改"选项中，添加"倒角剖面"命令，拾取顶视图中的剖面线，生成包柱底部踢脚线部分造型，分别在前视图和左视图中绘制柱子侧面图形，添加"挤出"命令，再次将踢脚线造型进行向上复制操作，侧面采用可编辑样条线方式，生成镂空造型，生成柱子造型，如图 11-98所示。

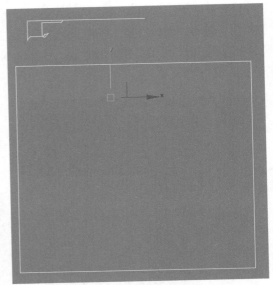

图11-99 矩形和剖面线

选择矩形，在命令面板"修改"选项中，添加"倒角剖面"命令，拾取剖面线，生成顶部造型，如图 11-100 所示。

图11-98 包柱造型

将组成柱子的所有对象执行"组"操作，在顶视图中，采取"复制"方式生成另外的柱子造型。

7. 吊顶部分

在顶视图中，创建矩形（长度 5270mm，宽度 5860mm），通过样条线编辑绘制剖面轮廓线，如图 11-99 所示。

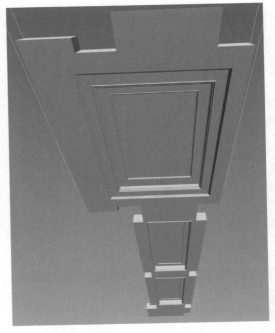

图11-100 吊顶部分

8. 其他模型

执行【文件】菜单 /【导入】/【合并】命令，导入已经赋好材质的模型，生成整个场景空间。

11.3.3 材质编辑 ▼

在进行场景建模时，对于多个相机的模型通常采用先给物体赋材质，然后再通过复制的方法来实现。在本案例中，合并的模型都已经赋好材质，在此只介绍场景空间的材质编辑。

1. 地面材质

在当前场景中，接待区域地面的圈边和拼花是地面材质的重要组成部分。

选择地面部分的最外圈物体，按【M】键，在弹出的材质编辑器中，选择样本球，单击材质编辑器工具行中的 按钮，将材质类型更改为"VRayMtl"，设置基本参数，如图11-101所示。

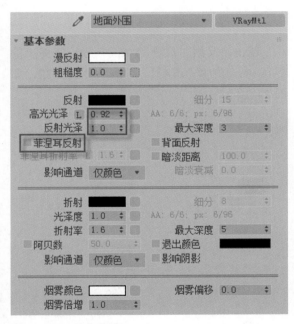

图11-101 基本参数

单击"漫反射"后面的贴图按钮，在弹出的界面中，添加大理石地面纹理图像，单击材质编辑器工具行中的 按钮，在命令面板"修改"选项中，添加"UVW贴图"命令，设置贴图方式和尺寸数值，如图11-102所示。

单击"反射"后面的贴图按钮，在弹出的界面中，添加"衰减"贴图，设置参数，如图11-103所示。

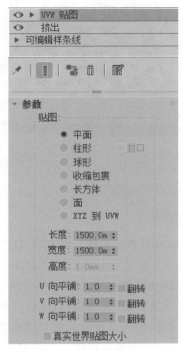

图11-102 UVW贴图

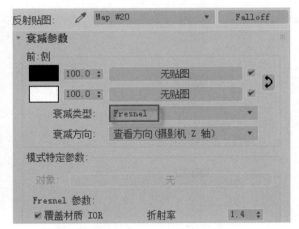

图11-103 衰减

地面大理石贴图正常显示后，再选择中间圈边的地面，单击材质编辑器工具行中的 按钮，赋给场景中的物体。

选择中间需要赋黑色大理石材质的物体，采用与外围材质类似的方法进行材质调节，最终形成地面圈边和拼花效果，如图11-104所示。

图11-104　地面拼花

2. 接待背景墙

选择接待背景墙物体，按【Alt+Q】组合键，执行"孤立"操作，执行【组】菜单/【打开】操作，选择背景墙画框物体，按【M】键，在弹出的材质编辑器中，选择样本球，单击材质编辑器工具行中的 按钮，将材质类型更改为"VRayMtl"，设置基本参数，如图11-105所示。

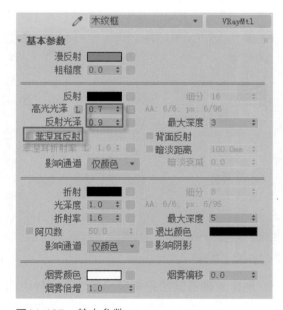

图11-105　基本参数

单击"漫反射"后面的贴图按钮，在弹出的界面中，添加位图。单击材质编辑器工具行中的 按钮，在命令面板"修改"选项中，添加"UVW贴图"命令，设置贴图方式和参数，如图11-106所示。

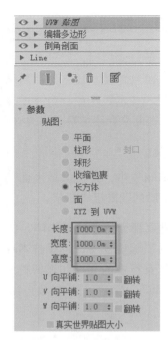

图11-106　UVW贴图

单击"反射"后面的贴图按钮，在弹出的界面中，添加"衰减"贴图，设置参数，如图11-107所示。

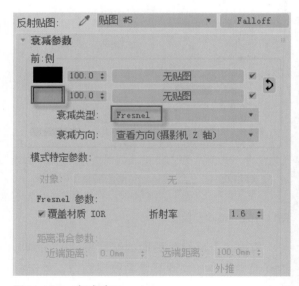

图11-107　衰减贴图

注意事项

受篇幅限制，其他材质的调节方法请见本书配套教学视频，在此不再赘述。

11.3.4 灯光渲染 ▼

材质基本调节完成后，需要结合灯光和渲染来查看具体的效果。因此，接下来的工作就是对当前场景中的灯光进行布置，方便渲染时查看实际的效果。

当前场景中的灯光主要为分吊灯、槽灯、射灯和台灯四部分。

1. 吊灯

选择吊灯模型物体，按【Alt+Q】组合键，执行"孤立"操作，在命令面板"新建"选项中，选择"VR灯光"，从类型中选择"平面"，在顶视图吊灯位置处单击并拖动，通过前视图和左视图，调节灯光位置，设置参数，如图11-108所示。

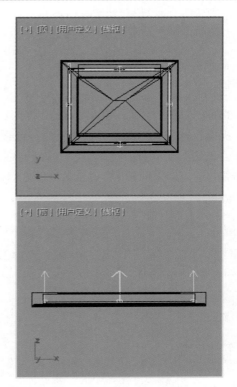

图11-109　灯光位置

在"修改"选项中设置参数，如图11-110所示。

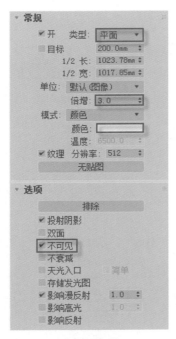

图11-108　吊灯参数

2. 槽灯

选择场景中的吊顶物体，按【Alt+Q】组合键，执行"孤立"操作，在命令面板"新建"选项中，选择"VR灯光"，设置类型为"平面"，单击并拖动，通过前视图和左视图调节灯光位置，如图11-109所示。

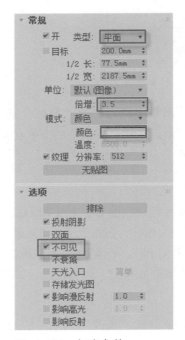

图11-110　灯光参数

在顶视图中，对于长度相同的灯光，可以使用"实例"方式进行复制。

3. 射灯

在当前场景中，射灯主要分布在吊顶底部的两侧。

选择吊灯模型物体，按【Alt+Q】组合键，执行"孤立"操作，在命令面板"新建"选项中，选择"光度学"，选择"目标灯光"，在前视图中，单击并拖动，调整位置，设置参数，如图 11-111 所示。

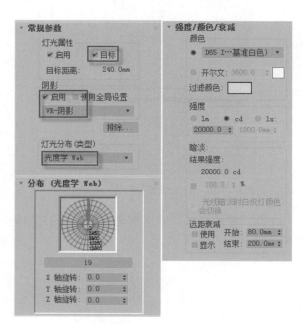

图11-111　灯光参数

参数调整完成后，将"目标"选项去掉，在顶视图中，采用"实例"的方式生成另外的其他灯光。

4. 台灯

选择台灯模型物体，按【Alt+Q】组合键，执行"孤立"操作，在命令面板"新建"选项中，选择"VR灯光"，设置类型为"球体"，在台灯位置处单击并拖动，调整位置，如图 11-112 所示。

在命令面板"修改"选项中，更改参数，如图 11-113 所示。

图11-112　台灯

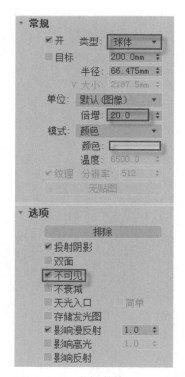

图11-113　台灯参数

在顶视图中，退出"孤立"模式，采用"实例"方式生成另外的台灯灯光，采用类似的方式，生成沙发位置的台灯。

5. 渲染测试

灯光添加完成后，按【Ctrl+S】组合键，对当前文件执行保存操作，按【F10】键，在弹出的渲染设置界面中，锁定渲染视图，在"公用"选项中，设置测试渲染的窗口尺寸，如图11-114所示。

图11-115 初步渲染

更改输出大小和渲染参数，方便进行图像后期处理。

启动 Photoshop 软件，打开渲染结果图形，单击图层面板底部的⚫按钮，选择"色阶"，调整滑块，如图 11-116 所示。

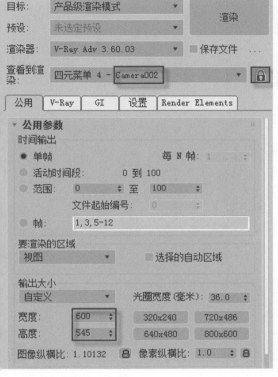

图11-114 锁定和输出大小

切换到"设置"选项，在"系统"参数中，单击"预设"按钮，在弹出的界面中，双击测试参数，按【Shift+Q】组合键，执行场景渲染，如图 11-115 所示。

场景渲染测试完成后，需要对渲染结果中不满意的部分进行微调，包括材质和灯光等。经过多次测试完成后，就可以进行正式渲染。

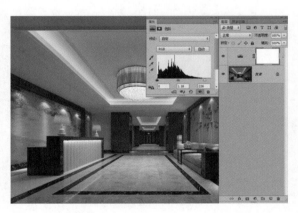

图11-116 调整明暗

根据实际需要，还可以添加不同的照片滤镜，用以实现不同的图像色调效果，各位读者可以自行测试，在此不再赘述。

读 者 意 见 反 馈 表

亲爱的读者：

感谢您对中国铁道出版社有限公司的支持，您的建议是我们不断改进工作的信息来源，您的需求是我们不断开拓创新的基础。为了更好地服务读者，出版更多的精品图书，希望您能在百忙之中抽出时间填写这份意见反馈表发给我们。随书纸制表格请在填好后剪下寄到：北京市西城区右安门西街8号中国铁道出版社有限公司大众出版中心 张亚慧 收（邮编：100054）。或者采用传真（010-63549458）方式发送。此外，读者也可以直接通过电子邮件把意见反馈给我们，E-mail地址是：lampard@vip.163.com。我们将选出意见中肯的热心读者，赠送本社的其他图书作为奖励。同时，我们将充分考虑您的意见和建议，并尽可能地给您满意的答复。谢谢！

- -

所购书名：_____

个人资料：

姓名：_____ 性别：_____ 年龄：_____ 文化程度：_____

职业：_____ 电话：_____ E-mail：_____

通信地址：_____ 邮编：_____

- -

您是如何得知本书的：

□书店宣传 □网络宣传 □展会促销 □出版社图书目录 □老师指定 □杂志、报纸等的介绍 □别人推荐
□其他（请指明）_____

您从何处得到本书的：

□书店 □邮购 □商场、超市等卖场 □图书销售的网站 □培训学校 □其他

影响您购买本书的因素（可多选）：

□内容实用 □价格合理 □装帧设计精美 □带多媒体教学光盘 □优惠促销 □书评广告 □出版社知名度
□作者名气 □工作、生活和学习的需要 □其他

您对本书封面设计的满意程度：

□很满意 □比较满意 □一般 □不满意 □改进建议

您对本书的总体满意程度：

从文字的角度 □很满意 □比较满意 □一般 □不满意
从技术的角度 □很满意 □比较满意 □一般 □不满意

您希望书中图的比例是多少：

□少量的图片辅以大量的文字 □图文比例相当 □大量的图片辅以少量的文字

您希望本书的定价是多少：

本书最令您满意的是：

1.
2.

您在使用本书时遇到哪些困难：

1.
2.

您希望本书在哪些方面进行改进：

1.
2.

您需要购买哪些方面的图书？对我社现有图书有什么好的建议？

您更喜欢阅读哪些类型和层次的计算机书籍（可多选）？

□入门类 □精通类 □综合类 □问答类 □图解类 □查询手册类 □实例教程类

您在学习计算机的过程中有什么困难？

您的其他要求：